見てわかる
農学シリーズ 3

第2版

作物学概論

大門弘幸［編著］

江原　宏・三本弘乗・辻　博之［著］
三宅　博・三屋史朗・山内　章
白岩立彦・在原克之・三浦重典
森田茂紀・小柳敦史・阿部　淳
松浦朝奈・鄭　紹輝・大橋善之
藤岡唯志・田中　勝・出口哲久

朝倉書店

執筆者一覧 （執筆順）

江原　宏	名古屋大学アジア共創教育研究機構／ 農学国際教育研究センター	（1 章）
三本弘乗	前大阪府立大学	（2 章）
辻　博之	農業・食品産業技術総合研究機構 北海道農業研究センター	（3 章）
三宅　博	前名古屋大学	（4 章）
三屋史朗	名古屋大学大学院生命農学研究科	（5 章）
山内　章	名古屋大学大学院生命農学研究科	（5 章）
白岩立彦	京都大学大学院農学研究科	（6 章）
在原克之	前千葉県農林総合研究センター	（7.1 節）
三浦重典	農業・食品産業技術総合研究機構 中央農業研究センター	（7.2 節）
森田茂紀	東京農業大学農学部	（8 章）
小柳敦史	農業・食品産業技術総合研究機構 九州沖縄農業研究センター	（9 章）
阿部　淳	東海大学農学部	（10.1 節）
松浦朝奈	東海大学農学部	（10.2，10.3 節）
鄭　紹輝	佐賀大学農学部	（11 章）
大門弘幸*	龍谷大学農学部	（12.1，12.5 節）
大橋善之	京都府農林水産技術センター 農林センター 丹後農業研究所	（12.2，12.3 節）
藤岡唯志	和歌山県農業試験場 暖地園芸センター	（12.4 節）
田中　勝	農業・食品産業技術総合研究機構 九州沖縄農業研究センター	（13.1 節）
出口哲久	北海道教育大学札幌校 教育学部生活創造教育専攻	（13.2 節）

* ：編者

は じ め に

　「見てわかる農学シリーズ3」として本書『作物学概論』の初版を2008年に上梓してちょうど10年が経った．この間，2011年の東日本大震災，2016年の熊本地震，また度重なる局地的豪雨や大型台風による気象災害などが起き，農作物生産にも多大な被害をもたらしてきた．温暖化など地球環境の変動についてはしばしば議論されてきたが，世界各地において食の基盤である農作物生産にこれらの気候変動が及ぼす影響が大きいことは疑う余地がない．国内に目を転じると，水稲においては，多くの良食味米品種が育成されてきているが，一方で温暖化の影響の一つとして登熟期の高温がコメの品質を劣化させることも報告され，その機序解析が鋭意進められている．一方，コメ消費量の減少から1970年に始まったコメの生産調整，いわゆる減反政策が2018年度から廃止される．国民一人あたりの年間のコメの消費量は55 kg程度であり，ここ1，2年，やや下げ止まった感はあるが，人口減少が予想される中，この国の水田農業のあり方を再構築する必要がある．さらに，食生活における畜産物への依存度は高まり，飼料の輸入量は年間1500万tとコメの生産量の2倍となり，この国の主たる食料は何であるかを考えさせられてしまう．実際，主要な穀類のコムギやマメ類のダイズでは，ここ数年の自給率はそれぞれ12％，7％と低く推移している．北海道を中心にした大規模畑作地帯における生産性向上はもとより，中小規模の水田地帯においてもこれらの作物の基盤となる転換畑での安定生産技術の開発が強く望まれるところである．

　このような状況を考えると，作物生産に関わる研究者，技術者，普及関係者の前には，実際の生産現場において解決すべき課題が山積されていると言える．変動する環境の中で，農作物の生産技術を弛まなく進展させることが，食料の安定供給に必須なことであることは言うまでもないが，その基盤として，作物の遺伝的特性を理解して，多様に変動する圃場環境への各作物の応答反応を詳らかにすることが必要である．近年，分子遺伝学分野の様々な手法の進展により，環境に応答する遺伝子の絞り込みやその機能発現の解析が進められている．一方で，気温，日射量，炭酸ガス濃度など環境要因の精密な調査方法や，ドローンなどを用いた圃場上空からの個体群の生育状況の調査，土壌微生物群集構造のメタゲノム解析なども試みられるようになり，遺伝的特性，環境要因，生理生態学的特性の相互関係の理解が深まってきた．今後，これらの測定，調査におけるハイスループットな手法とそこで得られた大量データの解析は益々進むであろう．人工知能（AI）を搭載した分析機器類の活用もそれを後押しするであろう．作物学分野に携わる研究者，技術者，普及関係者，そしてこの分野のこれからを担う学生は，これらの手法を駆使して，個々の生産現場における作物の生育と収量の様態を解析し，それらの解析結果を統合することによって，作物生産の技術開発の基盤となる知見を集積していく必要がある．

　このような中で，本書『作物学概論』は改訂版を刊行する．前述したように「作物学」に関する学問領域のより専門的な理解には，分子生物学，環境科学，情報科学，統計解析手法などの多くの知識が必要である．一方で，作物個体やその個体群の各圃場でのパフォーマンスを実際の生産現場で自ら観察

し，評価できる能力が，その前提として必要であることは言うまでもない．「作物学」に関する優れた専門書は多く刊行されているが，本書では特に初学者が理解しやすいように編集を心がけた．本書が実際の生産現場での作物の調査や農法ならびに生産技術の理解，そして農耕地環境を含めて作物生産を俯瞰していく上に役立てられれば幸いである．

なお，本シリーズ「見てわかる農学シリーズ」は，農学，生物資源科学，バイオサイエンス，環境科学など，食や農に関する学問分野に興味をもって大学に入学した1，2年生，短期大学，専門学校，農業大学校などの学生などが理解しやすいことを意識して刊行されてきた．本書『作物学概論 第2版』についても，この分野の専門家の先生方にその点を十分に考慮して頂き，側注として専門用語を解説したり，多くの図表をいれて執筆頂いた．また，実際の作物の写真にはカラー写真を用いてよりわかりやすくした．一部にはコラムも配してこの分野のトピックスなども解説した．さらに，大学等における講義で教科書としても利用できるように，初版と同様に全体を13章にわけて概説したが，読者が章ごとに読んでも理解できるように，各章の要所に他の章の項目を参照できるように指示を入れた．本書は作物生産について幅広く学ぶための参考書としても活用して頂けるかと思う．

最後に，初版ならびに本改訂版の出版にあたっては，朝倉書店編集部に多大なるご尽力を頂いた．ここに心より謝意を表する．

2018年2月

大 門 弘 幸

目　　次

1. 食用資源植物の多様性 ——————————————————————（江原　宏）
　1.1　作物の起源 ………………………………………………………………… 1
　1.2　農 耕 文 化 ………………………………………………………………… 3
　1.3　作物の種類 ………………………………………………………………… 4
　1.4　品種の分化 ………………………………………………………………… 7
　1.5　世界の作物と日本の作物 ………………………………………………… 8
　1.6　社会のニーズと作物品種 ………………………………………………… 11

2. イネと稲作の歴史 ————————————————————————（三本弘乗）
　2.1　イネの分類と栽培稲の成立 ……………………………………………… 13
　2.2　稲作起源地の諸説 ………………………………………………………… 14
　　　a.　ガンジス川流域説　14／b.　アッサム・雲南説　15／c.　長江中・
　　下流域説　16
　2.3　稲作の渡来と伝播 ………………………………………………………… 17
　　　a.　水田稲作渡来年代の諸説　17／b.　渡来ルートの3仮説　18／
　　c.　渡来後の東進と北上　19
　2.4　栽培稲の特性と分類 ……………………………………………………… 19
　　　a.　ジャポニカとインディカ　19／b.　温帯ジャポニカと熱帯ジャポニカ
　　20／c.　粳と糯　20
　2.5　渡来当初のイネ …………………………………………………………… 21
　2.6　栽培技術の展開 …………………………………………………………… 21
　　　a.　品種の改良　21／b.　直播と移植　22／c.　耕起・整地　23／
　　d.　施　肥　23／e.　除　草　24／f.　病害虫の防除　25／g.　刈取り・
　　乾燥・脱穀・籾すり・精米　25
　2.7　収量の変遷　27

3. 畑作物栽培と作付体系の変遷 ———————————————————（辻　博之）
　3.1　畑作の生産力・地力維持における作付体系の意義 …………………… 28
　3.2　地力維持方式による作付体系の変遷 …………………………………… 31

　　　　a. 焼畑農業—長期休閑による地力維持—　31 ／ b.　穀草式と三圃式—短

期休閑・輪作による地力維持—　31 ／ c.　休閑の省略　33

　3.3　日本の畑作における地力維持法　……………………………………　33

　3.4　耕地の利用頻度による作付体系の分類　……………………………　35

　3.5　日本における畑作の変遷　……………………………………………　35

　3.6　水田における畑作物の栽培　…………………………………………　36

　3.7　今後の作付体系の課題　………………………………………………　37

4. 作物の光合成と成長 ──────────────────(三宅　博)

　4.1　光　合　成　……………………………………………………………　38

　4.2　光　呼　吸　……………………………………………………………　41

　4.3　光合成の多様性　………………………………………………………　42

　　　　a.　C_4 植物　42 ／ b.　CAM 植物　44

　4.4　同化産物の転流と貯蔵　………………………………………………　45

　4.5　作物の成長　……………………………………………………………　46

　　　　a.　最適葉面積指数　47 ／ b.　受光態勢　47

5. 作物の成長と養水分吸収 ────────────── (三屋史朗・山内　章)

　5.1　植物体の構成　…………………………………………………………　49

　5.2　最　小　律　……………………………………………………………　50

　5.3　土壌中の養水分の移動　………………………………………………　50

　5.4　根の吸収構造　…………………………………………………………　51

　5.5　水利用と作物生産　……………………………………………………　52

　　　　a.　水吸収　52 ／ b.　茎葉部への水の移動　53 ／ c.　蒸　散　54 ／

d.　水消費　54 ／ e.　水利用効率　54

　5.6　養分利用と作物生産　…………………………………………………　55

　　　　a.　養分吸収　55 ／ b.　受動輸送　55 ／ c.　能動輸送　56 ／ d.　水と養

分の吸収・輸送　56 ／ e.　養分の生理機能　57 ／ f.　肥料と施肥　60

6. 作物の成長阻害要因 ──────────────────(白岩立彦)

　6.1　大気環境要因　…………………………………………………………　62

　　　　a.　日　射　62 ／ b.　温　度　63 ／ c.　気候変化　65 ／ d.　大気汚染

66

　6.2　土　壌　要　因　………………………………………………………　66

　　　　a.　土壌水分の過不足　66 ／ b.　要素欠乏　68 ／ c.　酸性土壌　68 ／

目　　次　　v

　　　　　　　　d.　塩類土壌　69
　　　　　6.3　生物的要因　……………………………………………………　70
　　　　　　　　a.　雑草害　70 ／ b.　伝染性病害　71 ／ c.　昆虫・ダニ・線虫害　72

7.　作物栽培の管理技術と環境保全――――――――――――――――（在原克之・三浦重典）
　　　　　7.1　耕耘と施肥管理　……………………………………………………　75
　　　　　　　　a.　耕起・砕土・整地・均平　75 ／ b.　施　肥　78
　　　　　7.2　除 草 管 理　……………………………………………………　82
　　　　　　　　a.　雑草の分類　82 ／ b.　雑草防除法　83 ／ c.　農耕地における除草管
　　　　　理体系　85

8.　イ　　　　ネ――――――――――――――――――――――――（森田茂紀）
　　　　　8.1　分類と生態型　……………………………………………………　88
　　　　　8.2　起源と伝播　………………………………………………………　89
　　　　　8.3　形態と生育　………………………………………………………　89
　　　　　　　　a.　籾と発芽　89 ／ b.　茎葉部の生育　89 ／ c.　穂の形成　90 ／ d.　根
　　　　　系の生育　91
　　　　　8.4　生 育 診 断　……………………………………………………　91
　　　　　　　　a.　生育の規則性　91 ／ b.　生育診断と葉齢　92 ／ c.　幼穂の生育診断
　　　　　92 ／ d.　生育状況の診断　93 ／ e.　発育予測　93
　　　　　8.5　収量の形成　………………………………………………………　93
　　　　　　　　a.　収量構成要素　93 ／ b.　収穫指数　94 ／ c.　収量形成にかかわる要
　　　　　因　95
　　　　　8.6　栽培の基礎　………………………………………………………　95
　　　　　　　　a.　移植栽培　95 ／ b.　その他の栽培方法　96
　　　　　8.7　生産と利用　………………………………………………………　97
　　　　　　　　a.　生産と利用　97 ／ b.　品質と食味　97
　　　　　8.8　日本稲作の現状　…………………………………………………　98
　　　　　　　　a.　環境問題との関連　98 ／ b.　米の利用の展開　99 ／ c.　多面的機能
　　　　　の視点　100

9.　ム　ギ　　類――――――――――――――――――――――――（小柳敦史）
　　　　　9.1　コ　ム　ギ　………………………………………………………　102
　　　　　　　　a.　分類・起源　103 ／ b.　形　態　103 ／ c.　生育経過　105 ／ d.　発芽・
　　　　　生育・播き性　106 ／ e.　収量形成過程　107 ／ f.　品　質　108 ／ g.　栽

培の基本 108／h. 地域別の栽培法 109

9.2 オオムギ ………………………………………………………… 110

a. 分類・形態 111／b. 生 育 111／c. 栽培・品質 111

9.3 その他のムギ類 ……………………………………………… 112

a. ライムギ 112／b. ライコムギ 112／c. エンバク 112

10. トウモロコシと雑穀類・擬穀類 ─────────────（阿部 淳・松浦朝奈）

10.1 トウモロコシ ………………………………………………… 113

a. 特性と生産量 113／b. 栽 培 115／c. 利 用 117／d. 品種分類 117／e. 育種・採種 119／f. バイオテクノロジーの利用 120

10.2 雑 穀 類 …………………………………………………… 121

a. ア ワ 123／b. キ ビ 125／c. ヒ エ 126／d. モロコシ(ソルガム) 127／e. シコクビエ 128／f. パールミレット（トウジンビエ） 129

10.3 擬 穀 類 …………………………………………………… 129

a. ソ バ 129／b. ダッタンソバと宿根ソバ 132

11. ダ イ ズ ──────────────────────────（鄭 紹輝）

11.1 生 産 量 …………………………………………………… 133

11.2 早晩性と成長習性 …………………………………………… 134

11.3 形態と生理生態的特性 ……………………………………… 135

a. 種 子 135／b. 発 芽 135／c. 茎葉の成長 135／d. 根の成長 137／e. 根粒の形成 137／f. 開花・結莢 137／g. 莢実の成長 139／h. 乾物蓄積と結実生理 140／i. 養水分の吸収利用 141／j. 収 量 141

11.4 栽 培 管 理 …………………………………………………… 142

a. 整地・施肥・播種 142／b. 除草・中耕・培土 143／c. 病害虫防除 144／d. 収 穫 144

11.5 利 用 …………………………………………………… 144

12. その他のマメ科作物 ───────────────（大門弘幸・大橋善之・藤岡唯志）

12.1 ラッカセイ …………………………………………………… 147

a. 起源と分類 147／b. 発芽から収穫まで 148／c. 栽培技術 149／d. 利 用 150／e. 育種目標と品種 151／f. 環境保全型生産への取り組み 151

目 次 vii

12.2 ア ズ キ ……………………………………………… 152

a. 起源と分類 153 ／ b. 発芽から収穫まで 154 ／ c. 栽培技術 155

12.3 サ サ ゲ ……………………………………………… 157

12.4 エ ン ド ウ ……………………………………………… 159

a. 起源と分類 160 ／ b. 発芽から収穫まで 160 ／ c. 栽培技術 161 ／ d. 利用と品種 163 ／ e. 育種目標 163

12.5 緑肥作物，線虫対抗作物，被覆作物 ……………………… 164

a. クロタラリア 164 ／ b. セスバニア 165 ／ c. ヘアリーベッチ 167 ／ d. 低投入型生産の導入への期待 168

13. イ モ 類 ————————————————————————（田中 勝・出口哲久）

13.1 サツマイモ ……………………………………………… 170

a. 起源と分類 171 ／ b. 生育特性と乾物生産 172 ／ c. 栽培技術 174 ／ d. 利 用 177 ／ e. 育種目標と品種 178 ／ f. 環境保全に向けた取り組み 180

13.2 ジャガイモ ……………………………………………… 181

a. 起源と分類 182 ／ b. 萌芽から収穫まで 182 ／ c. 栽培技術 184 ／ d. 利 用 186 ／ e. 品 種 187 ／ f. 種イモの増殖 188 ／ g. 環境保全型生産への取り組み 188

索 引 ————————————————————————————— 191

■コ　ラ　ム■

作物起源地をめぐる学説 ……………………………………………………… 3

5,000 年前の中国南部ではサゴが重要な食物であった ……………………… 4

資源植物と作物 …………………………………………………………………… 6

精密農業とは ……………………………………………………………………… 37

人類の呼吸のための酸素は何が供給しているか ……………………………… 48

カリウム施肥量の制限による腎臓病透析患者用低カリウム野菜の作出 ……… 61

天水稲作の課題 …………………………………………………………………… 73

熱帯畑作地帯の商品作物栽培と生産持続性 …………………………………… 74

アレロパシー ……………………………………………………………………… 84

RiceFACE プロジェクト ………………………………………………………… 101

緑の革命 …………………………………………………………………………… 104

手打ちうどんのつくり方 ………………………………………………………… 110

テオシント ………………………………………………………………………… 114

トウモロコシのバイオマス利用 ………………………………………………… 116

「豆」知識 ………………………………………………………………………… 146

アメリカのラッカセイ名産地 …………………………………………………… 152

沖縄県宮古島地方での伝統的なお菓子「ふきゃぎ」 ………………………… 158

アフリカで活躍するクロタラリア ……………………………………………… 168

コンチキ号の旅 …………………………………………………………………… 181

ジャガイモシロシストセンチュウの侵入 ……………………………………… 186

ジャガイモの果実と種 …………………………………………………………… 189

食用資源植物の多様性

〔キーワード〕　栽培化，作物の起源中心，農耕文化圏，多様性センター，農作物，栽培品種

1.1 作物の起源

　私たちの生活は，食料，繊維，嗜好料，油料，香辛料，糖質，染料，薬料，飼料などの用途において植物資源に大きく依存している．これらの植物は資源植物と呼ばれ，その中には栽培植物や半栽培植物だけでなく，野生採取の形で利用されている有用植物や栽培植物の原種とその近縁種も含まれる．これらの資源植物のうち，「利用することを目的に特別に準備した場所（田畑）に植え，育て，収穫する人間の営みにおける植物」が作物（crop）である[20]．

　野生植物を利用する採集生活をしていた人類が，植物の栽培を始めて農耕に移行したのは，約1万年前と考えられている．その根拠として，世界各地の遺跡における作物やその祖先種とみられる植物の種子などの考古学的発見が挙げられる．人類が農耕生活へ移行したきっかけとしては，洪積世の終わり頃に地球の乾燥化が進み，草原の遊牧民がオアシスに集中して移り住むようになったことや，この頃の気候の変化（乾燥，温暖化）により，多年生植物に対して一年生のイネ科，マメ科の有利性が高まり，作物化が容易になったことなどが指摘されている[8,17]．植物の栽培化（domestication），すなわち作物化の契機は，野生の資源植物に人間が積極的な採集や利用という干渉を与えたことであり，その背景には，気候の変化や人口圧があったといえよう．

　農耕生活へ移行しても，初めから植物の全生育期間を人間が管理していたわけではなく，部分的な管理や生育場所の管理程度の，いわゆる半栽培の状態が長く続いたと考えられる．やがて，各地の環境に適応するようになった植物が選抜され，作物としての特徴をもつようになっていった．それは地域ごとに独立して起こったと考えられている．バビロフ（Vavilov）は，植物

半栽培
有用植物を移植したり，他の植物を除去したりするなど簡易な保護を行っている状態を半栽培（semi-domestication）という．

遺跡から発見された植物
イスラエルの Netive Hagdud（約1万2,000年前）でオオムギ，イランの Ali Khosh（約9,500年前）で一粒コムギと二粒コムギ，トルコの Cayönü（約9,500年前）でエンドウ，ヒヨコマメ，アマ，メキシコの Tehuacan（約7,700年前）でトウモロコシ，ペルーの Guitarrero（約7,700年前）でインゲンマメ，中国の彭頭山（約9,000年前）でイネといったように，各地で植物の種子や遺体が発見されており，栽培あるいは半栽培が始まっていたとみられている[4]．

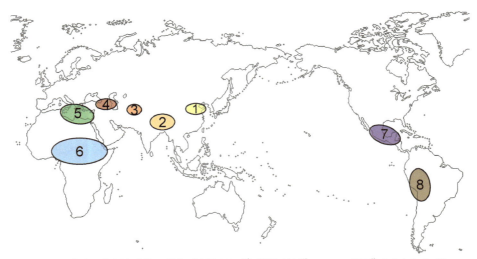

図1.1 作物の起源中心地の分布(中尾 2004[13], 星川 1993[9], Harlan 1975[6] をもとに作成)

表1.1 各起源中心地と成立した作物 (1〜8は図1.1参照)

地　域	作物名
1. 中国北部地域	キビ, ヒエ, ダイズ, アズキ, ゴボウ, ワサビ, ハス, クワイ, ハクサイ, ネギ, ナシ, アンズ, クリ, クルミ, ビワ, カキ, ウルシ, クワ, チョウセンニンジン, ラミー, タケノコ
2. 中国雲南・インド北部(含東南アジア)地域	イネ, ソバ, ハトムギ, ナス, キュウリ, ユウガオ, サトイモ, ナガイモ, ショウガ, シソ, タイマ, ジュート, コショウ, チャ, キアイ, シナモン, チョウジ, ナツメグ, マニアラサ, サトウキビ, ココヤシ, コンニャク, オレンジ, シトロン, ダイダイ, バナナ, マンゴー
3. 中央アジア地域	ソラマメ, ヒヨコマメ, レンズマメ, カラシナ, アマ, ワタ, タマネギ, ニンニク, ホウレンソウ, ダイコン, ピスタチオ, バジル, アーモンド, ナツメ, ブドウ, モモ
4. 近東地域	コムギ, オオムギ, ライムギ, エンバク, ウマゴヤシ, ケシ, アニス, メロン, ニンジン, レタス, イチジク, ザクロ, ベニバナ, リンゴ, サクランボ, テウチクルミ, ナツメヤシ, アルファルファ
5. 地中海地域	エンドウ, ナタネ, キャベツ, カブ類, テンサイ, アスパラガス, パセリ, セロリ, ゲッケイジュ, ホップ, オリーブ, シロクローバ
6. 西アフリカ・アビシニア地域	テフ, モロコシ, パールミレット, コーヒー, オクラ, アブラヤシ, ヒョウタン, ゴマ, シコクビエ
7. 中央アメリカ地域	トウモロコシ, サツマイモ, インゲンマメ, ベニバナインゲン, カボチャ, ワタ, カカオ, パパイヤ, アボカド, カシューナッツ
8. 南アメリカ地域	ジャガイモ, センニンコク, タバコ, トマト, トウガラシ, セイヨウカボチャ, ラッカセイ, イチゴ, キャッサバ, ゴム

DeCandolle 1883[2], Harlan 1975[6], 星川 1993[9], Vavilov 1926[16] より作成.

地理学的調査と遺伝子中心仮説に基づき，今日みられる多くの作物の起源地が特定の8地域に集中していたという説を提唱した．それらの地域は作物の起源中心地（center of origin）と呼ばれている（図1.1，表1.1）．

　野生植物を住居の近くで栽培する行為を継続すると，無意識的な選抜，間接的な形での選択が進み，その結果，それらの植物は野生植物にない特性を獲得するようになる[11]．継続的な播種・収穫行為は，野生植物が本来もっている種子脱粒性などの特性を容易に変化させる．作物としての特性に挙げられる刺の退化，収穫部位（利用部分）の大型化や密集化，発芽の斉一性（発芽抑制物質の減少，休眠性の消失），開花・成熟の斉一性（日長や温度に対する適応性），自殖性，収穫部位の栄養成分の向上なども，作物化の過程で変化した特性である．

遺伝子中心仮説
ある作物に関し，近縁種も含めて，遺伝的変異が集積している地域が多様性の中心，起源の中心であり，中心から離れるにつれて遺伝的変異は小さくなり，多様性程度が低くなるという考え方．

1.2　農　耕　文　化

　作物の起源中心地は古代文明の発祥地と重なっている．人類が作物栽培に成功して農耕を発達させたことにより定住生活が可能となり，やがて古代文明が栄えるに至った．主な作物の原産地と栽培地域ごとに，作物の組合せや栽培技術をみると，地域ごとに特定の組合せや独自の栽培方法があり，それらを基盤とした固有の食文化を形成していることがわかる．農耕にかかわる技術的要素と文化的要素が複合的に集中している地域を農耕文化圏（agriculture zone）といい，その複合された文化を農耕文化という．野生植物が作物として成立した要素として，本来それらの植物が，人間が利用する上で有用な形質をそなえていたこと，栽培化に向けた人為的干渉によく適応できたことが挙げられる．古代文明が栄えた地域には，このような作物化の要素をそなえた植物が多く分布していたことが，農耕文明を勃興させる要素になったといえる[9]．

　農耕にかかわる技術的要素としては，農具の発達を含む作物ごとの栽培技術と，耕地や水路の造成・維持のための共同作業などが挙げられる．一方，

■コラム■　作物起源地をめぐる学説
　ハーラン（Harlan）は，作物栽培化の起源地を3つの独立した系であると考え，それぞれの系は，1つの中心地と，それと影響し合う可能性のある，1つの起源中心的な地域とを組合せたもので，全部で3つの中心地と3つの中心的地域とからなるとした．バビロフ以降，様々な考え方が示されてきたが，8大起源中心説の有効性は依然として維持されている．しかし，新たな解析方法の導入によって伝播や起源，起源地の研究が進み，あまりにも多くの作物が独立的に起源していることがわかり，作物の起源を1つの形で説明することは難しくなってきた[5]．ハーラン自身も，すべての作物に共通するような起源中心地があるという概念は放棄しなくてはならないのではないか，とも述べている[7]．

> **■コラム■　5,000年前の中国南部ではサゴが重要な食物であった**
>
> 　2013年に，広州市の南西180 kmに位置する新村から出土したデンプンとプラントオパールの考古資料から，5,000年前の中国では，稲作以前にはサゴ（ヤシの幹から抽出したデンプン）が重要な食物であったことが報告された（出土したのはクジャクヤシ属：*Caryota*，コウリバヤシ属：*Corypha*，クロツグ属：*Arenga*，サトウヤシが含まれる属）．また，稲作が広がる前の東南アジアでも同様で，多種多様なデンプン作物が豊富であったために労働集約的な稲作への移行は遅れていたであろうとの考えが示された[19]．

文化の語源
英語での農業（agriculture）の語源はラテン語のagricultura（ager/agri 畑 + cultura 耕作する）であり，文化（culture）はまさにラテン語のcultura（耕作された土地）が語源となっている．

文化的要素としては，気象条件の変動による収穫量の年次変動を背景とした，豊作祈願あるいは感謝などといった農耕儀式の発達が挙げられる．また，収穫物の利用形態（含加工・調理法）の多様化も重要な要素である．農耕の発達によって，より豊かな食料をより安定して得ることが可能になるにつれ，高度な建造物や美術工芸品もつくられるようになり，これらを総体として，いわゆる農耕文明の発達をみたのである[8]．

　作物の原産地や古い品種群は，古代文化の栄えた場所に集中する傾向にあり，このような場所を栽培植物の多様性センター（diversity center）という[18]．バビロフ[16]やハーラン[6]などによってまとめられているように，世界には5～12ヶ所に大小の多様性センターがある．1つの農耕文化は1つあるいは複数のセンターからなっており，地中海農耕文化圏，サバンナ農耕文化圏，根栽農耕文化圏，新大陸農耕文化圏がある[13]．それぞれの農耕文化圏と栽培植物の多様性センター（栽培植物センター）は表1.2で示したように特徴づけられる．すなわち，ムギ類やエンドウなどの冬作が中心となる地中海農耕文化圏，半乾燥地で多様な雑穀とマメ類の夏作が中心となるサバンナ農耕文化圏，東南アジア・太平洋の島嶼部でのイモ類やバナナの栽培と，温帯域の照葉樹林帯（照葉樹林文化圏）でのイモ類と湿地性の穀物や夏作のマメ類の栽培が中心となる根栽農耕文化圏，そして，掘棒を使った根栽，トウモロコシ，インゲンマメなどの栽培が中心となる新大陸農耕文化圏である．

1.3　作物の種類

　現在約27万種の植物が知られているが，その中で私たちが利用しているものは約3,000種，栽培が一般的なものは約300種であり，主要作物にいたっては約40種にすぎない．利用される植物種の数は，作物が改良され高度な農業技術が発達していくに従い減少してきている．

　上述したように，資源植物は野生有用植物と栽培植物に分けられるが，栽培植物はさらに農作物（field crop）と園芸作物（horticultural crop）に分けられ，両者とも農業上は単に作物とも呼ばれる．農耕の始まりとともに最

1.3 作物の種類

表1.2 農耕文化圏と栽培植物センター

農耕文化圏	栽培植物センター	特徴と主な作物
地中海農耕文化圏	地中海センター	西アジア原産の多様な作物 ムギ類やマメを栽培する種子農業，家畜飼養の発達に伴う飼料作物
	メソポタミア・小アジア小センター（チグリス・ユーフラテス川流域）	コムギ類，エンバク類，エンドウ，ソラマメ，ヒヨコマメなど種子の貯蔵性に富む栽培植物
	西ヨーロッパ小センター	ストリゴサエンバク，ハダカエンバク，カナリークサヨシ
サバンナ農耕文化圏	アフリカセンター	半乾燥地域の種子農業
	西アフリカ小センター（ニジェール川流域）	雑穀：モロコシ，パールミレット，アフリカイネ 雑豆：ササゲ，バンバラマメ
	東アフリカ（エチオピア）小センター（含ナイル川上流域）	小粒の穀類：アビシニアエンバク，シコクビエ，テフ，コーヒー，エンセテ 根茎や塊茎，地下結実性のマメ：シカクマメ
	インドセンター	半乾燥地帯農業
	北西インド小センター（アフガニスタンからカシミール）	雑穀：アワ，キビ，ライシャ 雑豆：リョクトウ，ケツルアズキ，モスビーン，キマメ
	南インドセンター（デカン高原周辺）	ゴマ，イネ（インディカ） アフリカ原産雑穀・雑豆の二次的品種分化
根栽農耕文化圏	東南アジアセンター（マレー半島を中心とするインドシナから東の島嶼部：マレー諸島）	無種子農業 タロ，ヤム，サトウキビ，バナナ，サゴヤシ，ココヤシ，マニラアサなど茎や果実を使う多年生作物，雑穀：ハトムギ，ケツルアズキ
	東アジア（照葉樹林）センター（東アジア北部温帯域からヒマラヤ山麓亜熱帯高地）	根栽類・種子農業複合文化 ヒエ，ダイズ，アズキ，イネ（ジャポニカ），ソバ，コンニャク，ナガイモ，ヤマノイモ，エゴマ，シソ，チャ，クワ 中国で二次的多様性センターが形成 モチ性食品，発酵食品が発達
新大陸農耕文化圏	北（メゾ）アメリカセンター（中米と現在のメキシコおよびアメリカ）	中高地における根栽類・種子農業複合文化 トウモロコシ，サツマイモ，インゲンマメ，トウガラシ，ヒマワリ
	南アメリカセンター（アンデス高地，ギアナ高地，ブラジル高原，アマゾン低地の各小センター）	根栽類・種子農業複合文化 ジャガイモ，キャッサバ，オカ，ウルコ，アヌウ，ヤウティア，ミツバドコロ，ヒモゲイトウ，キヌア，インゲンマメ，カボチャ，ラッカセイ

山口2006[18] より作成.

初に出現した栽培植物を一次作物（primary crop）といい，多くは現在の主要作物となっている．これに対して，ライムギやエンバクのように耕地雑草を祖先とする栽培植物を二次作物（secondary crop）といい，初期は半栽培の状態で利用されていたと推定される．

作物をその利用面で仕分けると図1.2のようになる．農作物は主にエネルギーや加工原料の供給を目的として生産され，栽培面積が広く，比較的粗放

二次作物

耕作地に生える雑草が，その有用性を認識され，徐々に作物として栽培されるようになったもの．エンバクはコムギやオオムギの畑に生じた雑草であったが，天候不良でも安定した収量を得られることから作物化された．当初は消極的に栽培されていた．ライムギは自家不和合性を示すことが多く，穀物としての進化が浅いことがうかがえる．

図1.2 作物の分類

農作物と園芸作物
作物の分類は必ずしも固定しておらず，目的，地域，時代などによって変わる．ダイズは農作物だがエダマメとしては園芸作物であり（第11章参照），サツマイモやその近縁種は園芸作物としても利用される．サトウヤシなどのヤシ科植物，あるいは塊根を生じるシカクマメのように1つの種が複数の目的に利用されることもある．

に栽培される点が園芸作物と異なる．食用作物とは，主に人間の主食，あるいはそれに準ずる食料になるものであり，飼料作物とは家畜の餌となるもの，工芸作物とは砂糖，油脂，繊維，嗜好品などの加工原料となるもの，緑肥作物（第12章参照）とは茎葉を鮮緑のまま耕土に施して肥料とするものである．

食用作物について概観すると，形態的特徴や利用部位から，禾穀類（cereal），マメ類（pulse），イモ類（tuber），その他に分類される．禾穀類はイネ科に属し，種子のデンプンを利用するイネ，トウモロコシ，コムギ，オオムギ，ライムギ，エンバク，モロコシ，キビなどである（第8～10章参照）．マメ類は，タンパク質や脂肪の含量が多い種子の子葉を主として利用するダイズ，アズキ，ラッカセイ，エンドウなどである（第11，12章参照）．イモ類は，肥大した植物体の地下部を食用とし，デンプンを多く含みエネルギー生産効率が高い作物で（第13章参照），ヒルガオ科のサツマイモ，ナス科のジャガイモ，トウダイグサ科のキャッサバ，サトイモ科のタロ，ヤマノイモ科のヤムなどである．これらは栄養繁殖（vegetative propagation）性であり，栽培が容易で不良環境への耐性が高い．その他には，タデ科のソバやバショウ科のバナナなども重要な食用作物である．利用される地域は限られるが，アワ，ヒエ，シコクビエなどのイネ科の雑穀類（millet；第10章参照），果実，樹幹，茎にデンプンを蓄えるクワ科のパンノキ，ヤシ科のサゴヤシ，バショウ科のエンセテなども食用として用いられ

■コラム■　資源植物と作物

資源植物のうち，農産物，加工品の原料となるものは，原料資源として栽培されている開発経済植物（育種が進み栽培品種も多く，原種との差異が明瞭），開発中経済植物（栽培品種はあるが数は少なく，原種との差異が小さい），野生有用植物から直接消費財をとる未開発経済植物（栽培品種はみられない）に分けられる．開発経済植物は主要作物（世界中で広く栽培，汎熱帯性，汎温帯性を含む）もしくは準主要作物（地域的に重要であるが汎世界的でない），開発中経済植物と未開発経済植物は地域作物（限られた地域で利用・栽培）にあたる．栽培地域がさらに局地的であるものは地方品種（land race），民俗変種（folk variety）などと呼ばれる．

表1.3　生育特性による作物の分類

分　類	特　性	作　物　名
	［繁殖様式］	
有性繁殖作物	種子による繁殖	両性花：イネ，コムギ，雌雄（異花）同株：トウモロコシ，カボチャ
栄養繁殖作物	栄養系（クローン）によって繁殖	塊根：サツマイモ，キャッサバ 塊茎：ジャガイモ ほふく枝：シバ 茎：サトウキビ
無配（合）生殖作物	受精なしに子房の刺激で種子を生産	ケンタッキーブルーグラス，ダリスグラス
	［受粉様式］	
自家受粉（自殖）作物	両性花の同一花内で受粉	イネ，コムギ，ダイズ，エンドウ
他家受粉（他殖）作物	虫媒，風媒により個体間で受粉	トウモロコシ，ライムギ，ソバ
中間作物		ワタ（虫媒で5〜25%他家受粉）
	［日長反応］	
短日作物	短日で花芽形成，開花促進	イネ，ダイズ，トウモロコシ
長日作物	長日で花芽形成，開花促進	コムギ，オオムギ，ライムギ
中性作物	あまり影響されない	インゲンマメ，ワタ，トマト

吉田 2006[20] より作成.

る．ヒユ科のアマランサスやアカザ科のキヌアといった擬穀類（第10章参照），マメ科のシカクマメなどは，今後さらなる利用の拡大が期待されている食用作物である．

　作物は繁殖様式，受粉様式，日長反応により表1.3のようにも分類することができる．さらに，存圃期間の長さで一年生作物，永（多）年生作物および短期（短年生）作物，栽培時期で夏作物と冬作物，栽培場所で水田作物と畑作物，栽培地の地理的分布や温度感応性から寒地作物，温帯作物，熱帯作物，水分条件により乾燥作物と湿地作物などにも分けられる．栽培目的の主体からは主作物と副作物，輪作する場合では表作物と裏作物，栽培の順序では輪作の始めか後かで前作物と後作物と称することもある．特別な目的としては，置換作物（主作物の不作に代わり急遽栽培されるもの），被覆作物（土壌保全・地力維持を目的とするもの），随伴作物（副作物として主作物とともに栽培し，別に収穫されるもの）などがある．なお，生態学的分類としては，耐酸性，耐乾性，耐湿性，耐塩性など環境ストレスへの生育反応によって分けられる．

1.4　品種の分化

　野生の植物には，通常私たちが呼んでいる「品種」というものはない．農

業上の品種とは，同一作物に属するが遺伝的構成が異なり，重要な形質が他と異なる集団で，集団内の個体は相互に十分類似していて他と区別でき，その特性が通常の繁殖法で維持できるものをいう．

人類が採集生活から土地に定着して農業を始め，定住生活に移行してから栽培を繰り返す過程で，上述した作物としての特徴をもつものが選ばれ，いわゆる品種が成立したと考えられる．また，作物は時間の経過とともに起源地から離れた地域へと利用と栽培が広がっていったが，伝播した先でその地域の環境に適応して，より優れた形質を獲得したものもあった．当初は自然選択（淘汰）により，ついで無意識的あるいは意識的な選抜が関与して，新しい環境に適する生態型が分化していった．初期の品種の分化は，長い年月の淘汰や選抜によりもたらされたのである．単一の作物としての歴史が長い植物では，栽培化の程度が高く，世界各地に伝播する過程で様々な品種を分化し，種内変異が大きくなったものが多い[18]．このようにして，耕地条件，栽培法，利用形態などに合わせて様々な特徴をもつ品種が分化し，多様性が高まっていった．また，原産地からある地域に伝播したことによって，その地域で著しく発達して分化が進み，そこからまた各地に伝播した例もある．このような地域を二次的起源中心地という．

植物分類学では「種（species）」が最も基本的な階級であり，類縁性の近い種を共有する形質でまとめて「属」，「科」という上位の分類群を設定し，さらに，種によってはより下位の分類群として，「亜種（subspecies）」，「変種（variety）」，「品種（forma）」を設定する．分類学では種分化の見地から変異をとらえる．個々の作物は植物分類学上の「種」に相当する分類群であり，農業上は，収量，品質・食味，早晩性，病虫害抵抗性など，栽培や利用の実用的基準に関する種内での変異が重要となる場合が多い．通常このレベルで異なるものをいわゆる「品種」と呼んでいるが，そのほとんどは本来「栽培品種（cultivar）」として認識すべきである[3]．「栽培品種」という分類群は野生植物にはない階級である．農業上の「品種（栽培品種）」には，分類学上の「亜種」，「変種」，「品種」に相当するものから，さらに細分化された「系統」，一地方で古くから栽培されてきた「在来種」，「一代雑種」まで含まれている[14]．農業上の「品種」は，分類学上の「品種」とは必ずしも一致しないこともあるが，作物（種）によっては「栽培品種」が分類学上の「品種」に相当するものも少なくない．農業上の「品種」は内容的には分類学上の「変種」と同じとする考え方もある．

1.5 世界の作物と日本の作物

FAO（国連食糧農業機関）の統計によれば，世界の全土地面積の37.7%

自然選択（淘汰）
自然的原因に基づく選択（淘汰）で，ある種の個体群を構成する個体間において，ある形質をもつ個体がそれをもたない個体よりも多くの子孫を残すことができ，しかもその形質が遺伝するなら，その形質が後の世代により広く伝わること．

生態型
同じ種に属するが，遺伝的に異なる生態的特徴をもつ個体群．

品種の法律的定義
農業上の品種は法律によって定義されている．種苗法（昭和22・10・2～昭和61・6・10最終改定）によれば，「品種」とは，①重要な形質に係る特性において十分に類似していること，②1または2以上の特性によって他の植物体と明確に区分されること，③これらが永続的でなければならない，とされている．

で農業生産が行われており，そのうちの28.9%（約1,415万km^2）が耕地として利用されている（2014年）．全土地面積に対する割合でみると約10.9%で作物栽培が行われているが，1961年からの53年間での変化は9.5%の伸びであった．一方，作物の生産量でみると，1961年から2014年までに穀類は221%，マメ類とイモ類でもそれぞれ426%，86%増加している（表1.4）．この間の顕著な増産は，単位面積当たり収量が増大した結果であり，急速な世界人口の増加と生活スタイルの変化による需要の増加に，栽培技術や品種改良が対応した結果である．50年あまりで人口が約2.4倍になったのに対して，穀類収量が2.9倍，マメ類が2倍，イモ類が1.4倍とよく対応したことがわかる（図1.3）．

表1.5に主要な食用作物の生産量を地域別に示した．アジアでは，イネを中心とした農業が行われており，耕地面積が広いこともあるが，コムギ，ジャガイモ，サツマイモも世界で群を抜いて生産量が多い．トウモロコシ，バナナ，そしてキャッサバも比較的多い．ヨーロッパは，ムギ類の作付けと休閑を繰り返す二圃式から輪栽システムを発展させてきた歴史をもつが

表1.4 世界の主な作物の生産量

種類	1961年 （万t）	2014年 （万t）	増加率 （%）
穀類	87,637	282,373	322
マメ類	8,130	42,992	526
イモ類	45,533	84,850	186

FAOSTAT（穀類：Cereals，マメ類：Pulses・Soybeans・Groundnuts，イモ類：Roots and Tubers）より作成．

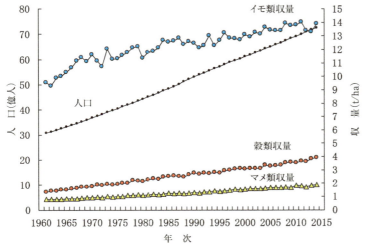

図1.3 世界の人口と主な作物の収量の推移（1961〜2014年，FAOSTATより作成）

表1.5 地域別にみた作物の生産量 (2014年)

作 物	アジア (万t)	ヨーロッパ (万t)	アフリカ (万t)	北米 (万t)	中・南米 (万t)	オセアニア (万t)	日本 (t)
イ ネ (籾)	66,976.1	396.5	3,002.6	1,008.0	2,776.4	83.0	10,549,000
トウモロコシ	30,373.3	12,900.4	7,824.1	37,257.8	15,412.9	64.7	189
コムギ	32,028.7	24,925.8	2,596.2	8,456.7	2,774.4	2,571.7	852,400
オオムギ	1,963.1	9,356.8	601.4	1,107.2	462.4	958.0	169,700
モロコシ	956.6	137.5	2,918.8	1,098.8	1,583.3	128.7	
エンバク	98.9	1,464.8	17.2	399.8	173.2	128.9	347
ライムギ	95.8	1,366.1	9.5	40.0	10.6	2.9	
ライコムギ	49.5	1,610.0	3.2	3.4	16.7	12.6	
ミレット	1,483.3	79.6	1,246.9	30.6	0.3	3.6	219
ダイズ	2,541.9	877.3	249.7	11,292.6	15,667.8	8.0	231,800
ラッカセイ	2,709.6	0.6	1,401.5	235.4	197.7	2.3	16,100
ジャガイモ	18,673.2	12,457.4	2,535.4	2,463.3	1,805.4	161.9	2,456,000
キャッサバ	9,012.2		15,161.7		3,234.0	25.3	
サツマイモ	7,913.5	5.4	2,067.4	134.2	248.6	88.3	886,500
タ ロ	226.2		735.4	0.1	63.2	42.9	165,700
ヤ ム	18.0	0.2	6,598.6		138.0	42.3	164,800
バ ナ ナ	6,048.4	39.3	2,079.6	0.7	2,814.4	148.7	34
プランテイン	486.1		2,004.8		1,015.7	0.3	

FAOSTAT より作成 (北米:アメリカ, カナダ, グリーンランド, サンピエール島およびミクロン島, バミューダ諸島).

プランテイン (調理用バナナ)

バナナはバショウ科の大型多年生草本であり, 果実に糖分の多い生食用の品種 (いわゆるバナナ) と, デンプンの多い料理用の品種 (プランテイン, plantain) がある. プランテインはサツマイモのように, 煮たり焼いたりして調理する.

(3.2節参照). コムギの他にオオムギ, エンバク, ライムギ, ライコムギといったムギ類と, トウモロコシ, ジャガイモの生産量が多い. アフリカはキャッサバが圧倒的に多く, トウモロコシの他にヤムあるいはプランテインやモロコシが多く, 他の地域よりも根栽類と雑穀の比重が大きいことが特徴である. 北米のトウモロコシ生産は世界の約36%を占めており, ダイズの生産も多く, アメリカ型農業の基幹となっている. 南米は作物生産拡大の潜在性が期待されてきたが[12], 耕地面積が他の地域に比べて大きく増えており, この50年あまりで2.4倍以上の伸びを示している. 中・南米地域では, ダイズ, トウモロコシ, キャッサバの生産が多い. 世界的にみると統計上の数値は小さいが, アワ, ヒエは開発途上国において, 特に在来農業では重要な位置を占めている (第10章参照). また, 熱帯地域ではプランテーションで栽培される商品作物の生産が大きな比重を占めるようになってきた[15].

日本における植物の栽培は縄文後期に始まり, 焼畑や低湿地の水田での作物栽培による古代集落社会の形成を経て発達し, その後も仏教思想の影響で植物生産に重きが置かれた形で集落社会が発展した. アジア・モンスーン気候帯にあって, 多雨, 酸性の火山性土壌といった立地環境を活かして作物生産が行われてきた. 日本の国土37万7,972km^{2}のうち, 2017年の耕地面積は444万haであり, 242万haが水田, 203万haが畑である (農林水産省統計部「耕地及び作付面積統計」). 現在も作物栽培の主体は水稲であり, 玄米収量で782.2万t (2017年:そのうち52万tが飼料用) の生産量がある (農林水産

省統計部「作物統計」）．ムギ類は水田裏作として土地利用効率を高め，コメの補食とされてきたが，コムギの自給率が14％と低いように，他の穀類，マメ類と同様に生産量は必ずしも多くない．

1.6　社会のニーズと作物品種

　育種の目標は時代や地域によって異なるが，主要な作物については，多収性，品質向上，耐病害虫性，耐ストレス性，適応性といった共通の目的をもつ．一方，古くは主に生産者のニーズに合わせて育種が進められていたが，1990年代頃からは消費者ニーズも重要視されるようになった．収量が多くても消費者ニーズに合致しないと，当然のことながら個々の農家の収益は上がらないからである．イネを例にとると，良食味の観点から低アミロース米品種，調理米飯向けに飯米の粘りが少ない高アミロース米品種，健康志向の高まりからはγ-アミノ酪酸（GABA）の多い糖質米，あるいは胚芽が普通のコメよりも3〜4倍大きい巨大胚米品種，さらには，腎臓病等の食事療法に低タンパク米が有効であることからグルテリンの含量が少ない品種，その他，ポリフェノールの一種のタンニンやカテキン，アントシアニジンなどが多い赤米，紫黒米などが育成された．

　新しい品種が育成されると，生産者，販売業者，消費者からの評価を受ける．従来は，①農作業の体系の中にうまく組み込めるか，②環境に対する適応性・耐性が十分か，③粗収量性，④品質について検討されたが[10]，消費者ニーズが注目されるようになってからは，食味をはじめとする品質の評価に重点が置かれることが多くなっている．

　また，気候温暖化に伴って作物栽培に様々な問題が生じている．水稲では，登熟期間の気温が高くなり，コメの品質が安定しなかったり未熟白粒が多くなり品質が劣化するなどの問題が生じている（8.7節参照）．このような地球温暖化の問題とそれに付随する高温，乾燥，塩類集積などへの耐性の付与も，消費者ニーズと関連した重要な育種目標となっている．合わせて，病害虫や雑草への抵抗性をもつ品種の育成は，農薬による環境汚染を防ぐだけでなく，食の安全と安心の確保といった観点から，消費者ニーズと無関係ではなくなっている．一方，農作物のバイオマスエネルギーへの利用の期待も高まるなど（第10章コラム参照），植物の重要性が見直される中，従来の枠にとらわれず，多様化するニーズに応じた品種の育成が必要となっている．

　2013年末に農林水産省から示された「新品種・新技術の開発・保護・普及の方針」をふまえた「育種課題」をみると，イネでは，①新規需要米（外食・中食用，飼料用，加工用等）への対応，②担い手の経営力強化に資する品種開発への対応として，次のような課題が挙げられている．i）地域にお

γ-アミノ酪酸（GABA）
アミノ酸の1種で，主に抑制性の神経伝達物質として機能している．英語名のγ（gamma）-aminobutyric acid の頭文字をとった略称 GABA（ギャバと読む）が一般的に広く用いられている．血圧の上昇を抑える作用がある．

新規需要米の分類
①飼料用
②米粉用（コメ以外の穀物代替となるパン・麺等の用途）
③稲発酵粗飼料用
④バイオエタノール用
⑤輸出用
⑥青刈り用・わら専用
⑦酒造用
⑧主食用以外の用途のための種子
⑨その他その用途が主食用米の需給に影響を及ぼさないもの

ける主食用主力品種と作期が競合せず作期分散を可能とする品種，ii）良食味でかつ現在の品種よりも収量性を高めた品種，iii）省力低コスト化に資する直播適性，病害虫抵抗性，機械作業適性，立毛乾燥に適する特性（熟期，脱粒性，耐倒伏性など）をもつ多収性品種，iv）収穫機負荷を低減しうる穂数型多収品種，v）酒米あるいは米粉加工適性の高いコメなど地域需要に対応した特徴のある加工用米品種，vi）コメの安全性確保のために栽培管理を省力化しうる品種（Cd低吸収性，As低吸収性など），vii）耐暑性品種など気候変動に対応した品種の開発，などである．

　わが国の人口は減少，高齢化の方向にあり，今後，主食用米の総需要量の増加は見込めないが，生活スタイルの変化などから，食料の需要はこれからも増大，多様化すると予想される．上述の食味や機能性，あるいは水田農業の維持・振興を図るための新規需要米の開発は必要であるが，収量の安定性，多収は依然として重要なポイントであり，同時に限られた化石エネルギーで生産を持続するための低コスト化が不可欠な育種目標となっている．

［江原　宏］

文　　献

1) Baker, H. G.（阪本寧男他訳）(1975)：植物と文明, 東京大学出版会.
2) DeCandolle, A. (1883)：*Origin of Cultivated Plants*, Hafner Publishing.
3) 江原　宏 (2006)：栽培学（森田茂紀他編）, pp.25-28, 朝倉書店.
4) Evans, L. T. (1993)：*Crop Evolution, Adaptation and Yield*, Cambridge University Press.
5) 後藤雄佐 (2004)：作物学事典（日本作物学会編）, pp.32-40, 朝倉書店.
6) Harlan, J. R. (1975)：*Crops and Man*, American Society of Agronomy.
7) Harlan, J. R. (1992)：*Crops and Man, 2nd ed.*, p.243, American Society of Agronomy.
8) 堀江　武 (2003)：作物学総論（堀江 武編）, pp.1-15, 朝倉書店.
9) 星川清親 (1993)：植物生産学概論（星川清親編）, pp.17-26, 文永堂出版.
10) 日向康吉 (1993)：植物生産学概論（星川清親編）, pp.234-260, 文永堂出版.
11) 一井眞比古 (2004)：作物学事典（日本作物学会編）, pp.44-53, 朝倉書店.
12) 国分牧衛 (2006)：栽培学（森田茂紀他編）, pp.136-148, 朝倉書店.
13) 中尾佐助 (2004)：農耕の起源と栽培植物, 北海道大学図書刊行会.
14) 中世古公男 (1993)：植物生産学概論（星川清親編）, pp.27-60, 文永堂出版.
15) 田中耕司 (2004)：作物学事典（日本作物学会編）, pp.246-255, 朝倉書店.
16) Vavilov, N. I. (1926)：*Bull. Appl. Bot. Plant Breed*, **16**: 1-245.
17) Whyte, R. O. (1977)：*Human Ecol.*, **5**: 209-222.
18) 山口裕文 (2006)：栽培学（森田茂紀他編）, pp.6-17, 朝倉書店.
19) Yang, X. *et al.* (2013)：*PLoS ONE*, **8**(5): e63148. doi:10.1371/journal.pone.0063148
20) 吉田智彦 (2006)：栽培学（森田茂紀他編）, pp.18-20, 朝倉書店.

② イネと稲作の歴史

〔キーワード〕　野生稲，稲作起源地，稲作渡来，品種特性，栽培技術，収量変遷

2.1　イネの分類と栽培稲の成立

　イネ属（*Oryza*）植物には，2つの栽培種と21の野生種がある．栽培種の1つのオリザ・サティバ（*Oryza sativa*）はアジアイネと呼ばれ，もう1つのオリザ・グラベリマ（*Oryza glaberrima*）はアフリカイネと呼ばれている．両種ともイネ科（Gramineae），イネ族（イネ連，Oryzeae）に属し，一年生草本植物である．

　世界で広く栽培されているのはアジアイネであり，本章ではアジアイネを対象に取り上げた．アジアイネはジャポニカ（*japonica*）とインディカ（*indica*）の2つの亜種に分けられているが，図2.1に示すように，祖先種は1種とする一元説と，2種とする二元説がある．本章では二元説をとり，ジャポニカは多年生野生種のルフィポゴンから，インディカは一年生野生種のニヴァラから生まれたとした．誕生の場所や時代などについてもそれぞれ諸説がある．

　ジャポニカ型のルフィポゴンは中国南部から東南アジア，インドにかけて，インディカ型のニヴァラはメコン川流域からインド東部にかけて自生し，ルフィポゴンは池や水路など一年中水が溜まった場所に，ニヴァラは雨

	栽培稲の祖先種（野生種）	野生種	栽培種
一元説	オリザ・ルフィポゴン *Oriza rufipogon* （多年生と一年生） →	オリザ・ニヴァラ *Oryza nivala* （一年生） →	オリザ・サティバ・ジャポニカ（一年生） *Oryza sativa* ssp. *japonica* オリザ・サティバ・インディカ（一年生） *Oryza sativa* ssp. *indica*
二元説	オリザ・ルフィポゴン（多年生）―――――――→ オリザ・ニヴァラ（一年生）―――――――――→		オリザ・サティバ・ジャポニカ（一年生） オリザ・サティバ・インディカ（一年生）

図2.1　栽培稲（*Oryza sativa*）の系譜

期には水が溜まるが，乾期には乾くような場所に生育し，たとえ同じ地域に分布しても場所をすみ分けている（図2.2）．

人類が野生稲（図2.3）を食料として利用するようになった当初は，野生稲の種子を採集して食用にするだけであったが，そのうちに雑草を取り除くなどの保護の手を加えるようになった（半栽培：1.1節参照）．すなわち栽培管理の始まりである．

したがって稲作の起源地は，野生稲が自生しているか，かつて自生していた地域で，栽培歴が古く，遺伝的多様性に富んだ栽培種が最も多い地域とされている．

2.2 稲作起源地の諸説

前述のような観点から，アジアイネの主要な栽培起源地として次のような3地域（図2.4）が提唱されてきた．

a. ガンジス川流域説

スイスの植物学者ドゥ・カンドル（de Candolle 1883）は，野生稲が自生している中国南部からインドのベンガル地方にいたる南部アジア地域を，栽培稲の起源地とした．ロシアの農学者バビロフ（Vavilov 1935）は，インドには野生稲，栽培稲，それらの中間型稲が存在し，「多様性の中心」があるとしてインドを起源地とした．また，国際稲研究所（IRRI）でイネの遺伝研究にたずさわった張慈徳（Chang 1976）は，インドのガンジス川流域から，

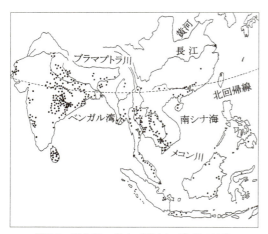

図2.2 野生稲の分布（黒点）（佐藤 1996）

図2.3 野生稲と栽培稲の穂，および無芒種と有芒種（佐藤 1995に加筆）

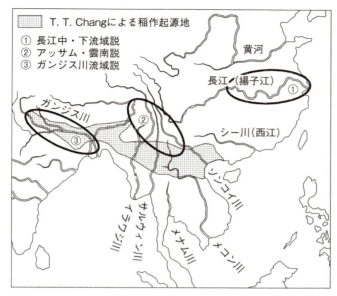

図 2.4　アジアイネ起源地の 3 仮説

インド北東端部のアッサムおよび中国の雲南を経てベトナムのソンコイ川河口にまたがるベルト状の広域地域（図 2.4 の網かけ部）を起源地とした．

これらのほかにも，インド国内の様々な地域が栽培稲の起源地として提唱されていたが，中でもガンジス川流域（図 2.4 の③）はインドを代表する栽培稲の起源地として注目されていた．

しかし，インドにおける稲作遺跡の考古学的な検証によると，最古のものでも紀元前 2500 年をさかのぼることはないとされ[3]，インドの稲作は他の起源地からの伝播によるものとするのが近年の大方の見方となっている．

b.　アッサム・雲南説

民族植物学者の渡部忠世（1977）は，東南アジアやインドの古い（主に紀元後）遺跡の煉瓦(れんが)に含まれている籾(もみ)を計測し，遺跡が古いほどジャポニカないしジャポニカ類似の籾が多いことから，栽培稲の祖先種はジャポニカと推測した．そして，アッサムの丘陵地にジャポニカが多く，低地にかけてジャポニカ，インディカ，それらの中間型などの多様な品種が多いこと，雲南地方も同様に著しく変異が多いことから，アッサム・雲南地域（図 2.4 の②）を栽培稲の起源地とした．

また，植物遺伝学者の中川原捷洋（1977）は，アジア各地のイネの品種についてフェノール反応やアイソザイムの遺伝子型の地理的傾斜を調査し，変異が最も多く集中しているのは，アッサム，ビルマ（ミャンマー）の北部，雲南省，ラオスを含む地域であることから，これらの「東南アジア山地」を

フェノール反応
フェノール水溶液に籾を数日間漬けておくと，インディカは籾の色が黒く変色するが，ジャポニカは変色しない．

アイソザイム
同じ働きをする酵素でも，その構成アミノ酸が少し違うと，分子量や電気的性質に違いを生じる．そのような多型を示す一群の酵素をアイソザイム（isozyme，同位酵素）という．

栽培稲の起源地とした.

　しかし，アッサムについては考古学的な調査を欠き，雲南の稲作遺跡は紀元前3000年をさかのぼることはないとされており[3]，近年はアッサム・雲南説も後退している.

c. 長江中・下流域説

　1970年代の初頭に，長江の下流域で紀元前5005±130年（放射性炭素年代を年輪年代で較正）（図2.5）とされる河姆渡遺跡が発見された．この遺跡から，稲わらの堆積層とともに大量の炭化籾と炭化米，および水牛の肩胛骨でつくられた鋤（図2.6）とみられる農具が出土した.

　1980年代には，長江中流域の湖南省彭頭山遺跡や湖北省城背渓遺跡の土器や壁土の中から，河姆渡遺跡よりも1000年以上古いとみなされる炭化籾が発掘された．その後それよりさらに古い紀元前8000年以前の江西省万年県仙人洞遺跡や湖南省道県玉蟾岩遺跡から，栽培稲のものとみられるプラントオパール（plant opal：図2.7）やジャポニカに近い特徴をもつ籾が発掘され，稲作の起源は紀元前1万年以前にさかのぼる可能性もあるとされている.

　中国におけるこれらの出土遺物によって，栽培稲の起源は長江の中・下流域（図2.4の①）で，紀元前6000～5000年頃に決着したとする研究者が多くなっている.

放射性炭素年代
大気中にごく微量含まれている放射性炭素（^{14}C：14は原子の質量数で，大半を占める^{12}Cより中性子2つ分だけ重い）の濃度は，常に一定に保たれるとされ，半減期も明らかになっている．したがって，植物遺体の^{14}C濃度を分析すれば，植物が^{14}Cを取り込んだ年代が推定できる．これを放射性炭素年代（radiocarbon age）という．近年では大気中の^{14}C濃度は一定でなく年代によりある程度変動することがわかり，年輪年代により較正している.

年輪年代による較正
木の年輪幅は年ごとの気候に左右されるので，年輪幅のパターンによって各年輪の実年代を知ることができる．そしてそれらの年輪について10～20年ごとに^{14}C年代を分析し，年輪年代との関係式（較正曲線）が求められている．近年の^{14}C年代はその式で較正している.

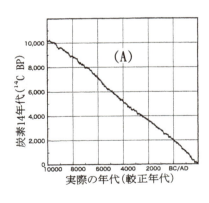

図2.5　放射性炭素年代と実年代（坂本2004[4]）
放射性炭素年代と年輪年代との関係は，長期的にはなだらかな曲線にみえるが（A），短期的には凹凸の大きい折れ線となり（B），年代によっては平坦に推移（例えば（B）のBC 750～400年）するなど，信頼度の低い実年代が得られる場合がある.

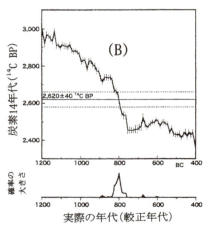

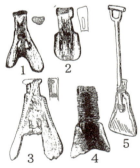

図2.6　中国・河姆渡遺跡から出土した農具（工楽 1991）
1～4：骨製の鋤先，5：鋤全体の復元図.

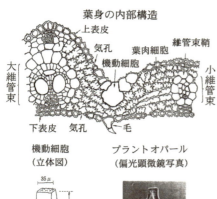

図 2.7 イネの葉の機動細胞とその細胞壁に蓄積されたプラントオパール（星川 1975を一部改変）
イネには固有の形のプラントオパールがあり，その遺物は古代の稲作の証拠とされている（ただし風や雨水で移動し，出土してももとの栽培地のものでない可能性もある）．

2.3 稲作の渡来と伝播

　日本列島では，紀元前約4000年頃（縄文時代前期初頭：表2.1のA）の岡山市朝寝鼻貝塚遺跡から，最古の栽培稲のものとみられるプラントオパールが出土している．その他にも縄文時代後期の遺跡から，イネを含む穀物の遺体が多く出土している．これらは，中国大陸から渡来した縄文人が持ち込んだ畑作物の遺体とされている．しかし，畑作の遺構が未確認で，農耕の実証はまだなされていない．本節では，渡来系弥生人によってもたらされた水田稲作を主体に取り上げた．

a．水田稲作渡来年代の諸説

　古代史は新しい史実の発見や分析技術の発達などで見直されることが多いが，日本における水田稲作の開始年代については諸説がある．

表 2.1　時代区分と年代表示の変遷

年説	AD 300 250 100 50	BC 50 100 150 250 300	400 500 800 1000 1250 2000 2500 3000 4000 8000 1万
A 1960年代	古墳	弥　生　　後期／中期／前期	縄　文　　晩期／後期／中期／前期／早期／草創期
B 1980〜90年代	古墳	後期／中期／前期　　V期／IV期／III期／II期／I期／先I	早期／晩期／後期／中期
C 新提案	古墳	後期／中期	前期／早期／晩期／後期／中期

A：杉原 1961より，B，C：春成・今村編 2004より．

弥生時代の始まり
従来水田稲作が始まり，弥生土器や金属器を使用するようになる「弥生文化」の開始期を，弥生時代の始まりとしていた．しかし，縄文時代晩期後半としていた時代に水田稲作遺構が出土したため，その時代を表2.1のBのように，弥生時代早期（先Ⅰ期）とみなす研究者が多くなっている．

高校の歴史教科書にみる水田稲作の渡来年
長い間「紀元前3世紀頃」とされていたが，2004年版から「紀元前5世紀前後」（表2.1のBの先Ⅰ期）に変更された．

1950年代に福岡市の板付遺跡から板付Ⅰ式土器（弥生土器）と炭化米などが出土し，これがわが国における最古の水田稲作遺跡とされた．そして出土した土器型式をもとに紀元前約300年と推定して，弥生時代を表2.1のAのように区分した実年代（暦年代）が決められた．しかし1981年に佐賀県菜畑遺跡から，板付遺跡の土器より古い山の寺式土器（縄文土器）と農耕具・炭化米・水田跡が出土したため，水田稲作の渡来年代（弥生時代の始まり）は表2.1のBのように紀元前5世紀前半頃と見直された．

ところが2003年，菜畑遺跡およびこれと同時代の遺跡から出土した土器に付着した炭化物の放射性炭素年代の分析（年輪年代で較正）によって，菜畑遺跡の年代は従来の報告より約500年もさかのぼる紀元前10世紀後半（紀元前930年頃）とした発表[2]があり，新しい年代区分が提案されて（表2.1のC）注目を集めている．ただしこの説については異論もあり，結論は今後の研究にゆだねられている．

b. 渡来ルートの3仮説

水田稲作の渡来ルートには図2.8に示すように，A（A1～A3）の朝鮮半島経由説，B（B1，B2）の直接渡来説，Cの南西諸島経由説があるが，出土遺物と継承文化などから，A3の山東半島から朝鮮半島黄海道の西海岸に渡

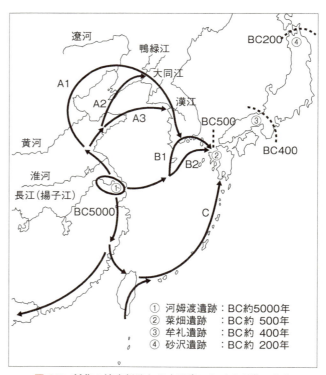

図2.8 稲作の渡来経路と日本列島における東進・北上

り，南下して北九州に渡来したとする説が有力とされている．

c. 渡来後の東進と北上

紀元前5世紀前半頃北九州に渡来した水田稲作が，温暖な瀬戸内海を経由して大阪湾の河川流域に伝播するには，大阪府茨木市牟礼遺跡（紀元前400年頃）などの水田遺構からみて，渡来後約100年を要したことになる．さらに北上して青森県まで達するには，弘前市砂沢遺跡（紀元前200年頃）の水田遺構によって渡来後約300年を要したといえる（図2.8）．

2.4　栽培稲の特性と分類

イネは，人とのかかわりの過程で分化して多様な特性をそなえたが，その特性によって様々な分類がなされてきた．

a. ジャポニカとインディカ

中国ではジャポニカを稉（粳），インディカを秈（籼）と表している．中国の農学者・周季維[7]や多くの考古学者は，長江下流域の河姆渡遺跡をはじめとする紀元前5000年頃の遺跡から出土したイネを調査し，粒型からみて大部分が秈で，少量が稉で，ごく一部が中間型であるとしている．

一方，植物遺伝学者の佐藤洋一郎（1999）[5]は，長江下流域の草鞋山遺跡と高郵遺跡（ともに紀元前約4000年）および朝鮮半島の新昌洞遺跡（紀元前約100年）から出土した炭化米のDNAを分析し，すべてジャポニカであったことから，中国を含む東南アジアの古代のイネはジャポニカであった可能性が高いとし，前述の中国の農学者や考古学者とは異なる見解をとっている．そして，ジャポニカの起源地は長江中・下流域とし，インディカはインディカ固有の祖先型野生種が分布するメコン川流域からインド東部にいたる「熱帯大河下流の湿平原」を起源地と推定している．

なお，現在長江の北側では稉が，その南側では秈が，長江をはさむ江蘇省一帯では稉と秈の両方が栽培され，長江の南に普及した秈は1000年頃に今のベトナムから持ち込まれたものに由来するとされている．

一般的にいってジャポニカの玄米は円粒で，炊飯したとき粘りが強いが，インディカは長粒でぱさぱさして粘りが弱い．ただしそれらの特性は後代の選抜によって成立したもので，近年は粒型（図2.9）や粘りでジャポニカとインディカの区別はできないとされている．

わが国の菜畑遺跡から出土したイネの粒型は短粒型で，ジャポニカとされている．インディカは1053〜1064年頃に中国から持ち込まれた「大唐米」

図2.9 米(精白米)の粒型
最上列〜3段目：アメリカ産ジャポニカの短粒，中粒，長粒．
最下段：日本産の短粒（'コシヒカリ'）．

図2.10 熱帯ジャポニカ（左）と温帯ジャポニカ（右）の草型（佐藤 2001）

がそれに該当するが，赤米種（まれに白米種あり）で食味が劣り，明治の中頃にはすたれている．

b. 温帯ジャポニカと熱帯ジャポニカ

ジャポニカは品種の特徴と地理的な分布によって，温帯ジャポニカと熱帯ジャポニカ（ジャワニカ *javanica* ともいう）の2つの生態型に分けられているが，遺伝的な距離はジャポニカとインディカほど離れていない（8.1節参照）．初めに長江の中・下流域で熱帯ジャポニカが成立し，それから温帯ジャポニカが分化した可能性がある[6]とされているが，その証明はなされていない．

熱帯ジャポニカは，穂数は少ないが草丈と穂長が長く（図2.10），耐乾性や出芽に優れて成長が早く，焼畑などの畑栽培に適し，わが国には縄文時代に持ち込まれ陸稲として栽培されたとする見解がある．

c. 粳 と 糯

栽培稲には粳稲と糯稲があるが，野生稲に糯稲はない．糯稲は粳稲の1つの遺伝子が突然変異によって劣性化し，デンプン組成の1つであるアミロース（amylose）をつくる機能をまったく失ったもので，粘性のイモ類を食用していた人々の好みで選ばれて，育成されたものといわれている．糯米はアミロースが0％，アミロペクチン（amylopectin）が100％で，粳米はアミロースが15〜35％，アミロペクチンが65〜85％である（8.7節参照）．粳米を炊飯したときの品種による粘りの違いは，遺伝的なアミロース生産能力（低いと粘りが強い）の差異によるとされている．近年は粘りの強い低アミロース米品種も育成されている（1.6節参照）．

2.5 渡来当初のイネ

弥生時代の各地の水田稲作遺跡から出土した炭化米の DNA を調査した結果，温帯ジャポニカとともに熱帯ジャポニカが混ざって出土しており，様々な特性をもつ個体群を，混種状態で栽培していたと推測されている．

渡来当初のイネは現代の栽培種と違い，草丈は長く，稈は長短様々な不揃いで，1株の穂数と1穂の籾数は少なく，外穎の先端に長い針状の芒をつけた有芒種（現代品種は無芒種）（図2.3）であった．玄米は白色米に有色米（赤米，紫黒米，黒米など）が混ざり，出穂期幅（出穂始めから穂揃いまでの期間）が長く，早晩性（早生，中生，晩生）の区別もなされていなかったと推測されている．

なお，渡来当初から奈良時代にかけて栽培された品種は，粳稲であったとする説と糯稲であったとする説がある．それを渡来当初は主に汁粥（かゆ）で食べ，奈良時代に入ると蒸した強飯（おこわ）で食べていた．現代のような粳米を用いた姫飯（めし）で食べるようになったのは鎌倉時代末期以降とされている．

2.6 栽培技術の展開

a. 品種の改良

渡来当初から稔りのよい穂を選んで採種して栽培していたようであるが，早晩性などの特性で区別した品種の成立は，平安時代以降とされている．室町時代末期から明治の中頃にかけては，篤農家が優良な「変異株」を選んで多くの品種を育成していたことが，当時の農書によって明らかにされている．

交配による本格的な育種は，国立農業試験場で1904年から始まった．北日本ではたびたび冷害に見舞われ，特に1931〜1954年にかけて頻発した冷害は深刻で，コメ不足の年が続き，耐冷性・いもち病抵抗性とともに強稈の多収性品種が要望された．1950年ごろには保護苗代の普及により冷涼地帯でも早植栽培が可能となり，さらに化学肥料が潤沢に出回るようになり（図2.16参照），半矮性遺伝子の導入による短稈の多肥・多収性品種が各地で育成されて生産量が急速に高まった．

しかし，コメの消費量は1962年をピークに年々低下し，1969年から余剰米を大量に抱えるようになり，その解消のため作付け制限や自主流通米制度がとられ，育種目標は多収から良食味品種に転換された．

1980年には大冷害に見舞われるが，その被害実態を調査した結果，従来

平成の大冷害
冷害による凶作は決して過去の歴史物語ではない．「平成の大冷害」として記憶される1993年には，平年収量を100とした全国作況指数は74，とりわけ青森県では28という大凶作で，青森県の太平洋側では1粒も稔らない水田が延々と続いた（図2.11）．

槍穂
冷害により不稔籾や登熟不良籾が多発して，成熟期になっても穂がうなだれず，槍先のように立ったままの稲穂をいう．

恒温深水法
圃場での水稲品種の耐冷性検定は，1935年から行われ，主に穂ばらみ期に冷水を掛け流しした際に生じた不稔歩合の多少で評価されていた．しかし1980年の大冷害でみられた不稔歩合の品種間差は，従来の耐冷性評価との間で大きな食い違いが認められた．従来の浅い水深では，処理区全体の幼穂を所定の低温で処理できていないため，不稔歩合に変動が大きくなることがわかった．そのため19℃に制御した水を，20cm以上の水深で処理することによって，処理区内の不稔歩合の変動が抑えられ，再現性の高い，高精度の耐冷性の検定が可能となった．

図2.11　冷害の水田と不稔の穂（槍穂）（青森県上北郡，1993年9月21日，撮影 大江真道）

図2.12　恒温深水法による耐冷性品種検定圃場（青森県農業試験場藤坂支場，1995）
1981年に宮城県古川農業試験場で開発された検定法で，現在国内外の耐冷性品種育成試験場で採用されている（側注参照）．

の品種の耐冷性評価と大きな食い違いが認められた．そのため新たな検定法である恒温深水法（図2.12，側注参照）により再検討がなされ，'コシヒカリ'は障害型耐冷性が極強であることが明らかにされた．さらに'コシヒカリ'を交配親に用いて，耐冷性と良食味をそなえた'ひとめぼれ'（1991年品種登録）をはじめとする改良品種が育成された．その後は各育成地でそれら改良品種を交配親として用い，強稈性といもち病抵抗性などを取り込んだ新品種が育成されている．

近年は，温暖化に伴う登熟期の高温耐性，飼料用超多収性，直播栽培適性などの特性をそなえた品種の育成も進められている．

b. 直播と移植

渡来当初のイネの栽培が，直播（本田に直接種を播く）であったか移植（苗を育てて植える）（図2.13）であったかについては，意見が分かれている（8.6節参照）．1980年頃までの見解では，渡来当初は直播で6世紀初め頃から移植に代わったとされていた．しかし1980年，弥生時代後期末とされる岡山市原尾島遺跡から移植状況が明らかな水田遺構（図2.14）が出土し，弥生時代に移植栽培していたことが証明された．

中国農業考古学者の陳文華[1]は，農書『氾勝之書』（紀元前32～7年頃）と『四民月令』（140～150年頃）をもとに，移植栽培は前漢時代（紀元前206～後8年）に華北で発明されて普及し，長江流域では後漢時代（25～220年）に直播から移植に代わったと推測している．ただし，『史記』中の「孔子世家」（紀元前91年頃）に水田に入って除草している記述があることを根拠に，移植栽培法は孔子（紀元前551～479年）の時代以前に発明されていたとする見解もある．仮に紀元前5世紀頃の中国で移植栽培と直播栽培があったとすると，わが国には両方の技術が持ち込まれたことも考えられる．

図2.13 手植え（青森県農業試験場，1959）

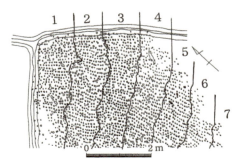

図2.14 岡山県原尾島遺跡（弥生時代後期末）の移植したとみられる稲株跡（実線は植人の推定担当区分）（高畑 1984 に一部加筆）

わが国では，水田稲作の渡来以降，1942年に開発された被覆資材を用いる保護苗代育苗に代わるまで，水苗代育苗が続いていたことになる．保護苗代による育苗効果は画期的で，冷涼地帯でも早植えが可能となり，東北・北海道の冷涼地での稲作栽培に安定多収化をもたらした．

1960年代には，田植機とともに田植機用の箱育苗法が開発され，機械移植（図8.11参照）の植付け精度が高まり，1970年頃から機械移植が急速に普及しだした．1990年には全水田面積の98.6%が機械移植となり，人手による移植時代は終わった．

c. 耕起・整地

渡来当初は常時湛水状態の低湿田で栽培され，耕起というより木製の大足（図2.15）で古株や山野草を踏み込み，木製の鍬や鋤を用いて地ならしする程度であった．弥生時代後期には鉄製の鍬が出現して耕起作業が始まり，古墳時代には鉄製鍬を用いて耕起する乾田での水田稲作も始まるが，当時の鉄製鍬の所有は権力者に限られ，一般農民の使用は平安時代以降とされている．鎌倉時代になると牛馬による代かきが始まるが，耕起作業は変わらず鉄製鍬によっており，この方法が長く続いた．

耕起作業が鍬から動力による歩行型トラクター（自動耕耘機）や乗用トラクターに代わり始めるのは，第二次世界大戦（1939～1945年）後からで，1965年頃には鍬による過酷な耕起作業から解放された．

d. 施　　肥

水田稲作の渡来当初から，中国で行われていた水田雑草や山野草（草肥）を水田に踏み込む施肥が行われ，こうした草肥の施用は大正末期頃まで続いた．鎌倉時代になって下肥（人糞尿）が畑地で使われるようになり，室町時

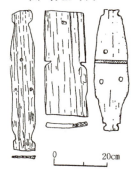

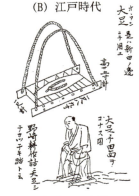

図2.15 大足
(A) 弥生時代後期の水田遺跡から出土した一枚板の大足（長さ44～80，幅9～14，厚さ1～2.5 cm）（工楽 1991）
(B) 江戸時代に使用した歯のついた大足（比良野貞彦『奥民図彙』，1781～1800）

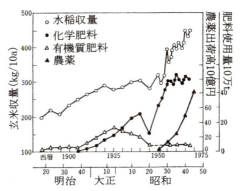

図2.16 日本における水稲（玄米）収量, 化学肥料, 有機質肥料, 農薬の使用量の年次変遷（高橋他 1980）

代末期頃からは水田でも使われ始め, それ以降江戸時代にかけて草肥と下肥が水田稲作での主要肥料となった. 明治時代に入ると草肥・下肥のほかに魚粕が使われるようになり, 大正時代には魚粕・大豆粕・厩肥が主要肥料となり, 下肥は使われなくなった.

明治中頃の1880年代になると化学肥料の輸入が始まり, 明治末の1905年頃には肥料工場が設立されて化学肥料の製造が始まっている. 有機質肥料から脱して化学肥料を本格的に利用するようになるのは昭和に入った1926年頃からで, 1932年にはわが国でも窒素ガスのアンモニアへの還元による窒素肥料の工業的な生産が始まっている. 温暖な九州地方では1900年頃に追肥（分施）技術が開発され, 1955年頃には全国的に普及し, 施肥量の増加（図2.16）とともに施肥方法の改良が単位面積当たりの収量（単収）増大に寄与した.

e. 除　　草

中国では前述したように, 水田雑草を足で踏み込む施肥を兼ねた除草が早くから行われていた. 日本では水田稲作の渡来当初は密植し, 水田に入って除草することはなかったとみられているが, 奈良時代には手取り除草していたことが『万葉集』に詠まれた歌から推定されている. 室町時代末以降は移植後15～20日, その後は10～15日ごとに合計3回程度手取り除草（図2.17）するのが基本とされていた. 1910年頃から手押しの回転除草機（中耕除草機：図2.18）が普及するようになるが, 第1回目の1番除草や株ぎわの除草は手取りによった.

現代的な除草剤の使用は, 第二次世界大戦後の1949年の除草剤2,4-Dの試験に始まるが, 1960年頃から選択的除草効果の高い新除草剤が次々と開発されて利用され, 過酷な除草作業から解放された.

図2.17 手取り除草（渡部 1999；撮影 井上一郎）

図2.18 中耕除草機による除草（渡部 1999；撮影 井上一郎）

図2.19 江戸時代に行われた害虫防除「蝗おくり」（大蔵永常『除蝗録』，1826）

f. 病害虫の防除

『続日本紀』(797年)には，気象災害や害虫（蝗：種類は不明）による被害が記され，江戸時代の農書には，各種のイネの病害虫名を特定して被害が記されている．

害虫ではウンカ類の被害が深刻で，飢饉の原因にもなっている．ウンカ類の防除法は，村民総出で松明を燃やして焼き殺す「蝗おくり」（図2.19）と，油（鯨油）を水面に垂らして浮かべ，笹などでウンカ類に振りかけて殺す「注油駆除法」によったが，この駆除法は第二次世界大戦頃まで行われた．

農薬を用いた近代的な害虫の防除は，戦後に輸入されたDDTやBHCなどの有機合成農薬の使用開始以降である．

イネの主要病害にいもち病がある．発生の誘因は，江戸時代にも理解されていたが，原因が病原菌によることがわかったのは明治以降で，それまでは祈祷・まじないなどの呪術的対処ですませていた．防除薬の本格的な利用は，1882年にフランスで偶然発見されたブドウべと病に有効なボルドー液に始まるが，わが国では1897年頃から使われた．戦後は各種の合成農薬が次々に開発されて防除効果を発揮した．

ただし，除草剤を含め農薬の中には，人畜への強い毒性や環境への重大な汚染で使用禁止となったものも多い．現在は残留性が短く，人畜や環境への影響の少ない農薬に代えられているが，さらに進めた無農薬栽培への関心が高まっている．

g. 刈取り・乾燥・脱穀・籾すり・精米

弥生時代の刈取りは，石包丁などの穂摘具を用いて収穫したが，インドネシアのスラウェシ島に住むトラジャ族は現在も穂摘具によって穂刈りしている（図2.20）．わが国での鉄製鎌を用いた根刈りによる収穫は5世紀中頃か

ら始まるが，一般化したのは10世紀中頃からとされている．

　穂刈りした稲穂は束ねて干し，高床の倉庫に貯蔵した．その稲束の脱穀と籾すりは，炊飯の直前に立臼と立杵（図2.21）を用いて同時に行った．根刈りになると扱竹（図2.22の①）を用いて脱穀した．江戸時代中期の1700年頃に，櫛状の歯のついた千把扱（図 2.22の②）が開発されて普及するようになるが，明治末期の 1910年には「足踏脱穀機」が開発され，全面的にこの方法に代わっていった．

　脱穀した籾は，磨臼（初めは木製，江戸時代中期から土製）で籾すりし，精白は搗臼（初めは立臼と立杵，ついで踏臼や水車）によった．

　大正時代中頃の1920年代になると石油発動機や電動モーターが国産化し，それらを動力源とした脱穀機や籾すり機が開発されて機械化が進んだ．さらに1975年頃に刈取りと脱穀が同時に行われる乗用の自脱型コンバイン（図2.23）と，収穫した生籾用の火力乾燥機が開発され，精米（精白化）だけを精米業者にゆだねるようになった．

図2.20　インドネシアでみられた穂摘具と集団による穂刈り（ジョグジャカルタ近郊，1977）

図2.21　立臼と立杵による籾すり・精白（石川流宣『大和耕作絵抄』，1600年代後半）
籾すりは一般的に木製の唐臼によった．

図2.22　江戸時代の脱穀方法と脱芒用の唐竿（曽槃他編『成形図説』，1806）
①は2人1組で長い扱竹を用いて脱穀しているが，一般的には約10 cmの扱箸に穂をはさんで脱穀した．②は千把扱，③は脱芒用の唐竿．

図2.23　自脱型コンバインによる収穫（刈取り・脱穀）（渡部 1999；撮影 井上一郎）

2.7 収量の変遷

古代のイネの単収は，平安初期の『弘仁式』(820年) などに，奈良朝1町 (現代1.106町) 当たり上田で500束，中田で400束，下田で300束と記されている．1束は『令集解』(868年頃) に奈良朝枡で玄米5升 (1升は現代枡で0.406升) と記されており，奈良時代の中田の1町当たり400束は，玄米収量で1 ha 当たり1,110 kgとなる．

イネの単収は図2.24に示すように時代の推移とともに順次上昇するが，急に高まるようになる転期が2回認められる．1回目は単収が奈良時代の約1.9倍に達した1887 (明治20) 年頃，2回目は約3.3倍に達した1955 (昭和30) 年頃となる．

単収が急に上昇傾向となった要因としては，1回目は勧農政策による農業改良熱の高揚，塩水選による優良種子の選種，篤農家が選抜した多収品種の採用，牛馬耕の普及，購入肥料の使用，温暖地帯での追肥技術の導入などが挙げられる．2回目は保護苗代の開発と普及，交雑育種による耐冷・短稈・多肥多収性品種の育成と普及，化学肥料の増産と施肥法の改善，新農薬の開発による病害虫の防除，土地改良，動力耕耘機の普及による深耕などが挙げられる．

〔三本弘乗〕

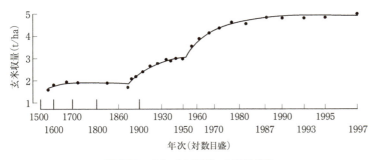

図2.24 イネ (水陸稲) の単収推移
1553～1836年までは安藤1958による．1880年以降は農林水産省統計情報部の資料をもとに求めた5年または10年の移動平均値．

文　献

1) 陳文華 (1989)：中国の稲作起源 (陳文華他編)，pp.219-223，六興出版.
2) 春成秀爾 (2004)：弥生時代の実年代 (春成秀爾・今村峯雄編)，pp.234-248，学生社.
3) 中村慎一 (2002)：稲の考古学，pp.71-95，同成社.
4) 坂本　稔 (2004)：弥生時代の実年代 (春成秀爾・今村峯雄編)，pp.66-78，学生社.
5) 佐藤洋一郎 (1999)：DNA考古学，pp.34-36，東洋書店.
6) 佐藤洋一郎 (2001)：日本人はるかな旅4 (NHKスペシャル「日本人」プロジェクト編)，pp.119-121，日本放送出版協会.
7) 周季維 (1989)：中国の稲作起源 (陳文華他編)，pp.11-130，六興出版.

③ 畑作物栽培と作付体系の変遷

〔キーワード〕　輪作，間作，混作，地力，水田転換畑，田畑輪換，連作

3.1　畑作の生産力・地力維持における作付体系の意義

　作付体系（cropping system）とは，耕地において限られた自然の資源（土壌養分，気象条件など），あるいは社会的な資源（土地，労働力など）を最適に活用するための農業生産システムのことを指す．狭い意味では作付順序（栽培する作物の順序，cropping sequense）や，作物の選択のことを指し，永続的な農業生産に必要な地力維持，土壌病害や雑草の抑制，労働ピークの分散，水資源の有効利用等を図り，生産物の価値を安定・向上させることを目的としている．

　北海道のある畑作生産者を例として，作物選択の種類やその作付割合の重要性を考えてみよう．その生産者は 35 ha の畑で営農しており，その地域はコムギ，テンサイ，ジャガイモ，ダイズやアズキの生産に適していたとする．生産者は全種類の作物を栽培することもできるし，1つの作物を栽培し続ける（単作，monoculture）こともできる．単作は必要な機械の種類が少なくてすむなど低コストで作物を生産できるメリットがあるが，ダイズを単作した場合は夏の低温によって減収しやすく，ジャガイモは高温年に減収しやすいため（図 3.1），生産者の収入は不安定になりやすい．また，単作は植付けや収穫期などに作業が集中するため，これらの時期の労働力が不足しやすい（図 3.2A，C）．

　一方，コムギ，テンサイ，ジャガイモ，マメ科作物の農繁期は少しずつずれており，これらをバランスよく栽培すると，労働力を効率的に使うことができる（図3.2B，D）．また，冷害や高温によっていずれかの作物が減収しても，他の作物の収量が増えれば，安定的な収入を得やすい．毎年，複数の作物を生産するメリットはこのような危険分散にある．

　次に，先ほどの生産者がコムギ，テンサイ，ジャガイモ，マメ科作物を，

3.1 畑作の生産力・地力維持における作付体系の意義　　29

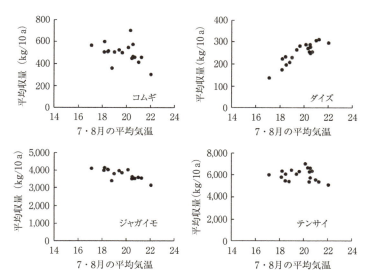

図3.1 帯広市の7・8月の平均気温と十勝におけるコムギ，テンサイ，ジャガイモ，ダイズの収量との関係
1997〜2015年（ジャガイモは2014年）までの帯広測候所の日平均気温の平均値と地域平均収量より作図．

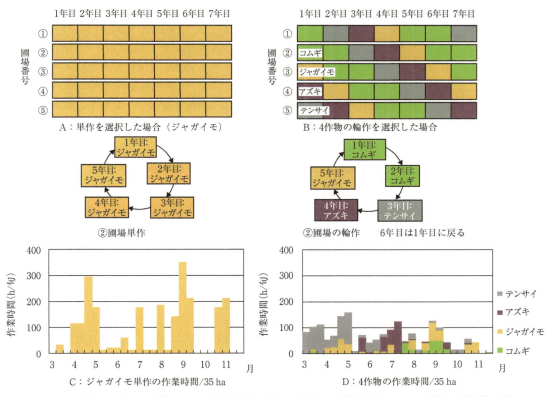

図3.2 単作と輪作時の圃場における作物配置と栽培に必要な旬別作業時間（35 ha規模・北海道の例）

図3.3　北海道の畑作地帯の空撮写真と風景

左：北海道芽室町（7月中旬）
収穫前のコムギ（茶），テンサイ（濃い緑）とジャガイモ，マメ類（薄い緑）がパッチワーク状に広がっている．

右：北海道美瑛町（8月上旬）
丘陵に広がる畑の風景を目当てに訪れる観光客も多い．

連作障害と輪作の効果

連作障害の主な原因は，①土壌養分の消耗および過剰，②土壌の異常反応，③土壌物理性の悪化，④作物由来の有害物質，⑤土壌生物の単純化と病原性微生物の増加とされている．この他に特定の雑草が増加することも連作障害の1つとされる．輪作にはこの連作のマイナスをゼロに近づけるだけでなく，収量や品質面でプラスに働く役割が期待されている．田畑輪換は水田期間に還元状態となるため，病原性微生物（病原菌や植物寄生性のセンチュウ）を減らす効果が大きい．また，特定のセンチュウや病原菌を減らす植物を対抗植物といい，輪作に組み込むことで連作障害を減らしている．

間作と混作

間作と混作は，2種類以上の作物が1つの圃場に同時に栽培されることをいう．このうち，間作は作物の畝（列）が分かれるなど，それぞれの作物が意図的に

2：1：1：1の割合で栽培する場合，図3.2Bのように作物を一定の順序で栽培する輪作（crop rotation）のような圃場の使い方の他に，圃場ごとに栽培する作物を固定し，毎年繰り返し栽培する連作（continuous cropping）を選択することもできる．しかし，連作はセンチュウや土壌伝染性病害が増殖して連作障害（injury by continuous cropping）を起こし，特定の雑草が増えるなどの問題が発生しやすい．そこで，生産者は作物を輪作しながら，複数の作物を栽培することが多い（図3.3）．このように生産者は，気象，土壌，労働力，収入等の条件を考慮し，作物を選択し，栽培する順番を選択する．こうして選択された体系を作付体系という．

作付体系は時代の変遷や技術の進歩により大きく変遷してきた．例えば，肥料や灌漑水を地域外から持ち込むことが難しかった時代は，これらを最大限に循環利用できるように作付体系を構築する必要があった．この場合作付体系には，後述するように地力維持（maintenance of soil fertility）の方法を組み込む必要があった．また，降水量が少ない地域では，干ばつ年に危険が分散する体系や少ない水を有効に利用できる体系が選択された．例えば，半乾燥地帯では主食のイネ科雑穀類と乾燥に強いササゲを混作（2種類以上の作物を同時期に1つの圃場で栽培すること，mixed cropping）することで危険分散を図る作付体系や，雨期にイネやソルガム等の穀物を栽培し，穀物の収穫前に乾燥に強いラッカセイを栽培し，穀物が使い残した水分を利用する作付体系がみられる．この他に，雑草対策も農業を継続する上で重大な課題となることから，作付体系の中に効率的に除草できる機会や期間を設けている．

3.2 地力維持方式による作付体系の変遷　　　　31

　このように，作付体系は不足している資源や農業を続ける上で障害となる
条件の制限を受ける．条件は地域によって異なり，技術の発達や社会情勢の
変化によっても変遷する．したがって，地域によって多様な作付体系が存在
し，技術の発達などにより制限する要因が変わると，作付体系はこれに合わ
せて変遷する．

3.2　地力維持方式による作付体系の変遷

　農業を長く営むには土壌中の窒素を中心とした地力を維持することが不可
欠である．化学肥料が普及する以前において，その手段は，有機物（organic
matter）の投入と輪作に休閑（fallow）や緑肥作物（green manure crop）の
栽培を組み込むことに限られた．作付体系の変遷は，輪作における休閑期間
や草地の期間と地力維持の方法の変遷としてとらえることができる．

a.　焼畑農業—長期休閑による地力維持—
　焼畑農業（shifting cultivation, slash-and-burn agriculture）は森林や灌木
を伐採し，火入れによって地表面の雑草や雑草種子を殺し，灰や高温下にさ
らされた土壌から放出された養分を用いて作物を栽培する農法である．数年
間作物を栽培した後に農地を移動することで，放棄された農地は森林等に戻
り，数年から30年以上に及ぶ休閑期間を経て地力回復した後に，農地と
して再度利用する．熱帯地域等では今なお広くみられる農法であり，かつては
日本でも各地で行われていた．日本の焼畑農業では，火入れ後1〜2年は陸
稲やソバ，ヒエ，アワ等の吸肥力の強い雑穀類を栽培し，その後マメ科作物
を栽培して放棄された．九州や四国の暖地では最後にサトイモが栽培され
た．熱帯地域ではイネ科作物の後にマメ科作物やサトイモと近縁種のタロイ
モなどが栽培される．また，イネ科作物とマメ科作物が混作される場合もあ
る．

　焼畑農業は適切な頻度で耕作が行われている場合には，持続性の高い作付
体系である．しかし，近年は人口の増加により耕作の頻度が高まり，森林面
積の減少と表土流出による農地荒廃を招いている．さらに，焼畑が大規模な
森林火災の原因となることもあり，問題視されることも少なくない．

b.　穀草式と三圃式—短期休閑・輪作による地力維持—
　人口や飼養する家畜が増加すると，森林を永続的に牧草地や耕地として利
用するようになる．穀草式は18世紀以前のヨーロッパでみられた作付体系
で，土地の大部分を草地として利用し，その一部を畑地にして穀物を連作
し，地力が消耗すると畑地を移動した．さらに穀物需要が増えると，畑地と

配置される場合をいい，複
数の種子を混ぜて播種し
たときのように両者の配
置に規則性がない場合は
混作という．間作には複数
の作物の生育期間がほぼ
同じものと，一部の期間し
か重複しない場合があり，
後者は特につなぎ間作（re-
lay intercropping）という．

三圃式輪作

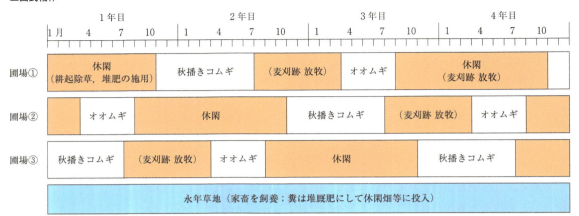

ノーフォーク式輪作

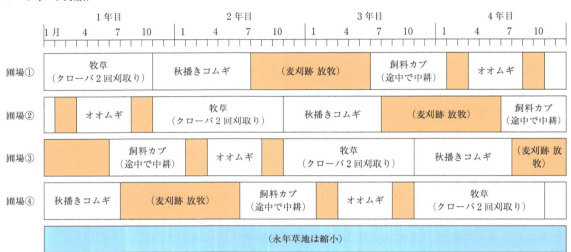

図3.4 三圃式とノーフォーク式輪作体系の圃場利用

永年草地は分離され，畑地では穀物が主として生産された．この作付体系を主穀式という．穀物の連作は地力の消耗が激しいため，輪作の中に休閑期間を設けた．これが三圃式輪作（three-field rotation）である．純粋な三圃式輪作とは，畑地の3分の1で冬作物（コムギ，ライムギ），3分の1で夏作物（オオムギ，エンバク等）を栽培し，残りを休閑とし，3年で一巡する輪作である（図3.4）．休閑中は耕起等により雑草を抑制し，土壌中の窒素固定細菌（アゾトバクター等）による地力回復を行う．しかし，休閑期間の地力回復能力は小さく，共同草地などの飼料で飼養した家畜の堆厩肥を有機物として供給することで地力維持が図られていた．

三圃式輪作の休閑地の一部に，クローバ等のマメ科牧草およびマメ科作物

を導入するのが改良三圃式と呼ばれる輪作である．耕地内で食糧の他に飼料作物を生産できるので，家畜を飼養しつつ草地を開墾し，コムギ，オオムギなどの穀物を増産することが可能となった．地力維持の方策は，輪作に導入したマメ科牧草や作物に共生する窒素固定細菌の働きと，飼料作物によって飼養された家畜由来の堆厩肥の利用である．改良三圃式輪作は，三圃式輪作に比べて窒素を中心とした地力維持効果が高く，しだいに休閑の意義は小さくなった．

c. 休閑の省略

18世紀末のイギリス・ノーフォーク地方において，ノーフォーク式（Norfolk four-field rotation）と呼ばれる輪作が行われるようになった．「コムギ→飼料カブ（根菜類）→オオムギ→クローバ」のような作付順序の四圃式の農業であり（図3.4），休閑が排除された輪作体系である．家畜飼料の作付割合が増加し，家畜の飼養能力の増大とともに堆厩肥などの有機物の農地還元量が増え，マメ科牧草の窒素固定と合わせて地力を維持・増大させた．

さらに，19世紀に入ると1840年代にドイツで過リン酸石灰の工業生産が始まり，ついで石灰窒素や硫安などの窒素質肥料が生産されるようになった．これらの化学肥料により地力の損耗を容易に回復することができるようになると，収益性の高い作物を中心とした輪作が可能となった．

3.3　日本の畑作における地力維持法

日本では傾斜地を中心とした焼畑式と平行して，平坦地における畑作も行われたが，水利の便がよいところは水田として利用されることが多かった．日本の降水量はヨーロッパなどに比べて多いため，カルシウムや硝酸態窒素などの無機養分は畑から溶脱して低地（水田）に蓄積するのに対して，畑土壌には植物の生育を阻害するアルミニウムなどが残る．また，水田には灌漑水を通じて森林からの有機物が供給される．このため畑地の地力は水田に比べて一般に低かった．また，日本では近世まで畜産があまり発達しなかったため（隠岐や対馬では牧畑という牧草地と畑地の輪作が記録されているが），家畜由来の有機物の利用や，輪作に草地を組み込む作付体系は発達しなかった．

日本における地力維持の方法は，人糞尿の他には森林の下草や落葉等の有機物供給が中心であり，中世にはすでに草木施用の記録がみられる．日本で一般的な常緑針葉樹林や落葉広葉樹林の場合，5 kg/10 a相当の窒素を耕地に供給するには，耕地面積の4〜5倍にあたる面積の森林の落葉を堆肥化し，毎年供給する必要であるという試算が示されている[1]．これらを遠くから運

平地林

関東では林のことを「ヤマ」という地域が多く，平地林の所在が平地か丘陵地かは区別せずに里山という．樹種の構成は地域により異なり，関東ではマツやクヌギの林が多く，北海道ではシラカバ，カシワ，ミズナラ等である．平地林はその落葉や下草を堆肥として利用してきただけでなく，防風林としての役割や，薪，山菜等の採取地として人々の生活に密着してきた．また，平地林の生態系や生物多様性が周辺の耕地に及ぼす影響を評価する動きも出ている．

緑肥作物

作物への養分供給や土壌物理性の改善のために，土壌にすき込む植物体のことをいう．レンゲ，クローバ，ベッチ類，クロタラリアなどのマメ科植物のほか，エンバク，ライムギ，トウモロコシ，シロガラシ，ヒマワリなどが用いられる．一般に，肥料成分の含有率は生育の後期になるほど低下するため，刈取り・すき込みの適期は開花期前後とされている．近年，緑肥作物の種類や機能が増えており，根粒菌による窒素固定を行うマメ科作物（レンゲ，クローバ等），共生微生物の菌根菌を増やす植物（ヒマワリ），有機物による土壌物理性の改善が期待できるイネ科作物（モロコシ，エンバク等），センチュウを減らす対抗植物（マリーゴールド，野生エンバク等）等が目的に応じて栽培されている．この他にも，休閑期の土壌浸食や雑草を防ぐカバークロップ（ヘアリーベッチ）や，畑を彩る景観植物等，多様な作物が緑肥としてつくられている．

図3.5 埼玉県三芳町（中富地区）の平地林とその内部
松平氏や柳沢氏が領有していた時代に開拓された中富地区には，今もまとまった平地林が残っている．

ぶには膨大な労働力が必要であり，田畑に隣接する森林が必要であった．現在も田畑の中に平地林（forest in flatland：図3.5）が点在し，一部の地域では里山と呼ばれている．しかし，18世紀以降になると各地で畑の開墾が進められ，畑と平地林の面積比は同程度となった．このため，有機物の供給力は十分でなくなったと考えられる．

この他の養分供給源としては，緑肥作物の利用が考えられるが，1908年の統計資料によれば，畑における青刈りダイズなどの緑肥作物の栽培面積は当時の全畑面積の0.6％（1.7万ha）にすぎなかった．一方，水田におけるレンゲなどの緑肥作物の作付面積は全水田面積の約12％（34.3万ha）であり，水田に比べると畑への肥料養分の供給は少なかったと考えられる．

江戸時代以前の畑輪作は雑穀等の自給的な食糧生産が中心で，江戸時代中期以降には南九州や関東でサツマイモが輪作に加わった．地力が低い条件で比較的高い収量を得られるサツマイモの導入は畑作の安定化に貢献したものと思われる．また，この頃から染料，繊維作物，タバコ等の工芸作物の生産が奨励され，これらに対しては乾鰯，ニシン粕，ナタネ油粕等の購入肥料も使われるようになった．明治以降は工芸作物の生産が急増し，魚粕，ダイズ粕等の有機肥料の使用量が増加した．

さらに，20世紀に入ると化学肥料の生産が始まり，硫安をはじめとする窒素肥料の使用も増加し，1960年頃に石灰，苦土，リン酸資材の大量施用によって，畑に多くみられる火山性土壌のpHとリン酸供給能が大幅に改善された．このようにして，畑作において比較的自由に作物を選択することが可能となった．

3.4 耕地の利用頻度による作付体系の分類

作付体系は気温や降水量等の気象条件の影響を受ける．特に，作物を栽培する頻度は気象条件によって制限される．ヨーロッパでは地力維持法が確立した以降も1年1作（または一毛作，single cropping）が中心であり，夏の気象条件がヨーロッパに近い北海道でも1年1作が作付体系の基本である．これよりも気温が高い東北地方では，2年3作体系がとられ，関東以西では冬作物と夏作物の異なる2作物を1年の間に栽培する二毛作（double cropping）が一般的である．さらに，熱帯地域では1年3作も可能であり，日本国内でも野菜等の輪作では1年に3回以上の作付けが行われている．これらと二毛作をまとめて多毛作（multiple cropping）という．なお，イネやジャガイモなどの同一の作物を1年に2回栽培することを二期作といい，二毛作とは区別している．

1960年代以前の二毛作では間作（intercropping）が行われることも多かった．間作とは前作物（例えばムギ類）の収穫前に畝間を中耕し，後作物（例えば夏作のマメ類）を播種する作付体系で，生育期間を長くすることができる．しかし，農業の機械化が進み，圃場全体の収穫や耕起が一斉に行われるようになると，間作は作業能率が低い作付体系となりしだいに姿を消すこととなる．前作物の収穫後に播種を行う体系では，間作の体系に比べて播種時期が遅くなることや，収穫と播種作業が競合するなどの問題が生じることから，従来の二毛作は減少した．

耕地面積に対する作付延べ面積の割合を耕地利用率（utilization rate of arable field）という．二毛作の減少に伴い，日本の耕地の利用頻度は低下している．関東以西で二毛作等が一般的だった時代は，耕地利用率（田畑の両者）は100％を超え，1960年の統計では134％であった．しかし，耕地利用率は1年1作や耕作放棄地の増加により低下し，1994年には初めて100％を下回り，2016年は91.7％となった．

3.5 日本における畑作の変遷

明治以降は工芸作物の増産や養蚕業の発達によるクワの栽培が増え，自給的な食糧の生産は徐々に減っていった．畑におけるアワ，ヒエ，キビ，ソバ等の雑穀は20世紀初頭において主要な食糧であり，1908年には50万ha以上の作付面積があった．その後はほぼ一貫して減少し，1960年には15万haを下回り，その後も減少している．これらの雑穀に代わる夏作の食用作物である陸稲の作付面積は，1908年は8万ha，1960年には18万haまで増えたが，

畑土壌のpHとリン酸

土壌中には様々なリン化合物が存在するが，植物は一般に無機のリン酸イオンを吸収する．土壌中のリン酸は有機態リン酸と無機態リン酸に大別され，無機態リン酸はそれと結合するプラスイオンで区別される．作物はカルシウムと結合したリン酸（カルシウム型リン酸）などは利用しやすい（可溶性リン酸）が，アルミニウムや鉄と結合したリン酸（難溶性）は，一般に利用できない．土壌pHが5.5～6.5の弱酸性であれば可溶性のリン酸が多いが，これより酸性化すると難溶性となる．わが国の畑土壌の半分を占める火山性土壌では，単純に土壌中のリンの濃度を高めても，難溶性のアルミニウム型リン酸となりやすく作物には供給することができない．そこで，石灰などの土壌改良資材で酸性土壌を弱酸性に改善し，可溶性のリン酸を作物が利用できるようにしている．

耕地利用率

耕地面積（畦畔を含む）に対する作付延べ面積の割合を耕地利用率といい，百分率で表す．1年1作が普通である北海道ではほぼ100％で推移しているが，関東は1965年の136％が2016年には91％に低下し，九州でも同時期に149％から102％に低下している．耕地利用率の低下は1960年代から1975年頃まで二毛作の減少などにより急激に低下し，その後1985年頃までわずかに増加したが，その後は耕作放棄地の増加などにより再び低下する傾向にある．

その後作付面積は急激に減少し，2017年には800 haあまりとなった．

この間野菜類の作付面積が増加し，さらに1960年代以降，日本の畑作農業は野菜生産に大きく舵を切った．1961年に制定された農業基本法のもとで，畑作では野菜作を中心とした園芸の拡大や装置化が図られた．このため，畑作農業は雑穀・陸稲や冬作のムギ類を中心とした輪作から，これらの野菜を中心とした輪作，さらには連作が行われるようになった．

1960年代までは地域の気象条件に適合した主作物と，野菜類の輪作が行われていた．茨城県西部を例にとると，1960年の作物構成（作付面積ベース）は，コムギ，六条オオムギの冬作ムギ類と陸稲の輪作を中心とした作付体系であり，野菜は22％にすぎない．これが，1970年になると作物構成の中で野菜が55％を占め，1979年にはスイカ，メロン，カボチャ等の果菜類とレタス，ハクサイ等の葉菜類を中心に74％に増えた．また，これより降水量が少ない茨城県東部の鹿行地域では，1960年には冬作ムギ類とサツマイモ，ラッカセイ等の夏作の組合せによる輪作が行われていたが，畑地面積に占めるムギ類の作付面積は1960年代の65％から1979年には10％に激減し，サツマイモ，ラッカセイの作付面積も減少したのに対して，この間に野菜類は10％から45％に増加している．

3.6　水田における畑作物の栽培

水田転換畑で栽培されるダイズ（黄葉期）

畑作地帯が野菜作を中心とした農業に変遷していったのに対して，現在では水田におけるムギ類やダイズの作付面積が増えている．1970年代からイネの生産調整が始まり，排水を改良した水田でコムギやダイズの栽培が奨励されたためである．もともと，関東以西では水稲の裏作（winter cropping on drained paddy field）で冬にムギ類やナタネが栽培されたが，1年以上水稲を栽培せずに，畑作物を栽培する水田を水田転換畑（upland field converted from paddy field）という．水田転換畑では数年間の水稲の栽培と数年間のコムギ-ダイズ等の栽培を繰り返す田畑輪換（paddy-upland rotation）の輪作体系と，畑作物や野菜を長期にわたって輪作する作付体系がある．2016年のダイズの作付面積15万haのうち，水田における作付面積が12万haを占め，かつて畑の主要作物であったダイズは生産の中心を水田転換畑に移している．

水田転換畑では，水田に埋設した暗渠によって排水が可能な乾田で畑作物生産が行われている．しかし，田畑輪換では水田から畑作に転換した初年目は排水が不良であり，畑期間の不等沈下や耕盤破砕が水田復元後の水管理を困難にするなどの問題がある．また，長期にわたって畑作を続けた場合は，しだいに地力が低下して収量が落ちるなどの問題が顕在化してきた．

3.7 今後の作付体系の課題

日本においては，現在，化学肥料や土壌改良資材を十分に使って畑土壌の地力を改善し，除草剤や土壌消毒剤などの農薬，病害抵抗性品種や台木，各種生産資材などが普及したことにより，栽培作物を比較的自由に選択することが可能となってきた．また，畑地灌漑施設により水不足が解消された地域も多い．

しかし世界を見渡せば，これらの資材や施設に依存できない地域は多く残っている．また，地球規模で過剰耕作による農耕地の砂漠化や水資源の枯渇，森林破壊による農地荒廃などの問題が生じている．しばしば起こるリン酸などの資材の高騰は，過去に外部から資源を持ち込むことでいったんは不足を解消した課題が，より広域で課題となってきたことを示している．それらの解決手段として作付体系は依然として重要である．一方で，日本においては担い手や労働力が不足する状況下で，新たな作付体系も模索されている．

21世紀初頭から導入が始まった精密農業（precision agriculture）技術は，圃場間や圃場内の地力や土壌水分のばらつきを把握し，従来よりも肥料や灌漑水の使用を減らして，精密な制御を可能にすると考えられる．また，GPSを利用した自動操舵技術や農業機械のロボット化等の新技術は，今後の作付体系の変化に影響するものと考えられる．　　　　　　　　　　　［辻　博之］

文　　献

1) 西尾道徳 (2005)：雑木林や野草地からの養分補給—農業と環境汚染，pp.9-13, 農文協.
2) 辻　博之 (2006)：栽培学（森田茂紀他編），pp.116-120, 朝倉書店.

■コラム■　精密農業とは

精密農業とは，GPSなどの衛星測位システム，衛星画像や生育センサーを用いた作物や土壌のセンシング技術，情報収集・通信技術などの新たな技術と，土壌・栄養診断技術や，農薬散布技術などの従来の技術を融合したものである．すなわち，圃場内の地力や生育のばらつきを把握し，施肥量などを精密に制御し生育を最適化するシステムである．従来の施肥では，圃場全体に一律の量の肥料を施用するのが普通であったが，1枚の田畑の地力は一律ではなく，作物の生育にはむらが生じる．このような畑では，肥料が不足し作物の収量が低いところと，過剰に肥料が施用されて倒伏するところが出てくる．精密農業では，追肥を行う際に生育センサーを用いて生育状況を把握し，生育がよい場所の施肥量を減らすことや，生育が悪い場所では逆に増やす等のきめ細かな管理ができる．また，衛星画像を解析して畑の地力のばらつきを予測し，これに対応した施肥量マップと施肥作業機の位置情報に基づいて施肥量を変えることも可能である．このように，精密農業は作物をきめ細かく管理できるので，収穫量の増加や，肥料や農薬の使用量や頻度を減らす効果が期待されている．

4 作物の光合成と成長

[キーワード] 光合成，光呼吸，C_3植物，C_4植物，CAM植物，転流，個体群成長速度，受光態勢

糖
単糖類およびそれが少数結合した少糖類，多数結合した多糖類からなる．単糖類は官能基（化合物の性質を決める原子団）としてアルデヒド基（—CHO）またはケト基（>C=O）をもち，他の炭素にはすべてアルコール性のヒドロキシ基（—OH）がついている．

オルガネラ
細胞小器官のこと．細胞内に存在する原形質からなる構造体．狭義にはミトコンドリア，小胞体など膜で包まれたものを指すが，広義にはリボソーム，細胞骨格なども含める．核，ミトコンドリア，葉緑体のように二重の膜で包まれたものは，DNAをもつ．

植物は，根から吸収した水と気孔から吸収した二酸化炭素（CO_2）を材料として，光のエネルギーを使って炭水化物（糖）を合成し，酸素を放出する．この働きを光合成（photosynthesis）という．作物は，光合成によって自ら成長するとともに，人類に食糧を供給し，呼吸のための酸素（章末コラム参照）を提供している．

4.1 光合成

光合成は，主に葉緑体（chloroplast）というオルガネラ（organelle）の中で行われる．葉緑体は直径約5 μm，厚さ2～3 μmの半球状をしており，内部にチラコイドと呼ばれる扁平な袋状構造をもつ（図4.1, 4.2）．袋状構造の内部を内腔と呼ぶ．チラコイドは複雑に折り重なり，ところどころに小型のチラコイド（グラナチラコイド）が重なり合ったグラナと呼ばれる構造をつくっている．大型のチラコイドはストロマチラコイドという．チラコイドの膜の部分にはクロロフィルが存在する．チラコイド以外の基質の部分をストロマという．

チラコイド膜には電子伝達系と呼ばれる反応系が組み込まれている．電子伝達系は構成成分が酸化還元反応を繰り返すことによって，電子を一方向に

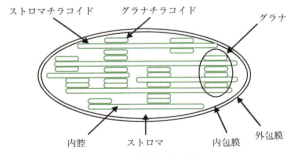

図4.1 葉緑体の模式図
緑色の部分にクロロフィルが分布する．

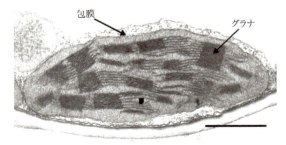

図4.2 イネ葉緑体の電子顕微鏡写真
バーは1 μm．

輸送する．クロロフィルは光エネルギーを吸収して電子伝達系に供給する．まず電子伝達系は水を分解し，酸素を発生させるとともに H^+ と電子（e^-）を取り出す．水の分解はチラコイド膜の内腔側で行われる（図4.3）．H^+ は内腔にとどまるが，電子は電子伝達系を経由してストロマ側に移動し，補酵素の一種である NADP (nicotinamide adenine dinucleotide phosphate) の酸化型（$NADP^+$）を還元して NADPH にする．また電子伝達の過程でストロマの H^+ が内腔に取り込まれる．チラコイド膜に存在する ATP 合成酵素は，チラコイド内外に形成された H^+ の濃度差がもたらすエネルギーを利用して，ATP を合成する．このようにして，光エネルギーは水の分解，ATP 合成，$NADP^+$ の還元に用いられている．

葉緑体のストロマではカルビン回路（図4.4）によって，ATP のエネルギーと NADPH の還元力を利用して CO_2 から炭水化物を合成する．CO_2 を固定する最初の反応は，リブロース1,5-ビスリン酸（RuBP）という炭素5つからなる糖リン酸との反応で（図4.5右），これにより炭素3つからなる酸，3-ホスホグリセリン酸（PGA）が2分子できる．この反応は RuBP カルボキシラーゼという酵素によって触媒される．次に PGA がリン酸化されてできた1,3-ビスホスホグリセリン酸が NADPH によって還元され，グリセルアルデヒド3-リン酸という糖（正確には糖リン酸）になる．すなわち，ここで初めて炭水化物が合成されたことになる．グリセルアルデヒド3-リン酸の一部は異性体のジヒドロキシアセトンリン酸となる．カルビン回路で合成された糖は，ジヒドロキシアセトンリン酸（あるいはグリセルアルデヒド3-リン酸）の形で葉緑体から細胞質に輸送され，細胞質でショ糖（スクロー

補酵素（コエンザイム）
酵素に弱く結合して，酵素の触媒反応を実行する低分子物質．ATP や近年話題になっているコエンザイム Q10 なども補酵素である．

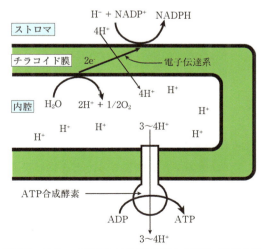

図4.3　チラコイドにおける $NADP^+$ の還元と ATP 合成
ここでは1分子の水が分解されることによって6つの H^+ がチラコイド内腔に蓄積し，H^+ 3～4個で ATP が1分子合成されることが示されているが，この値は条件によって多少変化する．緑色の部分にクロロフィルが分布する．

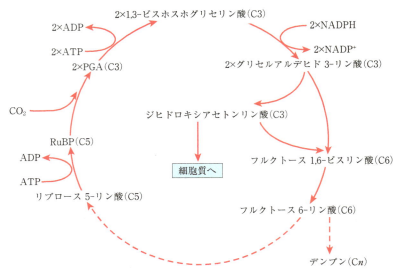

図4.4 カルビン回路の概要
破線部では複雑な反応を省略している．括弧内の数字は化合物の炭素数を表す．
PGA：3-ホスホグリセリン酸，RuBP：リブロース1,5-ビスリン酸．

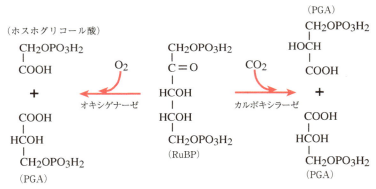

図4.5 ルビスコの2つの酵素活性
PGA：3-ホスホグリセリン酸，RuBP：リブロース1,5-ビスリン酸．

ス）に合成される．ショ糖は師管を通って，炭水化物を必要とする植物体の各部位に輸送される．

　カルビン回路は複雑であるが，CO_2固定後は炭素6個ずつの反応であったものが，1周してリブロース5-リン酸になったときには炭素5個に戻っていることに注意してほしい．これはCO_2が3分子固定されるごとにグリセルアルデヒド3-リン酸が1分子純増し，ショ糖合成のために回路から外れるためである．また炭水化物が過剰に合成された場合は，CO_2 6分子につき1分子のフルクトース6-リン酸が回路から外れ，不溶性の多糖類であるデンプンとなって葉緑体内に貯蔵される．カルビン回路では，CO_2 1分子につきNADPHが2分子，ATPが3分子消費される（図4.4）．

4.2 光　呼　吸

　カルビン回路にCO₂を取り込む酵素RuBPカルボキシラーゼには二面性があり，RuBPと酸素を反応させてホスホグリコール酸とPGAを生成するオキシゲナーゼ活性もそなえている．したがってこの酵素の正式名称は，RuBPカルボキシラーゼ／オキシゲナーゼ（ribulose 1,5-bisphosphate carboxylase/oxygenase；略称Rubisco, ルビスコ）である（図4.5）．PGAはカルビン回路で利用されるが，ホスホグリコール酸はそのままでは無駄になってしまう．そこで植物は，グリコール酸経路によってホスホグリコール酸をPGAに変換している（図4.6）．グリコール酸経路は，葉緑体，ペルオキシソーム，ミトコンドリアの3つのオルガネラにまたがって完結する．葉緑体とミトコンドリアは二重の包膜をもつが，ペルオキシソームの包膜は一重である．
　しかしグリコール酸経路では，炭素5個からなるRuBPから3/2分子のPGA（炭素3個の化合物）しか回収できないので，カルビン回路から1/2個

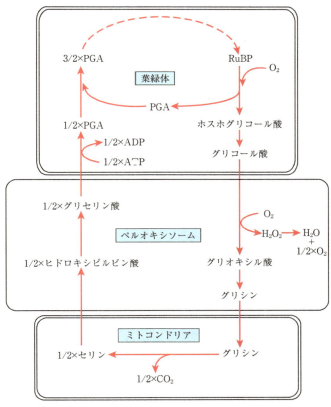

図4.6　グリコール酸経路
破線はカルビン回路の一部を示す．
PGA：3-ホスホグリセリン酸，RuBP：リブロース1,5-ビスリン酸．

の炭素が失われることになる．これは，ミトコンドリアで1/2CO$_2$が放出されることによる．結局グリコール酸経路では，RuBP 1分子あたり 1.5分子のO$_2$が吸収され，1/2分子のCO$_2$が放出される．このように，光が当たっていてカルビン回路が働いている状態でのみ起こる呼吸（O$_2$の吸収とCO$_2$の放出）を光呼吸（photorespiration）という．光呼吸はせっかくカルビン回路で固定した炭素を放出することになり，光合成の効率を低下させる．主要農作物の生産量は，光呼吸によって2/3から1/2に低下しているといわれる．なお，解糖系とTCA回路に由来する呼吸を暗呼吸という．

4.3 光合成の多様性

CO$_2$の固定から糖の合成までの過程は，植物種によって違いがみられる．カルビン回路で大気CO$_2$を固定する植物では，CO$_2$固定後の初期産物PGAは炭素原子3つからなるC$_3$化合物である（図4.5）．したがって，このような光合成をC$_3$光合成，C$_3$光合成を行う植物をC$_3$植物という．イネ，ムギ類，マメ科作物，イモ類など主要農作物はC$_3$植物である．ところがトウモロコシ，サトウキビ，ヒエ，ハゲイトウなどでは，初期産物がオキサロ酢酸（C$_4$化合物）で，C$_4$光合成と呼ばれる光合成を行う．このような植物をC$_4$植物という．またCAM植物と呼ばれる一群の植物では，さらに特殊な光合成を行う．

a. C$_4$ 植 物

C$_4$植物では，同化組織は維管束のすぐ外側を取り囲む1層の維管束鞘細胞と，その外側を取り囲む1層の葉肉細胞から構成されている（図4.7）．一方C$_3$植物では，維管束鞘細胞に葉緑体はほとんど認められず，葉肉細胞は不

生産
植物が光合成によって有機物を合成し，体重を増加させること．物質生産ともいう．通常は植物体の乾燥重量で表し乾物生産という．

オキサロ酢酸（OAA）

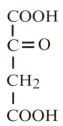

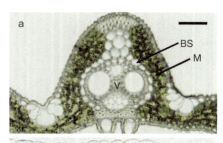

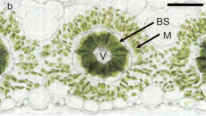

図4.7 イネ（a：C$_3$植物）とシコクビエ（b：C$_4$植物）の葉の光学顕微鏡写真
イネの維管束鞘細胞の葉緑体は小形で少数のため，細胞は透明にみえる．シコクビエの維管束鞘細胞の葉緑体は大形で維管束側に寄っている．
BS：維管束鞘細胞，M：葉肉細胞，V：維管束．図中のバーは50 μmの長さを示す．
（シコクビエの写真提供 加藤優太，谷口光隆）

完全な数層の細胞層を形成している．光合成は主に葉肉細胞で行われる．

C_4光合成ではまず外側の葉肉細胞において，CO_2が炭酸水素イオン（HCO_3^-）の形でホスホエノールピルビン酸（PEP）に取り込まれ，オキサロ酢酸（OAA）が生成する（図4.8）．この反応は細胞質に存在するPEPカルボキシラーゼによって触媒される．OAAは植物の種類によってリンゴ酸またはアスパラギン酸に変換された後に維管束鞘細胞に輸送され，リンゴ酸はそのまま，アスパラギン酸はリンゴ酸またはOAAに変換された後，脱CO_2酵素によってCO_2が切り離される．切り離されたCO_2は，維管束鞘細胞の葉緑体に存在するカルビン回路に取り込まれて炭水化物が合成される．残ったC_3化合物は葉肉細胞に戻り，葉緑体内でPEPが再生される．なお一部のC_4植物では，脱CO_2反応は維管束鞘細胞のミトコンドリアや細胞質で行われる．このようにC_4光合成は，2種類の細胞と葉緑体以外の細胞構造をも経由して完結する．

PEPカルボキシラーゼはCO_2（実際はHCO_3^-）に対する親和性がルビスコよりもはるかに高く，大気中のCO_2を効率よく取り込むことができる．その結果，維管束鞘細胞内のCO_2濃度は大気の10倍程度まで高くなり[1]，ルビスコのカルボキシラーゼ反応は促進され，オキシゲナーゼ反応は抑制されるので，C_4植物では光呼吸がほとんどみられない．そのためC_4植物の光合成速度はC_3植物よりも高く，生産性も高い．また気孔をあまり開かずにCO_2を取り込むことができるので，蒸散による水の損失を減らすことができ，要水量が小さく耐乾性が高い．

C_4植物は被子植物のみにみられる．被子植物は約25万種存在するが，このうち約8,100種がC_4植物である[2]．わが国には419種の存在が知られている[5]．C_4植物の大部分は熱帯，亜熱帯原産の草本性野生植物や雑草である．近年，C_4植物の優れた形質をC_3型の作物に導入し，作物の生産性を向上させる試みが盛んである．

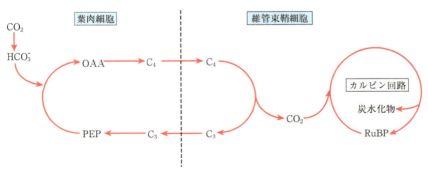

図4.8 C_4光合成

C_4：リンゴ酸またはアスパラギン酸，C_3：C_3化合物，OAA：オキサロ酢酸，PEP：ホスホエノールピルビン酸，RuBP：リブロース 1,5-ビスリン酸．

要水量

植物が乾燥重量1gを生産する際に消費される水の量（g）．C_3植物で450～950，C_4植物で250～350，CAM植物で50～55である．根から吸収された水は主に蒸散によって消費され，光合成で消費される量はごくわずか（トウモロコシで0.2%）なので，水の消費量として蒸散量を用いることが多い．要水量の逆数が水利用効率で（5.5節参照），単位はmg/gなどで表す．

b. CAM植物

ベンケイソウ，サボテン，パイナップル，アロエなど乾燥に適応した植物では，相対湿度の高い夜間に気孔を開いてCO_2を取り込み，PEPカルボキシラーゼによってOAAとし，さらにリンゴ酸に変換して液胞に貯蔵する（図4.9）．昼間は気孔を閉じて蒸散を防ぎ，貯蔵しておいたリンゴ酸から（一部の植物ではそれをOAAに変換してから）脱CO_2酵素の働きによってCO_2を切り離し，光エネルギーを使ってCO_2をカルビン回路で固定し，糖を合成する．残ったC_3化合物はPGAに変換された後，カルビン回路に取り込まれる．昼間には，過剰の炭水化物はデンプンとして（一部の植物ではショ糖など可溶性の糖として）貯蔵される．夜間には，貯蔵した炭水化物を分解してPEPをつくり，CO_2固定に用いる．

このような光合成の様式は，主にベンケイソウ科（Crassulaceae）の植物を用いて研究されたのでベンケイソウ科の酸代謝（crassulacean acid metabolism），略してCAM（キャム）あるいはCAM型光合成などと呼ばれる．またこのような光合成を行う植物をCAM植物という．CAM植物はリンゴ酸を大量に蓄積するために大形の液胞をもち，肥厚した葉や茎をもつ多肉植物であることが多い．CAM植物では大気CO_2の取り込みにC_4植物と同様にPEPカルボキシラーゼを用いるので，CO_2取り込みの効率は高く，また昼間には組織内のCO_2濃度は高く保たれるので光呼吸もほとんど認められない．さらに，気孔を夜間にのみ開くので著しく要水量が小さい．しかし，1日の光合成量は貯蔵されたリンゴ酸の量に制約されるので成長は遅い．CAM植物はシダ植物，裸子植物，被子植物に存在し，約2万種が知られている[3]．

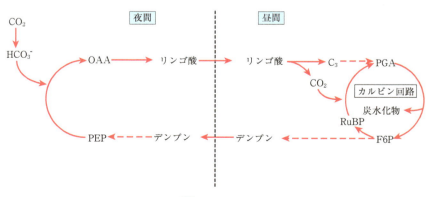

図4.9　CAM
C_3：C_3化合物（ピルビン酸），F6P：フルクトース6-リン酸，OAA：オキサロ酢酸，PEP：ホスホエノールピルビン酸，RuBP：リブロース1,5-ビスリン酸．破線部とカルビン回路では経路の詳細を省略している．

4.4 同化産物の転流と貯蔵

　葉緑体で合成された同化産物は，細胞質でショ糖に変えられ，師管を通って他の部位に輸送される．葉のように同化産物を供給する部位をソース（source）と呼び，発育中の根や果実のように同化産物を受け取る部位をシンク（sink）という．

　ソース細胞である葉の光合成細胞のショ糖濃度よりも，近傍の師管のショ糖濃度の方が高くなっており，ショ糖は濃度勾配にさからって師管に取り込まれる．これは，細胞膜に存在する輸送タンパク質であるショ糖トランスポーターの働きによる．光合成細胞のショ糖トランスポーターは，細胞質からショ糖を細胞膜の外側のアポプラスト，すなわち細胞壁に輸送し，師管またはそれに隣接する伴細胞の細胞膜のトランスポーターが，アポプラスト経由で移動してきたショ糖を細胞質，すなわちシンプラストに取り込む．

　ソース側の師管のショ糖濃度は，シンク側の師管のショ糖濃度よりもはるかに高くなっているので，ショ糖は拡散によって師管の中を移動可能である．しかしショ糖の転流速度は拡散速度よりもはるかに大きく，1 m/hに達する[4]．これは転流が，ソース側の師管とシンク側の師管の圧力差による液体の流れ，すなわち圧流（pressure flow）によってもたらされるからである．

　圧流は次のようにして起こる（図4.10）．まずソース側の師管ではショ糖濃度が高いので浸透圧が高く（水ポテンシャルが低く），周囲の水を吸収する．これによってソース側の師管内部の水圧が高まる．その結果，ソース側とシンク側の師管内部の圧力差によって圧流が生じ，師管内部の液体はシンク側の師管に移動する．シンク側の師管ではシンク細胞（発達中の根の細胞など）にショ糖が吸収されるので，浸透圧が低下し，水は浸透圧の高い周囲の細胞に吸収される．また，さらに圧力の低い道管へと移動する．道管は内部の液体が蒸散によって吸引されるので，陰圧になっている．道管に入った水は蒸散流によって移動し，ソース側の師管に供給される．このようにして生じる師管内部での液体の流れによって，ショ糖は単純拡散よりもはるかに速い速度で輸送される．

　シンクが発育中の組織であれば，取り込まれたショ糖はただちに消費される．またシンクが貯蔵組織の場合，取り込まれたショ糖はデンプンその他の貯蔵物質に変換される．いずれの場合もシンクでのショ糖濃度は低下するので，師管からのショ糖の取り込みは促進される．

　多くの場合，貯蔵組織では同化産物はデンプンとして貯蔵されるが，キクイモの塊茎のように，イヌリン（フルクトースの重合体）を蓄積するものもある．また，テンサイの貯蔵根やサトウキビの茎ではショ糖として蓄積される．

アポプラストとシンプラスト（5.4節参照）
物質輸送からみると，植物体は2種類の空間から形成されていると考えられる．1つは細胞膜の内側の細胞質の部分で，各細胞の細胞質は原形質連絡でつながっており，これらをまとめてシンプラストと呼ぶ．もう1つは細胞膜の外側の部分で，アポプラストと呼ぶ．アポプラストには細胞壁，細胞間隙，死細胞で原形質を失った道管などがある．細胞壁はセルロース繊維の間を液体が満たしており，水や養分などの通路として重要である．溶質がアポプラストとシンプラストの間を移行する際，すなわち細胞膜を通過する際は，細胞膜に存在する輸送タンパク質の助けが必要になる場合が多い．

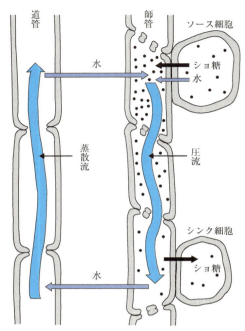

図4.10 師管内部の圧流によるショ糖の輸送（Urry *et al.* 2017[4]）を一部改変）
●はショ糖分子を表す．

この場合，ショ糖は液胞に貯蔵される．このような植物では，師管から濃度勾配にさからって，ショ糖を効率よくシンク細胞に取り込む機能がそなわっているはずである．作物の収量を増加させるためには，葉の光合成能力を増大させるとともに，収穫部位のシンクとしての能力を高めることも必要である．

4.5 作物の成長

個体群
植物の場合，同一種で構成された群落を指す．

　作物は個体群として成長している．個体群の成長速度は，単位土地面積当たりの乾物生産速度である個体群成長速度（CGR, crop growth rate）で表される．

$$\mathrm{CGR} = \frac{1}{A} \cdot \frac{\mathrm{d}W}{\mathrm{d}t}$$

（A：土地面積，t：時間，W：個体群の乾物重）

CGRは純同化率と葉面積指数から構成されている．

　純同化率（NAR, net assimilation rate）は，単位葉面積当たりの乾物生産速度で，次の式で表される．

$$\mathrm{NAR} = \frac{1}{L} \cdot \frac{\mathrm{d}W}{\mathrm{d}t} \quad (L：葉面積)$$

NARは純光合成速度から，葉面積当たりの非同化器官の呼吸速度および

同化器官の夜間の呼吸速度を差し引いたものに相当する.

また葉面積指数（LAI, leaf area index）は，単位土地面積当たりの葉面積である.

$$\text{LAI} = \frac{L}{A}$$

したがって，CGRは次のように表される.

$$\text{CGR} = \text{NAR} \times \text{LAI}$$

作物の光合成能力の向上はNARの増加につながり，CGRの増加をもたらす.

a. 最適葉面積指数

上式より，ある範囲内ならばLAIが増加すれば個体群の成長速度は増加することがわかる．しかし，LAIが増加しすぎると葉の相互遮蔽が起こり，光が届かない葉や，葉を支えるための非同化器官の増大によって呼吸が増加し，NARは低下する．したがって，CGRが最大になるLAIの存在が予想され，このときのLAIを最適葉面積指数という[※].

作物個体群の成長速度，すなわちCGRを増加させるには，最適葉面積指数を大きくする必要がある．そのためには，個体群の受光態勢を改善することが有効である.

b. 受光態勢

植物は葉で太陽光を吸収し，物質生産を行う．葉の傾斜や空間配置など，太陽光を吸収する葉の位置的状態を受光態勢と呼ぶ．葉が光を透過せず水平に位置し，太陽光が真上から照射されるならば，LAIが1を超えると下位葉に光が届かない部分が出てくる．しかし葉が上方へ傾斜していると，個々の葉が受ける光強度は小さくなるが下位葉にも光が到達しやすくなる.

個葉の光合成速度は，光強度がある程度以上になると飽和してしまい，それ以上の強光は無駄になる（図4.11）．したがって葉がある程度茂っている場合は，水平に位置した表層の葉で強い光を受けて光合成を行うよりも，立ち上がった多数の葉で分散して光を受ける方が，個体群全体の光合成速度は大きくなる．実際，多収性のイネ品種は収量の低い品種よりも葉の傾斜角度が大きいといわれる．また，葉の傾斜角度が大きい方が最適葉面積指数は大きくなる.

しかし，最適な受光態勢は作物の生育段階で変化する．作物の生育初期にはLAIは小さく，葉が水平に出ていても相互遮蔽は起こらないので，葉の傾斜角度を小さくした方が有利である．生育が進んでLAIが増大するに従って葉を垂直方向に傾斜させ，個体群内部に光が透過するようにして，大

光合成速度

単位時間当たり，葉面積当たりのCO_2吸収速度を測定し，これを純光合成速度または見かけの光合成速度と呼ぶ．実際は呼吸で発生するCO_2も吸収しているので，葉の呼吸速度を加えたものを総光合成速度あるいは真の光合成速度と呼ぶ（図4.11）．成長を考えるときは，CO_2吸収速度の代わりに乾物生産速度で光合成速度を表すこともある．ある期間内に光合成で固定されたCO_2量または生産された乾物重量を光合成量という．光が当たっているときの呼吸速度（光呼吸速度＋暗呼吸速度）を正確に求めることは困難で，総光合成速度を厳密に求めることはできない.

※：非同化器官の占める割合が小さく，また葉の相互遮蔽による総光合成速度の低下に伴って呼吸速度も低下する場合，LAIの増加によってCGRが頭打ちになっても減少することはなく，最適葉面積指数が認められない場合もある.

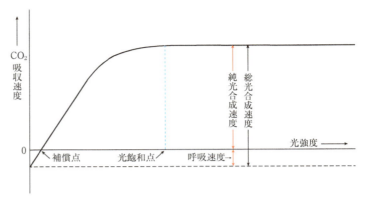

図4.11 個葉の光合成速度と光強度との関係を示す光-光合成曲線
暗呼吸速度を破線で示したが，光が当たっているときの暗呼吸速度は不明．また光呼吸は考慮していない．

きな葉面積で分散して光合成を行う方が有利である．

このように作物生産を考える場合は，最適な受光態勢を明らかにして，個体群全体の光合成速度を高めるように作物の形状を改良することも必要である．

［三宅　博］

文　献

1) Furbank, R. T.（2016）: *J. Exp. Bot.,* **67**: 4057-4066.
2) Sage, R. F.（2016）: *J. Exp. Bot.,* **67**: 4039-4056.
3) Simpson, M. G.（2010）: *Plant Systematics, 2nd edition*, pp.535-539, Academic Press.
4) Urry, L. A. *et al.*（2017）: *Campbell Biology, 11th edition*, pp.798-799, Pearson.
5) 吉村泰幸（2015）: 日作紀，**84**: 386-407.

■コラム■　**人類の呼吸のための酸素は何が供給しているか**

人間が呼吸をするために必要な酸素は，どんな植物が供給しているのであろうか．植物は光合成によって酸素を放出する一方で，自分自身の呼吸のために酸素を消費する．枯死して微生物に分解されるときにも酸素が消費される．光合成の反応式は簡略化すると次のようになる．ここでは炭水化物の例としてグルコース（$C_6H_{12}O_6$）を用いている．

$$6CO_2 + 6H_2O \rightarrow C_6H_{12}O_6 + 6O_2$$

一方，呼吸は次の式で表される．

$$C_6H_{12}O_6 + 6O_2 \rightarrow 6CO_2 + 6H_2O$$

光合成と呼吸は正反対の関係にあり，光合成で合成された炭水化物を呼吸で消費するとき，光合成で発生した酸素と同じ量の酸素が消費される．脂質，タンパク質も植物が合成した炭水化物をもとにしてつくられる．すなわち量的関係からみれば，人間が呼吸で消費する酸素は，呼吸の材料（食糧）を提供した作物によって供給されていることになる．豚肉や牛肉を食べて呼吸しているときは，肉のもととなった飼料作物が放出した酸素を間接的に消費していることになる．

5 作物の成長と養水分吸収

〔キーワード〕　最小律，水吸収，根，必須元素，養分吸収

5.1　植物体の構成

　植物体の約85～90％は水で構成されている．それ以外の部分は，一般に乾物（dry matter）と呼ばれ，主として炭素（carbon；元素記号C）（約45％），酸素（oxygen；O）（約41%），水素（hydrogen；H）（約6％）によって構成されている．これら以外に，植物体は窒素（nitrogen；N），リン（phosphorus；P），カリウム（potassium；K），カルシウム（calcium；Ca），マグネシウム（magnesium；Mg），硫黄（sulfur；S），鉄（iron；Fe），マンガン（manganese；Mn），銅（copper；Cu），亜鉛（zinc；Zn），塩素（chloride；Cl），ホウ素（boron；B），モリブデン（molybdenum；Mo），ニッケル（nickel；Ni）を含み，これらを必須元素（essential element）と呼ぶ．そのうち，要求量によって炭素から硫黄までを多量必須元素，残りを微量必須元素という．必須元素はそのほとんどが植物の構造，代謝および細胞の浸透圧調節において機能しており，必須元素が不足すると，植物の生育に異常が生じる．また必須元素としては認められていないが生理的効果がみられることがある有用元素として，ケイ素（silicon；Si），ナトリウム（sodium；Na），アルミニウム（aluminum；Al），コバルト（cobalt；Co），セレン（selenium；Se）がある．

　さらに炭素，酸素，水素を除いたものを一般には養分（nutrient）と呼び，これらは根から吸収される．窒素，リン，カリウム，カルシウム，マグネシウム，硫黄は比較的多量に吸収されるので多量養分，その他を微量養分と便宜的に分類している．

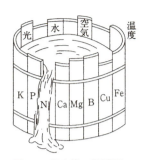

図5.1 最小律の説明図（ドネベックの要素樽）

5.2 最小律

作物の生育や収量に関連する因子には，植物体を構成する元素に加えて，光，適当な温度，酸素や水などがある．これらのうち，最も不足している因子によって，生育・収量は制限を受け，それ以外のものをいくら増加させても，生育・収量は増加しない．これを最小律（Liebig's law of the minimum）という（図5.1）．養水分については，過剰に存在する場合に逆に生育を低下させる場合があることも知られている．

また各因子の生育・収量に対する効果は，その不足度合いが大きいほど大きく，供給量を増加させるに従って効果はしだいに小さくなっていくことが知られ，これを報酬漸減法則と呼んでいる．最小律の考え方に基づいて成長の制限因子を特定し，各生育・収量レベルでの報酬漸減法則を克服し，もう一段高いレベルに引き上げていくことによって，作物の生産性は向上する．養水分吸収の問題は，このように位置づけてとらえることが重要である．

5.3 土壌中の養水分の移動

作物は，様々な代謝活動を通じ乾物を生産する．その代謝活動には水を必須とするが，実際には作物はその必要量の数百倍もの水を根から吸収し，葉から蒸散（transpiration）する．その理由は，光合成（photosynthesis）に必要な二酸化炭素を吸収するために気孔（stomata）を開ける必要があり，そのときに水蒸気が失われる（蒸散する）からである．そしてほぼ同じ量を根から吸収する．土壌から根への水供給が不足すると，気孔が閉鎖して二酸化炭素が取り込めなくなり，光合成が低下し生育が阻害される．

土壌（正確には不飽和土壌）中の水（土壌溶液）の移動は，2点間の水ポテンシャル（water potential）の勾配によって制御される．この水ポテンシャルは，マトリックポテンシャル（土壌粒子と水との相互作用によるもので，毛細管力が主な駆動力）と，浸透ポテンシャル（土壌溶液中の溶質に起因）によって構成される．水は水ポテンシャルの高い方から低い方に移動し，水ポテンシャルは水移動方向を決定する．

根による吸水などによって，土壌溶液の水ポテンシャルが低下すると，まわりの相対的に水ポテンシャルが高いところから水が移動してくる．これをマスフロー（mass flow）と呼ぶ．マスフローには主としてマトリックポテンシャルが貢献している．一方，土壌溶液から根によって養分が吸収されると，周囲の土壌溶液との間に濃度勾配が生じるので，その結果，溶質（養分）が移動する．この現象を拡散（diffusion）と呼び，主として浸透ポテン

水ポテンシャル
水のエネルギー状態を表す値で，体積当たりのエネルギーで表す．これは，圧力の単位と等しくなるので，実際にはメガパスカル（MPa）を用いる．植物体中の水の水ポテンシャルは，溶質の溶解，土壌，細胞壁，細胞質など，毛細管力や表面力が生まれるような基質の増加，蒸散による道管内の負圧の発生，温度の低下などによって減少する．純水の水ポテンシャルを0と定義するので，実際は負の値をとることになる．

5.4 根の吸収構造

根の横断面の組織構造を図5.2に示した．根の最外層は表皮であり，それを構成する一部の細胞が長く伸び根毛に分化し，土壌粒子との接触面積を拡大する．その内側から皮層と呼ばれる組織になる．皮層の最外層は外皮（あるいは下皮）と呼ばれ，細胞数層による柔組織をはさみ，最内層は内皮である．内皮を構成する細胞は，疎水性物質に富んだカスパリー帯（Casparian strip：図5.3）によって囲まれている．イネやオオムギ，トウモロコシなどは外皮（下皮）にもカスパリー帯が存在する．皮層の内側には中心柱があり，体内での物質の長距離輸送を担う．道管を含む木部と師管を含む師部が維管束を形成している．また中心柱の最外層は，1層の細胞層からなる内鞘であり，ここから側根が分化する．

水やイオンなどの物質移動の，表皮から道管に至る経路に関しては，一般にアポプラスト（apoplast）経路と細胞横断経路の2経路が考えられている（図5.4）．アポプラスト経路とは，細胞間隙と細胞壁によってできている，細胞の外側を通る経路である．一方細胞横断経路は，1つの細胞から別の細胞に原形質連絡（plasmodesmata）を通って移動するシンプラスト（symplast）経路と，細胞膜を横断していく経路を合わせた，細胞の内側を通る経路である．アポプラストは外皮あるいは内皮に存在するカスパリー帯やスベリンによって遮断されているので，水はそこでいったん細胞の中に流入した後に，最終的にはアポプラストである道管に放出される．

アポプラスト
植物体内の細胞壁，細胞間隙などの原形質膜外を示す．道管は死細胞であり，アポプラストである．

シンプラスト
原形質膜により囲まれた細胞内を示す．アポプラストと対比される．

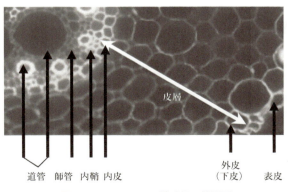

図5.2 トウモロコシ種子根の横断面

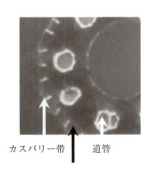

図5.3 トウモロコシ種子根の中心柱

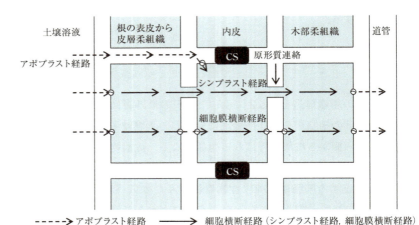

図5.4 土壌溶液から道管にいたる水やイオンの移動経路
CS：カスパリー帯．

5.5 水利用と作物生産

a. 水 吸 収

根が吸収できる土壌水分は，圃場容水量（field capacity，約 −0.006 MPa）と永久しおれ点（permanent wilting point，−1.5 MPa）の間にある有効水分である．ある範囲では，有効水分と蒸散量とは比例関係にあるが，有効水分が存在しても蒸散量が低下することが知られている．その律速要因は多くの場合，土壌中の水移動速度より，根の吸水速度にあることがわかっているので，根による水吸収のメカニズムを理解することが重要である．

水吸収はすべて，根のまわりの土壌のような培地と，根（の道管）との間の水ポテンシャルの差によって生じ，その過程は次式によって表すことができる．

$$水吸収量 = 根の表面積 \times \frac{培地の水ポテンシャル - 根の水ポテンシャル}{水移動に対する通導抵抗}$$

この水ポテンシャル勾配が発生する要因が，蒸散が盛んな植物と遅い植物とでは異なる．前者では，蒸散によって葉で生じた推進力が根に伝わり，水が根に吸収される．根は単に吸収表面として機能するだけである．一方後者においては，水は能動的に生じた根の内外の浸透ポテンシャル差によって吸収される．

(1) 受動的吸水

葉からの蒸散に伴い，葉肉細胞内の水ポテンシャルが低下し，道管内の水

が葉肉細胞に移動する．そうすると道管内の圧力が低下し，水ポテンシャルが低下する．この低下は，連続している水柱を介して伝わり，根の道管内の水ポテンシャルを低下させ，根の表面からの水ポテンシャル勾配に沿って，水が培地から道管内へ流れ込む．

(2) 能動的吸水

茎を切断すると，断面から出液が観察される（図5.5）．これは，出液と根の外の溶液との間の溶質濃度差による浸透によって起こる現象で，この出液を物理的に止めると数気圧程度の圧力を観察できる．これを根圧（root pressure）という．つまり，根が培地の溶液から溶質を能動的に吸収することによって（5.6.c項参照）道管内の溶質濃度が上昇し，培地の溶液との間に浸透ポテンシャル落差が生じ，水吸収が起こる．

b. 茎葉部への水の移動

道管は，長距離輸送をするシステムであり，水はマスフローによって移動し，最終的には気孔から蒸散される．またこの過程において，様々な部位で水は道管のまわりの細胞に取り込まれていく．このときは細胞膜を介して，溶質濃度に比例した吸収力によって移動する．道管内を根から気孔まで水が移動する距離は，草本植物では数十cmから数m，樹木では数十mに達するものもある．この距離を水はどのようにして運ばれるのであろうか？

1つのしくみとしては，先に説明したように，蒸散に伴って葉内から水が失われると水ポテンシャルが低下し，道管内に負圧が発生し，それが根まで伝わって水が引き上げられる．水ポテンシャルは湿度と関係していて（ケルビンの式），葉内のほんのわずかな相対湿度の低下によって，水ポテンシャルは大きく減少する（表5.1）．この大きな水ポテンシャル勾配（圧力差）によって，水が根から葉に向かって移動する．2つ目としては，毛細管現象による．道管の直径は数十μmと細く，毛細管現象によって水が上昇する．3つ目として，上に述べた根圧がある．通常の日中に蒸散している植物では，1つ目の水ポテンシャル勾配による水輸送が最も大きい．

表5.1にあるように，葉内の水ポテンシャルは−1 MPa以下に下がることもある．このような強い力で引っ張られると，道管内の水柱が切れることがあり（空気の泡が入る），これをエンボリズム（embolism）と呼ぶ．こうなると，道管中を水は上昇しなくなる．道管が細いほど，エンボリズムは起こりにくい．最近では，植物体の中でかなり頻繁にエンボリズムが起こっていると考えられており，道管壁が空気を通さない，または起きても修復するメカニズムが存在するはずであるが，まだはっきりしたことはわかっていない．

図5.5 出液速度の測定方法（水稲）
上：茎葉部を地表面から5〜10 cmで切断する．
中：断面に綿をつけ，ラップで覆い輪ゴムでとめる．
下：一定時間内の綿の重量増加分を測定する．

ケルビンの式

$\Psi = \dfrac{RT}{V_w} \ln(e/e_0)$

Ψ：水ポテンシャル（Pa），R：気体定数（8.3143 J mol^{-1} K^{-1}），e/e_0：相対湿度，T：絶対温度（K），V_w：水の部分モル体積（1.8 × 10^{-5} m^3 mol^{-1}）．

表5.1 相対湿度とそれに対応する水ポテンシャル

相対湿度 (e/e_0)	水ポテンシャル (MPa)
0.999926	−0.01
0.99926	−0.1
0.9926	−1.0
0.9296	−10.0
0.48	−100.0

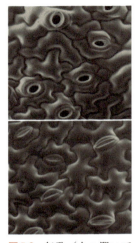

図5.6 気孔（上：開いている状態，下：閉じている状態）インゲンマメ初生葉背軸側表皮の走査電子顕微鏡像．（写真提供 三宅 博）

c. 蒸　散

葉から気孔（図5.6）を通じて水が蒸発する現象を蒸散という．気孔は種によって葉の片面にしかないものと両面にあるものがあり，葉身1 cm^{2}当たり数千〜数万個ある．道管を上がってきた水は，アポプラスト，シンプラストを通り，最終的には気孔直下の空間に細胞壁から蒸発する．

光合成の材料である二酸化炭素を大気中から取り込むため，通常，気孔は日中開いている．その際に，二酸化炭素1分子を取り込むために，数百個の水分子が大気に出ていく（蒸散）．このときに気化熱を奪うので，日射エネルギーを吸収した葉身の温度を下げる効果もある．二酸化炭素の取り込み・葉温の調節と，水の損失とのバランスという極めて難しい制御を気孔は担っている．気孔は，孔辺細胞の膨圧によって開閉し，光，葉身水ポテンシャル，葉内二酸化炭素濃度，植物ホルモンであるアブシジン酸濃度などがその開閉に影響する．

d. 水消費

野外で生育する作物にとっては，利用できる水の量が生育の制限要因になる場合が多い．言い換えると，水消費量（≒根からの吸水量≒葉からの蒸散量）が多いほど生育が盛んであるということである．その理由は，これまで述べてきたように，蒸散量が多いということはそれだけ二酸化炭素を取り込む量が多い，つまり光合成が盛んであることを意味しているからである．水消費量は，環境要因としては大気の蒸発環境，植物側の要因としては根からの吸水や葉からの蒸散に関連する形質の影響を受ける．

e. 水利用効率

一方，同じ量の水を消費しても，成長に対する効率は同じとは限らない．成長量（乾物生産量）と水消費量との比を水利用効率（water use efficiency）と呼び，三者の関係は次のように表すことができる．

$$乾物生産量 = 水消費量 \times 水利用効率$$

この式は個体を単位に考えているが，群落を対象にする場合には，水消費

表5.2 水利用効率の平均的な値

C$_4$植物	3〜5
草本のC$_3$植物	
穀　物	1.5〜2
マメ科植物	1.3〜1.4
ジャガイモと根菜作物	1.5〜2.5
ヒマワリ（若い未開花個体）	3.6
ヒマワリ（開花個体）	1.5
CAM植物	6〜15（30）

量に蒸発散量の値を用いる．この値は，種や品種によって異なり，一般にC_3植物よりC_4植物の方が高い（表5.2）．また，個体の栄養状態，発育状態，群落の密度，環境条件，特に土壌水分や蒸発環境に強く依存する．

光合成の水利用効率と呼ばれるものもあり，これは光合成速度の蒸散速度に対する比で表される．この値は，個葉のガス交換の瞬間値である．上述の式で求めた水利用効率は，このガス交換の速度に，呼吸と光合成とのバランスや光合成産物の転流・分配パターンの要因を加えた，長期間にわたる累積の結果であるといえる．

5.6　養分利用と作物生産

a. 養分吸収

根の外界と植物を構成する細胞の組成は異なることから，根の細胞は土壌溶液あるいは水耕液中の養分を選択的に吸収あるいは排除していることがわかる．この選択性には，細胞膜が大きくかかわっている．膜は脂質二重層からできていて，イオンはこれを通過できない．一方これらの膜は，イオンを透過させる機能を有しているタンパク質を含んでいて，イオン，糖類，アミノ酸などの輸送を担っている（図5.7）．膜を介したこれらの輸送にはチャネル，トランスポーターやポンプという3種類の膜に局在するタンパク質（膜タンパク質）がかかわっている．変動し続ける外界の養分環境の影響を抑制し，体内における栄養状態の恒常性（ホメオスタシス）を維持するこの機能は，生育にとって極めて重要である．

b. 受動輸送

細胞膜を介在させて，細胞の内外には養分の濃度差（化学ポテンシャル）

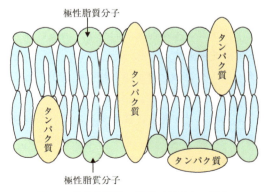

図5.7　生体膜構造の流動モザイクモデル
厚さは7〜10 nm．主成分は極性脂質（分子内に疎水性部分と親水性部分をもつ）とタンパク質である．

電気化学ポテンシャル

非電解質の水溶液では，溶質1 mol当たりの平均自由エネルギー（化学ポテンシャル）によって，その溶質の拡散速度が決まる．溶質の化学ポテンシャルはその濃度に依存していて，溶質の拡散は濃度（化学ポテンシャル）の高いところから低いところに向かって起こる．一方，電解質の溶液では，溶質の化学ポテンシャルは濃度と電場の双方から影響を受ける電気化学ポテンシャルによって表され，その勾配に従って溶質は拡散する．

と電位勾配（電気ポテンシャル）を加味した電気化学ポテンシャルが存在する．細胞の内側は外側に比べて電位が低い（マイナスに荷電）のが通常なので，陽イオンは通過しやすく，陰イオンは通過しにくい．

このうち，水や酸素などのように，非特異的に膜を通過する物質に関して，電気化学ポテンシャル勾配で起こる移動を単純拡散と呼ぶ．一方，膜に存在するチャネルやトランスポーターによって起こる移動を促進拡散という．トランスポーターは，基質である特定の物質と結合して輸送するもので，グルコース，ショ糖，アミノ酸や，様々な陽イオン，陰イオンのトランスポーターが知られている．またチャネルは，ある大きさと電荷をもつ溶質が膜を透過できるようにするものであり，K^+, Na^+, Cl^-, Ca^{2+}などが知られていて，トランスポーターよりはるかに速く輸送する．これらの輸送はエネルギーを必要としない．

c. 能動輸送

この輸送はエネルギーを必要とし，電気化学ポテンシャルにさからって物質を輸送するもので，ポンプと呼ばれる膜タンパク質が担っている．特に植物の場合には，H^+（プロトン）ポンプ（図5.8）が主体である．原形質膜のポンプは細胞内のH^+を細胞の外へ排出し，液胞膜のポンプは細胞質ゾルのH^+を液胞内に取り込むことによって膜の内外に電位勾配（電気ポテンシャル）を生じさせ，チャネルやトランスポーターによる養分輸送の駆動力を生み出している．

d. 水と養分の吸収・輸送

水やイオンは根のシンプラストを出入りする際に膜を通過する．水分子は荷電していない一方で，イオンは荷電粒子であり，移動経路やその駆動力も異なる．水は，膜内外の水ポテンシャル勾配に従って，膜脂質の間隙を通過する．イオンは，チャネル，トランスポーターやポンプなどの膜タンパク質によって，電気化学ポテンシャル勾配に沿うか，あるいはエネルギーを使って逆方向に向かって膜を通過する．水の場合には，水分子を通過させるアクアポリンというチャネルタンパク質が知られているが，あくまでもこれは受動的輸送である．

これに対して，水とイオンがともに移動するのは，水溶液となってマスフローで移動する場合である．これは，アポプラスト経路か，シンプラストの細胞質ゾルにおける移動でみられる．例えば，Ca^{2+}は水と一緒によく移動することが知られている．

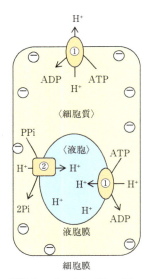

図5.8　プロトンポンプによる膜電位の形成
ポンプにはH^+-ATPase（図中の①；細胞膜，液胞膜，ミトコンドリアの内膜，葉緑体のチラコイド膜などに存在）とH^+-ピロフォスターゼ（図中②；液胞膜のみに存在）の2種類がある．ポンプは，ピロリン酸やATPなどの高エネルギー化合物を分解して得られたエネルギーを使って，能動的にイオンを輸送するタンパク質である．

e. 養分の生理機能
(1) 多量必須元素
(i) 窒　素

植物が最も多量に要求する無機元素である．体内の生理関連物質の主要構成元素であり，発育のほとんどすべての過程にかかわり，したがって成長や収量の制限因子になっている．

吸収の主要な形態は硝酸態窒素である．アンモニア態やアミノ酸の形態の窒素も吸収可能だが，これらは通常の酸化的状態にある土壌では硝酸態になる．水田のような湛水状態では，アンモニア態窒素の吸収の割合が多い．またマメ科植物のように，根粒菌（rhizobia）との共生（symbiosis）によって，空気中の窒素を直接利用（窒素固定，nitrogen fixation）できる種もある．その他，植物と共生関係にはないが，藍藻やある種の微生物は空中窒素を固定し，それを植物が利用する場合もある．

吸収された硝酸態窒素は，アンモニア態窒素に還元され，アミノ酸へと合成される（窒素同化：図5.9）．また硝酸態窒素の一部は，液胞内に蓄積され，浸透圧調節に貢献している．硝酸還元の中間生成物である亜硝酸やアンモニア態窒素も同化できるが，培地のアンモニア態窒素濃度が0.1 mM以上になると障害が起きる．ただしイネは例外であり，2 mMでも良好に生育する．体内では，道管や師管を通じて，グルタミンやアスパラギンなどのアミド，アミノ酸，ウレイド，硝酸イオンの形で移動する．

(ii) リ　ン

生命の基本的過程にかかわる重要元素であるが，通常の植物体内のリン濃度は約0.3％程度と極めて低く，また吸収できる形態のリン（リン酸イオン，$H_2PO_4^-$ または HPO_4^{2-}）も環境中では極めて乏しい．吸収は濃度勾配にさからって積極的に起こり，吸収されたリンの一部はすぐにATPなどに変換されるが，ほとんどはリン酸イオンのまま道管経由で移動する．液胞に蓄積し，細胞質内でエステル化し，DNA，RNAといった遺伝情報伝達物質，リン脂質などの生体膜構成成分，ATPなどの高エネルギー物質の生成に利用される．

(iii) カリウム

濃度勾配にさからって，積極的に吸収される．通常，植物はカリウムを大量に必要とするが，これを不可欠な元素として含む重要な有機化合物はない．カリウムは，植物体内で陽イオンのK^+として存在し，浸透圧の維持調節に重要な役割を果たしている．その他，細胞内のpHの調節，光合成や呼吸に関連する多くの酵素の活性化などの役割を果たしている．

(iv) カルシウム

カルシウムの吸収は，主として消極的吸収による．吸収されたカルシウム

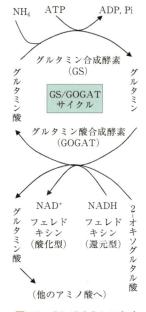

図5.9　GS/GOGATサイクル

アンモニア態窒素の同化の初期過程．まずグルタミン合成酵素（GS）によってグルタミンとなる．この反応にはATPを要する．次に，グルタミン合成酵素（GOGAT）によって，2分子のグルタミン酸ができる．この反応には，NADHあるいは還元型フェレドキシンが電子供与体として機能する．1分子はGSによってアンモニアを固定し，もう1分子は他のアミノ酸合成に使われる．

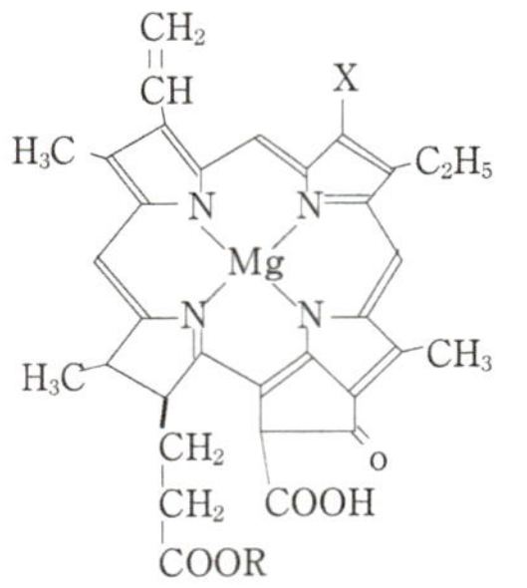

図5.10 クロロフィルの構造式

クロロフィルa：X = CH$_3$,
クロロフィルb：X = CHO,
R = C$_{20}$H$_{39}$.

は，蒸散流に乗って道管を通じて運ばれる．再転流は師管を通じて行われるが，移動性は元素中で最も小さい．その主な機能は，情報伝達物質（セカンドメッセンジャー）としての種々の代謝経路の調節や，染色体，細胞膜，細胞壁などの細胞器官，あるいはある種の酵素の構造の維持，老化や後熟の抑制などである．

（v）　マグネシウム

マグネシウムの吸収は，カリウムやカルシウムの吸収と拮抗関係にある．体内での移動性は，カリウムよりは小さいが，カルシウムよりは大きく，欠乏症は下位葉から始まる．マグネシウムはクロロフィル（図5.10）分子の中心に位置する元素である．また，光合成光化学系IIの電子伝達や，クロロフィル形成に必要なタンパク質形成に関与している．さらには，様々な酵素反応を活性化したり，糖などの分配にもかかわっている．

（vi）　硫　黄

濃度勾配にさからって積極的に吸収される．主として硫酸イオン（SO$_4^{2-}$）を，また量的には少ないが含硫アミノ酸を直接吸収する．吸収された硫酸イオンは茎葉に移行し，葉緑体で還元，同化され，含硫アミノ酸や含硫ビタミン，補酵素などの硫黄化合物となる．含硫アミノ酸は，窒素とともに，構造タンパク質，貯蔵タンパク質，酵素タンパク質などを構成し，光合成をはじめとする代謝過程に重要な役割を担う．

(2)　微量必須元素

（i）　鉄

土壌溶液中の鉄は極めてわずかである．双子葉植物とイネ科以外の単子葉植物は，根からの有機酸やフェノール類を分泌したり，H$^+$を放出し，土壌溶液のpHを低下させ鉄を可溶化する（Strategy-Iと呼ばれる）．イネ科作物は，ムギネ酸を根から分泌することによって不溶態の鉄を可溶化し，吸収する（Strategy-II）．吸収された鉄は，植物体内を何らかの三価鉄の錯化化合物として移動し，再移行はしにくい．Fe^{2+}⇔Fe^{3+}の化学変化の過程で，種々の酸化還元反応にかかわることが，鉄のもつ最も重要な生理機能である．

（ii）　マンガン

植物体には，酸化マンガン（MnO）の形で吸収される．トランスポーターが吸収に関与している．大半が地上部に存在し，酵素タンパク質に結合して，酸化還元反応の活性中心として機能している．光合成では，光化学系IIにおいて，水の酸化分解に重要な役割を果たす．呼吸では，クエン酸回路にかかわるデカルボキシラーゼやデヒドロゲナーゼを特異的に活性化する．また，電子伝達系において水の分解という重要な役割を果たし，窒素，炭酸，硫酸の還元固定に必要な電子を供給する．

ムギネ酸

水耕栽培条件下の鉄欠乏オオムギの根の分泌物から単離され，構造決定された．アミノ酸系のキレート剤で，3価の鉄や，亜鉛，マンガン，銅などの重金属元素とキレート化合物を形成して可溶化する．

5.6 養分利用と作物生産

(iii) 亜 鉛

亜鉛の吸収，輸送には，非選択性のチャネルの関与と，トランスポーターによるものが考えられている．亜鉛は多くの酵素の活性に必要であり，インドール酢酸（IAA）やジベレリンなどの植物ホルモンの生成と密接に関連していると考えられている．また種々のタンパク質や糖の代謝とも関連している．さらに，亜鉛を含む生体成分や，それが関与する生体反応も多数見つかるようになった．

(iv) 銅

植物体内では，組織の構成成分か，酵素の一部となっている．葉緑体中の銅の約半分はプラストシアニンであり，光合成の電子伝達系の中で重要な役割を果たしている．また銅を含むいくつかの酸化還元酵素は，分子状酸素による基質の酸化を触媒する．高等植物のスーパーオキシドディスムターゼ（SOD）の多くは，亜鉛とともに銅を含む．

(v) 塩 素

能動的ならびに受動的輸送の両方が知られている．Cl⁻ として作用する．光合成における水の光分解，浸透圧や膨圧の制御，気孔の開閉にかかわるカリウムの随伴陰イオンとしての機能などが知られている．一方，これを含むタンパク質の存在は知られておらず，したがって酵素反応への貢献についてはよくわかっていない．

(vi) ホウ素

濃度勾配に依存する受動的な吸収によっていると考えられている．体内での移動性は低い．ホウ素はほとんどが細胞壁に存在し，その強度を補強する役割がある．その他，細胞伸長，核酸合成，ホルモン応答や膜機能へのかかわりが示唆されている．

(vii) モリブデン

必須微量元素の中で体内濃度が最も低く，0.1 ppm 程度である．MoO_4^{2-} の形で吸収される．欠乏環境下ではトランスポーターによって吸収される．根粒菌の窒素固定に関与するニトロゲナーゼ，硝酸還元酵素の構成元素である．

(viii) ニッケル

最近になって必須元素として認められた．体内に吸収された尿素は二酸化炭素とアンモニアに分解されて初めて利用されるが，その分解を制御するウレアーゼの活性発現にニッケルは必要である．ニッケルが欠乏すると様々な症状が現れることから，ウレアーゼ以外にも，いくつかの生理過程に関与している可能性が考えられている．

スーパーオキシドディスムターゼ（SOD）
光が当たっている葉では，スーパーオキシドラジカル（O_2^-）が生成されることがある．これは酸化活性の高い活性酸素種の1つで，DNA や脂質，タンパク質などの細胞構成物を酸化し，細胞に障害を与える．SOD は，O_2^- を不均化することによって，H_2O_2 に変換する．光合成を行う植物は活性酸素種を生じやすいので，SOD などの抗酸化酵素や抗酸化物質によるこのような防御機構をよく発達させている．

図5.11 イネ葉背軸側表皮のシリカ結晶
糸のようにみえるのがクチクラ外蝋と呼ばれる構造．その下にある球状の構造物をいぼ状突起といい，ケイ酸が集積している．（写真提供 三宅 博）

(3) その他の有用な元素
(i) ケイ素

ケイ素は，土壌中において酸素についで2番目に多い元素で，ケイ酸$Si(OH)_4$の形で吸収される．エネルギー依存性の濃度吸収，濃度勾配に依存する受動的吸収，積極的排除の3つの場合があることが知られている．ケイ酸をよく吸収する作物としては，イネやサトウキビがある．吸収されたケイ酸は蒸散流に乗って，最終的にはシリカ（$SiO_2・nH_2O$）となり葉や茎の表面に沈着する（図5.11）．そのことによって，植物体の機械的強度を増加したり，病害虫の侵入を防ぎ，またクチクラ蒸散を抑制することなどによって乾燥ストレスを軽減する効果を発揮する．さらには，根の内皮付近に沈着し，塩害時のナトリウムなどの毒性物質がアポプラスト経路で根の中心柱や道管に入るのを減らす働きがあるなど，様々なストレス軽減効果を示す．

(ii) ナトリウム

ナトリウムは，カリウム不足のときや，特定の作物で生育促進効果が認められる．浸透圧調節，ある種の酵素の活性化，タンパク質合成系の活性化などに寄与している．C_4およびCAM光合成において，最初のカルボキシ化反応の基質（ホスホエノールピルビン酸）の再生にナトリウムが不可欠である．

(iii) アルミニウム

アルミニウムは，Al^{3+}やAl有機複合体で吸収されると考えられている．一方，土壌中では様々な形態で存在し，pH5以下で溶け出し，多くの作物種において根の細胞分裂の阻害，細部膜の機能障害など，特にAl^{3+}が毒性を示す．逆にチャやアジサイなどのようにアルミニウムを高濃度蓄積したり，アルミニウムにより生育が促進される種もある．

(iv) コバルト

コバルトは，植物と微生物の共生的窒素固定に必要であり，窒素供給が固定窒素に強く依存するときに効果が認められる．

(v) セレン

セレンは，硫黄と化学的性質が類似していて，植物体内では硫黄トランスポーターによって吸収され，セレン含有アミノ酸に代謝される．低濃度のセレンによって根の硫黄吸収が増加し，生育が促進される場合がある．

f. 肥料と施肥

作物の生育に必須，あるいは有用な元素のうち，窒素，リン，カリウム，カルシウム，マグネシウム，ケイ素，マンガン，ホウ素等をその主な成分にしたものが肥料として認められている．それらの中で，窒素，リン，カリウムは最も不足しやすく作物生育の制限因子になりやすいので，肥料の三大要

5.6 養分利用と作物生産

■コラム■　カリウム施肥量の制限による腎臓病透析患者用低カリウム野菜の作出

　作物の生育に必須な養分は人の健康にも重要であるため，施肥量の調節は，作物の生育や収量を最大化することだけでなく，人の健康の改善にも役立つ．その例として，腎臓病透析患者用低カリウム野菜の作出がある．腎臓病透析患者は体内のカリウムを十分に排出できないため，食事から摂るカリウム量を制限する必要がある．そこで施肥量を比較的操作しやすい水耕栽培で，新鮮重が減少しない程度にカリウム施肥量を減らしてホウレンソウを育て，ホウレンソウ中カリウム含有量を大きく減らすことに成功している．

素と呼ばれ，一般に肥料はそれらのうちの1つ以上を含んでいる．

　植物は無機イオンを主に吸収するため，無機化合物でできている化学肥料はすみやかに溶けて植物に吸収される．また土壌粒子の表面はマイナスに帯電しているため，植物に吸収されなかった陽イオンは土壌粒子に吸着される．しかし硝酸イオンなどの陰イオンは雨によって地下水へと流亡しやすく，農業生産による環境負荷として重要な問題になっている．そこで，肥料の利用効率を向上させるための肥効調節型肥料の開発や，有機質資源の有効利用に関する研究が進められている．肥効調節型肥料の一種である被覆肥料は，肥料粒子の表面を水に溶けにくい樹脂などで被覆して肥効時期を調節することのできる肥料である．被覆素材によっては土壌温度から溶出時期がほぼ予測できるため，施肥後溶出が始まる時期や成分の溶出速度の制御が可能になっている．

　施肥にあたっては，作物の栄養特性や生育状態，根系分布・発達，土壌の特性，気象などの環境条件を考慮した上で，肥料の種類，施肥量・時期・位置等を決める必要がある．現状では，作物による利用効率が低いばかりではなく，過剰な場合には物質循環機能の阻害や地下水汚染など環境負荷の主要因になるなど，まだ相当に改善の余地があり，今後の施肥技術開発研究の課題は多く残されている．　　　　　　　　　　　　［三屋史朗・山内　章］

文　　献

1) Kramer, B.（田崎忠良監修）(1986)：水環境と植物，養賢堂．
2) 根の事典編集委員会編 (1998)：根の事典，朝倉書店．
3) 小川敦史他 (2007)：日作紀，**76**：232-237.
4) Wang, H. *et al.* (2006)：*Crit. Rev. Plant Sci.*, **25**: 279-301.

6 作物の成長阻害要因

〔キーワード〕 生物的環境，非生物的環境，生育適温，冷害，干ばつ，湿害，酸性土壌，塩類土壌，雑草害

成長
作物の「成長」は，根，茎葉および子実の各器官の量的発達（成長）だけでなく，発芽，開花および成熟の始まりといった質的に異なる段階への進行（発育）が含まれることが多いが，ここでは前者のみを指して成長を用い，両者を含む場合は「生育（成育）」という語句を用いる．

植物の成長のあらゆる過程は様々な環境要因の影響を受けている．作物にとっての環境は，他の生物との間の相互関係から生じる生物的環境（biotic environment）と非生物的環境（無機的環境，abiotic environment）に大別され，後者はさらに日射・温度・降雨をはじめとする大気環境と，特に地下部の発達とその働きを通じて成長を支配する土壌環境に分けられる．作物の成長はこのような環境と遺伝子の相互作用の産物にほかならないが，ある遺伝子型，すなわち作物品種がある土地条件で最適な条件を与えられたときに示す成長量（収量）には自ずと上限が存在し，一方で実際の収量は，何らかの環境因子が成長と収量形成に対して阻害要因として働くことで決まる．このような諸要因の作物の成長に対するかかわりを，大気環境要因，土壌要因そして生物的要因の順にみていこう．

6.1 大気環境要因

a. 日射

作物の成長は光合成による有機物生産をもとにしているため，その大小は作物群落に供給される光エネルギー量と極めて密接な関係にある．図6.1はイネ群落が移植後に受光した日射量のある時点までの積算値を横軸に，それまでの成長量（乾物生産量）を縦軸にとったとき，両者の間に直線的な関係があることを示したものである．このように日射量の大小は，それが単独で作物の生育を阻害することはないものの，生産量の直接の支配要因となっている．そして，受光量を低下させるあらゆる要因は成長の低下要因として作用する．例えば，群落の日射受光量は，気象要因とともに群落の発達程度（葉身の量）に依存する受光率とその持続期間（生育期間）によって決まるが，それらは後述するように，日長，温度，土壌からの養水分供給，生物的ストレスといった種々の環境要因に左右されている．さらに，図6.1が示す乾物生産量の積算受光日射量に対する回帰直線の傾きは，日射利用効率

強光障害
強光障害は主に他の要因との組合せによって発生する．例えば低温と強日射が重なると，生化学反応の進みが悪いために多量の光化学反応に由来する還元物質が大量に余り，それが細胞内器官の損傷につながる．

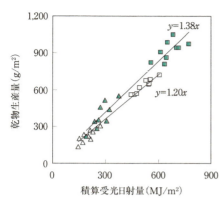

図6.1 水稲群落の積算受光日射量と乾物生産量との関係
イネ品種'日本晴'を用いた窒素施月量×栽植密度組合せ試験の結果より．各点は年次と栽植密度が異なるデータを表している．

(radiation use efficiency) と呼ばれ，何らかのストレスで光合成能が低下したり呼吸による消費量が大きくなると低下することが知られている．作物の成長が日々の日射の受光量の積算値から，さらに収量は成長量とそれに対する収穫部分の割合（収穫指数）から決まることは次式によって示され，日射の利用からみた作物収量の上限と基本的な成り立ちを示すのによく用いられる．

$$収量 = (収穫指数) \times (日射利用効率) \times \sum_{0}^{d} \{(受光率) \times (日射量)\}$$

ただし，d は生育期間である．

b．温　　度

温度の上昇は生体内の各種の化学反応を加速する一方で，原形質や酵素のタンパク質の変性も引き起こす．このため作物の成長の温度反応は，基本的に図6.2上に示すような非対称の最適値型曲線パターンを示すことが多く，最低温度，最適温度および最高温度が定義される．生育適温（optimum temperature for growth）は，植物種によって異なる．図6.2下は栄養成長の適温域の種間差を示したものであるが，主要作物の中ではムギ類が冷涼な気候を，イネや C_4 植物のトウモロコシは高温を好む．また，同じ成長であっても発芽，栄養成長，生殖器官の形成と発達，子実の肥大成長などの発育段階によって適温域が異なる場合が多い．温度が成長に及ぼす影響は，光合成の適温域が比較的広いことから，主として乾物重よりも器官の分化と伸長の大小に現れる．

葉の出現・展開や草丈の伸長などの栄養器官の発達は高温によって促進され，特に作物群落が未発達なときには上述の受光率の増加により乾物成長速

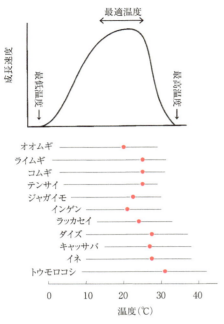

図6.2 主要作物種の栄養成長の適温域（—）および最適温度（•）

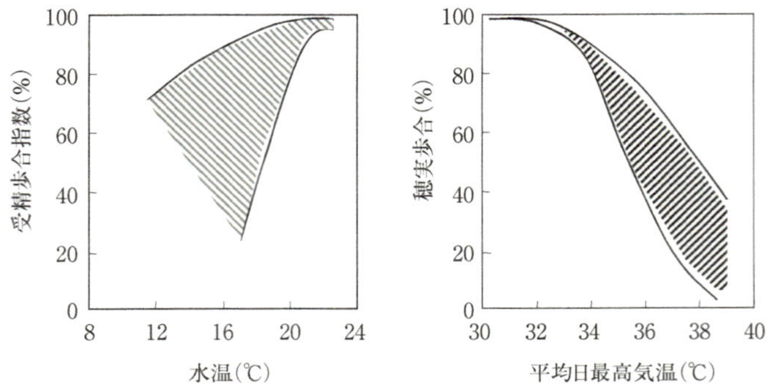

図6.3 温度とイネの稔実との関係
左：穂ばらみ期における4～5日間の深水灌漑処理の水温が受精歩合に及ぼす影響（西山他 1969[4]）を一部改変．斜線部分は品種と生育前歴による違い．
右：開花期の最高気温が稔実歩合に及ぼす影響．斜線部分は品種による違い（上田他 2000[7] より作成）．

呼吸

植物の呼吸は，成長量に比例して増加する部分，すなわち成長に伴うエネルギーコストと，現存する組織の重さに比例して大きくなる部分に分けてとらえることができ，前者を成長呼吸，後者を維持呼吸と呼ぶ．高温に伴って成長の効率が低下するのは，主に維持呼吸の増大によるものと解釈される．

度を高める．しかし，高温は同時に呼吸速度も高めるので，上述の日射利用効率に対しては低下要因として作用する．

極端な低温と高温は植物の生理機能と成長活性を不可逆的に失わせてしまい，生産期間の短縮を通じて生産量を著しく低下させる．さらに，子実作物では花粉の形成から開花にかけての時期には収量形成にとって重要な器官の形成が行われるが，それら生殖器官の成長は複雑な過程を経ており，栄養成長に比べて適温域が狭くなる（図6.3）．イネの障害型冷害は，穂ばらみ期に平均気温が10℃台の日が数日続くと花粉の成熟が阻害され，稔実が著しく低下して起こる．逆に，開花時の温度が37℃を超えると葯の裂開異常などにより受精が阻害され，高温不稔が発生する．これらはいずれも栄養器官の成長が正常に進むような温度帯でも起こるため，収穫期における収穫指数の顕著な低下をきたすことになる．また，低温および高温によるこれらの不稔の発生程度には，それぞれ明瞭な品種間差異が存在し（図6.3），耐冷性・耐暑性は作物改良の大きな課題となっている．

温度はまた，作物の生産期間を支配することで成長量に強く影響する．例えばイネの開花から成熟にいたる期間の長さは，他の条件を一定にすると気温の高低によって大きく左右され，品種固有の有効積算温度（それ以下では発育に寄与しないという基準温度を差し引いた温度の期間積算値）を一定として成熟期を予測する方法がよく用いられる．a項の式より，生育期間が長いほど日射エネルギーの利用量，ひいては成長量が増加するので，高温によ

る発育の促進はかえって成長量の減少を招くことがある．一方で低温による発育，特に開花の遅延は，イネの登熟期を遅らせることによって温度条件をさらに低下させ，登熟不良を引き起こすことがある．これを遅延型冷害と呼ぶ．

c. 気候変化

大気の二酸化炭素濃度（[CO_2]）は2015年末に初めて400 ppmを超過し，メタン，一酸化二窒素などとともに温室効果ガスとして，過去100年間で0.75℃に及んだ世界の平均気温の上昇の原因になっている．このような気候変化が作物生産に及ぼす影響は，図6.3によると，低温環境下では温度上昇はプラスに，高温環境下ではマイナスに作用するが，気候変化との関連が推測されている熱波をはじめとする気象の極端現象を含めると，マイナス面の拡大が強く懸念されている．

温度上昇が作物生産を左右する第1の機構は生育期間の温度応答である．発芽から花芽分化，開花を経て成熟にいたる一年生作物の発育段階は，いずれも温度の上昇によって促進される．現在，コムギやイネの多くの品種の開花期がこの40年の間に数日以上早くなったことが認識されている．生育期間の短縮は前述したように受光量の減少を導く．コムギの凍霜害などは温度上昇下でも発生が報告されることがあるが，これは発育の促進が生育段階の季節を繰り上げ，幼穂が低温に遭遇する機会を増加させるためである．また東アジアの稲作では，玄米の一部が白濁する白未熟粒の増加が問題になっており，登熟期の高温が原因の1つとされている．さらに，前述したイネの高温不稔も今後増加が懸念されている．

一方，高[CO_2]が作物収量に及ぼす影響としては，光合成を促進することからプラスの効果が期待できる．しかしその程度は，同時に起こることが知られている窒素吸収や蒸散作用の高[CO_2]による低下を合わせたものになる．影響評価実験は，人工気象器などの限られた空間で行われることが多いが，これを実際の圃場条件における開放系大気CO_2増加（free air CO_2 enrichment，FACE）実験で行うと，プラスの効果は一般に小さくなる．

現在進行している温暖化が，現実に作物収量を低下させているかどうかを判断できる証拠はまだ少ない．温度上昇は単に気温だけでなく，降雨量，大気飽差，土壌の化学的・生物的特性など，様々な環境要素の変化を伴っていること，およびそれらに対する作物の応答も多面的であることが評価を難しくしている．そこで，環境諸変量の推移から作物の生育・収量を動的に再現する作物モデル（crop simulation model）を用いて，そこに発育，成長および収量器官形成などの温度応答に関してこれまで実験的に得られた知見を組み込むことにより，作物の応答を予測する研究が行われている．例えばイネ

栽培に関して，これまで公表されてきた様々な作物モデルの予測を総括した例によると[3]，3℃の温度上昇が稲作に及ぼす影響は，4つの地点（ロスバノス，ルイジアナ，南京，岩手）において，およそ10～20%弱の減収であり，$[CO_2]$上昇（720 ppm）を考慮するとその地域差は広がり，およそ5～20%超となると評価されている．しかし，モデルによって予測値が異なるなど，まだ不確定要素が存在する．

作物の温度および$[CO_2]$に対する応答には種内の遺伝的変異が存在する．気候変化に適応するための技術として，温度の季節変化を考慮した栽培適期の再検討に加えて，適応性を高めた品種の育成が求められている．

d. 大 気 汚 染

大気汚染物質は生態系と作物生産に影響することが知られているが，中でも人間活動によって増加してきたオゾン濃度（$[O_3]$）の上昇の影響は明瞭であり，地球上の陸地全体に広がっている．オゾンが植物体に取り込まれると酸化ストレスを引き起こし，光合成速度の低下などを通じて生育・収量を低下させる．これまで，作物により数%（イネ，トウモロコシ）から10%超（ダイズ，コムギ）の範囲で生産を低下させているとされる．ただし，その影響は他の環境要因と相互作用が強く，地域によって推定値が異なり実態の解明にはさらなる知見の集積が必要である．また，$[O_3]$応答は一般に栽培環境による変異よりも作物間差が大きく，品種間差異も認められている．オゾン生成の前駆物質となるメタンの増加により$[O_3]$は今後も増加すると予測されていることから，耐性品種の開発が課題になる．

6.2 土 壌 要 因

土壌環境が生産阻害要因となるのは，水供給の不足もしくは過剰，化学性の不均衡と生物環境の悪化などによる．土壌の物理環境も，根の発達などを通じ作物の成長に対して間接的ながら重要な影響を与えている．

a. 土壌水分の過不足

図6.4は灌漑水田で稲作を行っている日本の水稲生産量とオーストラリアにおけるコムギ生産量の推移を示したものである．生産量の規模には大差がないが，年次変動は天水に依存する後者の方が明らかに大きい．植物にとって水は，細胞における物質代謝を円滑に進めるためだけでなく，成長を続けまた形態を維持するために不可欠なものである．このため植物は乾燥に遭遇すると，成長を犠牲にしてでも水の損失を少なくするように，敏感に反応する．水が欠乏するとまず，出葉や茎葉の伸長が抑制され，さらに体内の水が

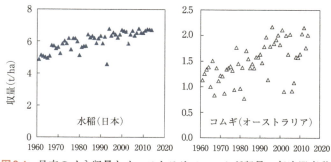

図6.4 日本のイネ収量とオーストラリアのコムギ収量の年次間変動（FAOデータより）

低下すると気孔が閉鎖する．葉面積の減少と気孔の閉鎖はいずれも蒸散を抑えて水損失を防ぐための植物の反応であるが，それは受光面積とCO_2の取り込みを犠牲にすることでもあり，6.1.a項の式における受光率と日射利用効率の低下を通じて作物の成長速度を減退させる．

乾燥ストレスに対する作物の感受性は生育期間中一定ではなく，特に生殖器官の形成期に干ばつに遭うと被害が大きくなる．例えばイネ科子実作物が開花前に乾燥ストレスを受けると，一般に出穂・開花が遅れる．トウモロコシでは，乾燥によって雄穂の抽出に対する雌穂の抽出の遅れが大きくなると，受粉の機会が損なわれるために不稔が増加する．

畑作物では，多雨や土地の排水不良による土壌水分の過剰によっても著しい成長阻害が起こる．根圏への酸素の供給不足により，根の呼吸が妨げられてその伸長が止まり，養水分の吸収，ひいては植物全体の成長が阻害される．さらに，土壌還元の進行による硫化水素（H_2S）などの有害物質の発生や，有害な土壌微生物の蔓延などが作物の生育を著しく損なうことがある．わが国では，コムギやダイズの水田転換畑栽培において湿害が頻繁に発生し，両作物の重要な生産阻害要因となっている．ムギ類の湿害では冬の間は呼吸阻害，春には地温上昇に伴う土壌還元の進行がそれぞれ主な要因となる．ダイズでは根の成長・機能だけでなく，根粒の着生と共生的窒素固定の活性も湿害によって大きく損なわれる．

乾燥条件に対する適応性は，トウモロコシ，モロコシ，イネ科雑穀類，パールミレットなどが優れているが，それは（第4章で詳述されているように）C_4型光合成に特有の高い蒸散効率に起因している．耐乾性はC_3植物種間，あるいは種内の品種間でも差異が存在するが，主に根系が深く大きく発達し，より深い土壌から水を獲得する性質と関係づけられている．例えば，イネの陸稲品種の根は水稲品種のそれよりも太くかつ長く発達することが知られている．

過湿環境に対する適応性も作物種によって異なる．湿生植物のイネやイグ

土壌の還元
湛水状態が続くなどして土壌溶液中の酸素濃度が低下すると，微生物は各種の酸化物質を利用して呼吸するようになり土壌の還元が進む．それに伴い硝酸の還元による窒素ガスの発生（脱窒），2価の鉄およびマンガンイオン，さらに硫酸還元と硫化水素（H_2S）の発生へと進む．

蒸散効率
葉身の光合成速度の蒸散速度に対する比．

サは湛水条件で栽培が可能であるが，陸生植物の中でもコムギ，オオムギ，トウモロコシ，ジャガイモなどは湿害に弱い．イタリアンライグラス，ローズグラス，トールフェスクなどの牧草種は過湿条件に比較的よく耐える．

　土壌の保水性と排水性（通気性），すなわち「水もち」と「水はけ」はともに作物の成長にとって重要な環境要素であり，それが確保されない圃場では上で述べた干ばつや加湿の害が発生しやすくなる．畑土壌では適度の粘土と十分な有機物を含むことによって団粒構造を発達させ，土壌の孔隙率を高くすることが必要である．水田におけるイネの湛水栽培でも，土壌の還元が過度に進行すると成長を阻害する．

団粒構造
土壌粒子が有機物などの粘着作用によって集合してできた粒子が，さらに集まって大きな粒子をつくってできる高次構造．これがよく発達しているほど水や空気を保持する土壌空隙が大きく，土が膨軟になる．

b. 要素欠乏

　植物の成長にとって，炭素（C），水素（H），酸素（O），窒素（N），リン（P），カリウム（K），カルシウム（Ca），マグネシウム（Mg），硫黄（S）の9種の多量要素と，鉄（Fe），マンガン（Mn），亜鉛（Zn），ホウ素（B），銅（Cu），モリブデン（Mo），塩素（Cl），ニッケル（Ni）の8微量要素が必須元素とされる．加えて，ケイ素（Si）やナトリウム（Na）などは必須とはされないが有用元素と呼ばれている（第5章参照）．作物はその種類と生育段階に応じた量の必須元素を必要とするが，土壌からの供給によってそれが満たされないときに各要素に特有の欠乏症状が現れる．また，無機栄養素が過剰に存在または供給されることによって，植物の成長を阻害する場合もある．

　多量要素のうち，作物の成長を左右することが最も多いのはNである．図6.1では，N無施用区のイネはN多施用区に比べて出穂期までの積算受光量（横軸の値）と日射利用効率（直線の傾き）の両方が小さくなっている．これはN不足によって葉面積の展開量と葉身の光合成能がともに低下していたことを示している．

　無機要素の欠乏および過剰は，天然供給と吸収のアンバランスだけでなく，土壌特性，気候条件ならびに不適切な施肥・灌漑を原因とする土壌の酸性化および塩類化によっても引き起こされる．

c. 酸性土壌

　降雨が蒸発散を上回る地域では，その程度に応じて土壌の酸性化が進む．降雨による炭酸および窒素・硫黄酸化物の供給，あるいは土壌内での炭酸と有機酸の生成が原因となっている．酸性土壌は熱帯アジア，南アメリカ，アフリカの熱帯雨林周辺の農業地帯に広く分布しており，世界の耕作可能陸地面積の30％以上を占めるといわれている．酸性土壌による成長阻害は，低い土壌pHによる直接的な影響よりは，むしろ無機栄養の欠乏・過剰を通じ

表6.1 主な作物の耐酸性および耐塩性
（但野 1994[5]，高橋 1991[6]，星川 1980[1] をもとに作成）

	耐酸性	耐塩性
イネ	◎	×[*]
コムギ	○	○
オオムギ	×	◎
トウモロコシ	○	×
ジャガイモ	○	△
サツマイモ	○	×
ダイズ	△	○
インゲン	△	×
テンサイ	×	◎
ワタ	×	◎

◎：極強，○：強，△：中，×：弱．
[*]：ただし Na 耐性は強．

て起こるものが多い．すなわち，土壌の酸性化はCaやMgイオンの溶脱を伴い，それらの欠乏が起こる．また，リン酸イオンが活性アルミニウムなどに吸着されることによって無効化したり，マンガンおよびアルミニウムの溶解度上昇による過剰害が成長を阻害する．酸性土壌に対する耐性は作物種によって大きく異なり（表6.1），イネはある程度の酸性を好むのに対してオオムギは酸性に弱い．

d. 塩類土壌

　土壌表面に塩類が集積し，作物の成長を阻害することもしばしば起こっている．土壌表面からの蒸発散が降雨量を上回ることにより土壌溶液が上向きに移動するとともに，溶けていた塩類が土壌表面で析出することによる．水分の毛管上昇は，地下水位が十分に低ければ表面にまでは達しない．よって，乾燥条件に加えて過度の灌漑が行われたときに塩類集積が起こりやすい．また乾燥地でなくても，降雨を遮断したビニール温室内などで多施肥栽培を行った場合でも塩類集積がみられる．「砂漠化」は気候的・人為的要因によって起こる土地の劣化であるが，不適切な灌漑による土壌の塩類化は，過放牧や樹木の乱伐とともに主要な人為的要因の1つに挙げられている．このため，塩類集積が起こりやすい条件では作物の要水量に応じた適量の灌漑が重要である．

　塩類化土壌における作物の成長阻害は，主に土壌の浸透ポテンシャルの低下に起因する植物の水吸収阻害によって起こる．この他，NaイオンやClイオンの過剰あるいはKなどの必須養分の吸収抑制などが挙げられる．耐塩性には著しい種間差があり，主要作物の中ではテンサイ，ワタおよびオオム

砂漠化
国連により，乾燥地帯などにおいて気候変動や人間活動など様々な要因によって起こる土地の劣化と定義されており，水食や風食による表土の流失および乾燥による土壌の硬化とともに土壌の塩類化が含まれる．

ギで高い（表6.1）．耐塩性には，塩を体内に入るのを妨げる，取り込まれた塩を液胞などに蓄積して細胞質から隔離するとともに地上部への移行を防ぐ，地上部の塩濃度が上昇してもそれに耐える，などの機構とともに，高塩条件でも水の吸収を維持する浸透調節機能（5.5節参照）が働いていると考えられる．

6.3 生物的要因

a. 雑草害

作物の量的な成長が，耕地に自生する作物以外の植物によって阻害される場合，そのような植物を耕地雑草と呼ぶ．耕地雑草は生活環によって，種子繁殖をする一年生（生存期間が2年のときは二年生）雑草と，栄養器官で繁殖し多年にわたり生存する多年生雑草に大別され，後者の方が一般に防除が困難とされる．また，適応する水分環境によって水田雑草と畑雑草に，発生時期によって夏雑草と冬雑草に分けられる（7.2節参照）．わが国の夏生の特に畑雑草には，高温化で生育力が旺盛なC_4型植物が多く，夏作物の成長を著しく阻害している．

雑草害の発生原因として，雑草の存在によって空間，水あるいは無機栄養をめぐる競合が生じ，作物の葉の展開や根圏の拡大が阻害され，直接的には

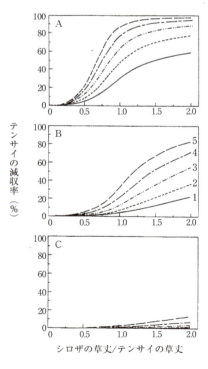

図6.5 雑草の相対草丈，出現時期および個体密度が作物の成長阻害割合に及ぼす効果（Kropff and van Laar 1993[2]）
作物テンサイと雑草シロザの生育と両者間の相互干渉を日射および水環境に基づいて再現するモデルを用い，①シロザとテンサイの草丈，②シロザの出現時期，および③テンサイの個体密度の3条件の組合せを様々に変化させたときのテンサイの減収率をシミュレーションした結果．
①草丈（相対値，図のx軸）
②シロザの出現時期（A：テンサイの出芽の0日後，B：同15日後，C：同30日後）
③テンサイの個体密度（曲線1：5.5個体，2：11個体，3：22個体，4：44個体，5：88個体）

受光エネルギーの減少によりその成長が減退することが最も多い．したがって雑草が作物の成長を阻害するかどうかは，両者の間の初期成長の優劣に依存し，さらにそれは雑草の種子や栄養繁殖器官の密度，その休眠程度，発芽時期などに左右される（図6.5）．畑作で行う中耕や水稲作の代かきおよび移植後の深水管理は，作物の雑草に対する優位性を確保するための重要な耕種的手段である．図6.5に示したように，作物（テンサイ）と雑草（シロザ）が混在する群落における両種の成長をシミュレートしたモデル解析の結果によると，作物の減収率を左右する要因としての草丈の重要性は明らかである．熱帯アジアの焼畑稲作では雑草害が重要な生産阻害要因であるが，現在でも在来の長稈品種が現地で多く栽培されているのは，雑草競争力が要因の1つになっている．

雑草が作物の成長に及ぼす直接的影響として，生きた植物体あるいは枯死体から放出される各種の二次代謝産物を通じて作物の成長を阻害するアレロパシー（他感作用）も挙げられる．上述の資源競合との区別が難しいこともあり実態はよくわかっていないが，作物と雑草との間のアレロパシー（作物が雑草を抑える場合もある，第7章参照）は広範に存在すると推察されている．さらに，雑草は病原微生物の宿主あるいは害虫の生息・越冬場所になりうるものが多い．水田の畦草刈りなどは，それらを断ち切ることを大きな目的とした雑草管理である．

b. 伝染性病害

1845年のアイルランドにおいて，150万人もの餓死者が出たといわれるジャガイモ飢饉は茎疫病によるものである．日本の江戸時代の享保の大飢饉（1783年）では，ウンカ・イナゴの被害が西日本の稲作に壊滅的な打撃を与えた．1993年には，夏期の低温寡照によりいもち病が蔓延し東北地方を中心に60万tもの減収を引き起こした．このように，病虫害は現在でも重要な生産阻害要因である．

植物体の一部または全体における何らかの原因による形態的，生理的異常を植物の病気というが，それが生物的要因によって起こる場合は伝染性病害（以下，病害）と呼ばれる．これは，病原体の存在（主因），病原体に侵されやすい植物の形質（素因），および発病を助長する環境条件（誘引）の3つがかみ合ったときにのみ発生する．病原体にはウイルスもしくはウイロイド，ファイトプラズマ，細菌，糸状菌などがある．

病害発生のプロセスを，イネの最重要病害であるいもち病を例にみてみよう．いもち病菌は，前年に罹病したイネの籾やわらで菌糸などの形で越年し，苗代などで環境が整うとイネの苗に侵入し菌糸を発達，やがて胞子を形成しさらに二次伝染を起こす．本田において夏期に曇天が続くと，比較的低

いもち病

上：左列の抵抗性品種と比べ，中～右列の罹病性品種は被害が著しい．
下：穂いもち．

温でかつ高湿という環境となり（誘引），とりわけイネ体のケイ酸が少なく窒素が多いために軟弱なとき（素因）に発生が助長される．罹病部位が葉から穂の基部に達すると（穂首いもち），不稔が多発し大きな減収被害をもたらす．

病原体が感染し植物体内で増殖すると，それによって組織が損傷を受けた部位の機能により，様々な被害を受ける．例えば穂基部の通導組織が壊死する穂首いもちでは，穂への同化産物の転流が著しく阻害されるので子実が全く稔実しない．

同じ圃場に同じ作物を連作すると収量が著しく低下することを連作障害（忌地）というが，その原因は病害であることが多い．連作によって特に耕地生態系の生物相が偏り，土壌などで特定の病原微生物・線虫が増殖して起こる．水田でイネを長年連作しても障害が生じないのは，嫌気的条件（湛水期）と好気的条件（落水期）の交互の繰り返しにより，特定の土壌微生物の増加が抑えられているためと思われる．

c. 昆虫・ダニ・線虫害

植物を加害する主な小動物としては，昆虫類，線虫類，およびダニ類が挙げられる．

昆虫は全動物種の70％を占め，生物多様性の重要な担い手である．そのうち恒常的な農作物害虫となっているのは約1％といわれ，チョウ目（各種のガ），カメムシ目（カメムシ類，ウンカ類，アブラムシ），コウチュウ目（コガネムシ類，テントウムシ類）などが含まれる．

昆虫の生活環は基本的に，卵，幼虫，蛹および成虫の発育ステージからなり，これらの発育の進みは，他の条件が一定の場合，温度が高いほど速くなる．また昆虫種によっては低温期や高温期に休眠するものがあるが，その時期，すなわち季節の認識には日長が強く関与している．いうまでもなく農作物の害虫被害は，特定の種の密度が異常に増大したときに大きくなる．そのため，害虫発生予察は重要であり，その基礎として昆虫密度の動態は盛んに研究されている．生存期間や産卵速度に基づく種固有の増殖能力，餌の量などの資源と生育環境，天敵・競争者の密度が互いに影響し合いながら個体密度は変化している．虫害は，食害された部分の損失のみであれば被害は限定的だが，それが通導器官や光合成器官の損傷に及ぶことが多く，病害と同様にその後の成長と子実などの収量器官の形成の阻害を通じて大きな減収に結びつくことになる．

線虫類（シストセンチュウ類，ネコブセンチュウ類，イネシンガレセンチュウなど）は，植物に寄生して単独もしくは他の病原微生物の感染を誘発・媒介し，作物の成長に被害を及ぼす．線虫はその種類によって特定の作

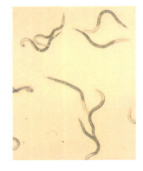

キタネグサレセンチュウの2期幼虫

発生予察
都道府県単位で行われている病虫害発生予測および防除方法に関する情報提供．そのために，誘蛾灯，フェロモントラップ，水盤および捕虫網などによる捕獲調査のほか，過去の発生データや気象条件に基づく発生予測モデルを用いた予測も行われている．

物種を寄主にするので，同じ作物を連作すると密度が増加し，連作障害の原因になることが多い．

ダニ類では，とくにハダニ類やホコリダニ類による葉などの組織からの吸汁害が問題になる．昆虫に比べて薬剤抵抗性が生じやすい． ［白岩立彦］

文　献

1) 星川清親（1980）：食用作物，養賢堂．
2) Kropf, M. J. and van Laar, H. H. (1993): *Modeling Crop-Weed Interactions*, CAB International.
3) Li, T. *et al.* (2015): *Glob. Change Biol.*, **21**: 1328-1341.
4) 西山岩男他（1969）：日作紀，**38**：554-555.
5) 但野利秋（1993）：植物栄養・肥料学（山崎耕宇他編），pp.130-161, 朝倉書店．
6) 高橋英一（1991）：塩類集積土壌と農業（日本土壌肥料学会編），pp.123-154, 博友社．
7) 上田恭史他（2000）：日作紀，**69**（別1）：112-113.

■コラム■　**天水稲作の課題**

　自然の降雨に依存する天水稲作は，現在でもアジア稲作の4分の1以上を占めている．それは，畦を高くした水田で営まれる天水田栽培と畑での陸稲栽培からなっている（図6.6）．灌排水設備の整ったわが国の灌漑稲作とは異なり，干ばつや洪水が頻繁に発生するとともに，低い土壌肥沃度や雑草害など多岐にわたる阻害要因をかかえている．現金収入が少なく自給的農業が基本になっている北ラオスなどの地域では，人口増加に伴う作付けの急激な拡大が，焼畑休閑期間の短縮とそれに伴う土壌の劣化により生産性の低下を招き，それがさらに無理な土地利用を促すという悪循環が生じており，生産持続性と環境保全に深刻な影響をもたらしてきた．

　もともとの地力が低い上に，不安定な降雨に頼らざるをえない天水稲作では，資源や労力の投入量を増やしたとしてもそれに見合う収穫が得られる保証がないこともあり，灌漑水田のように化学肥料や農薬といった外部投入資材を多く用いた技術は適用しにくい．生産の基盤となる土壌肥沃度の改善と維持を図りつつ，安定した収入が得られる換金作物を組合せるような，生産システムの改善が望まれている．

図6.6　東北タイの天水田（左）および北ラオス焼畑陸稲地域（右）の景観

天水田では，手前から奥にかけてゆるい下り傾斜となっており，水がたまりやすい低位田ではすでにイネが生育しているが，手前の高位田では水がたまらないので移植できずにいる．焼畑では，休閑期間の長さが，かつての20年間以上からわずか数年間と短くなり，山のほとんどが森林を失っているようにみえる．

■コラム■　熱帯畑作地帯の商品作物栽培と生産持続性

　熱帯アジアの畑作地帯では，アブラヤシ，バナナ，ゴム，トウモロコシ，サトウキビ，キャッサバといった商品作物の栽培が盛んであり，農家の重要な収入源になっている．かつて森林が広がり一部に焼畑が営まれていたタイ・ラオスの丘陵地帯では，トウモロコシの作付けが急速に広がった．これは経済発展に伴う食生活の変化による飼料需要の増加を背景にしている．需要が多く販売が順調なサトウキビやキャッサバの生産も盛んである．

　図6.7は，ラオス西南部のサイニャブリ県に展開する畑作地帯の光景であり，丘陵地帯一面に作付けが広がっている．栽培は粗放的でありほとんど無施肥でトウモロコシが連作されてきたが，同地域では有効土層が比較的厚くかつ肥沃なためにそれが可能であった（左）．しかし収量が低下した圃場が徐々に目立ち始め，そのようなところでは低肥沃度の土壌でも生育が旺盛なことで知られるキャッサバの栽培が急速に増えている（右）．ただしキャッサバの生育にも，圃場による大きな変異がみられている．土壌肥沃度の低下が作物の連作によるものか，作物収量の低下は土壌肥沃度の低下によるものか，実地調査に基づく科学的な知見はきわめて乏しい．このような商品作物生産の展開は熱帯アジアの各地にみられ，それぞれの地域経済を支えているが，持続的な生産を確保するためには，土壌および作物生産性の実態把握と農地の持続的管理方法の解明が強く求められている．

図6.7　ラオス西部丘陵地帯の商業的畑作

タイ・ラオスの丘陵地帯では，かつては森林が卓越していた土地に換金作物としてのトウモロコシの栽培（左）が急速に広がり，これまでほとんど無施肥で連作されてきた．しかし収量の低下が目立つようになり，そのようなところでは低肥沃度条件でも生育旺盛なキャッサバの栽培（右）に置き換わりつつある．生産持続性を確保するために，土壌および作物生産性の実態の解明が求められる．
（写真提供　藤竿和彦（京都大学農学研究科））

7 作物栽培の管理技術と環境保全

〔キーワード〕　耕耘，耕起，施肥，環境保全，有機物，雑草，除草剤，耕種的雑草防除

7.1　耕耘と施肥管理

　作物を栽培するために行う作業は，①耕耘や砕土などの圃場準備，②播種や苗の移植作業，③施肥や培土作業，④病害虫や雑草の防除，⑤収穫，調製などに分けられる．

　いずれも，作物を栽培する上で欠くことができない作業であるが，水稲，ムギ類，ダイズといった土地利用型作物では，栽培面積の拡大に対応し，単位面積当たり，あるいは単位収量当たりの労働時間や生産費の削減を図るため，耕耘と施肥を同時にすませる作業体系や生育途中の作業回数を減らす技術の導入が図られている．一方，作業労力のかかる堆肥施用が軽視され，扱いやすい化学肥料を継続的に施用する傾向もみられ，地力の消耗，作物の生理障害や環境汚染などが懸念されている．ここでは，良好な作物の生育を前提とした耕耘や施肥および環境への負荷軽減について，国内におけるいくつかの具体的事例を含めて述べることにする．

a.　耕起・砕土・整地・均平
(1)　耕起と耕耘・砕土

　耕起（plowing）や耕耘（tillage）・砕土（pulverising, soil crushing）は，凝集して固まった土壌を耕して膨軟な状態にするとともに，地表面にある植物残渣や堆肥などをすき込んで土壌と混和する作業である．

　用いられる作業機としてプラウとロータリがある．プラウは耕起のみを行う．ロータリは耕起と砕土，さらに整地まで同時にできることから，最も普及している．

　プラウ耕（図7.1）は，トラクタによる牽引で作業が行われ，作土層を引き剥がして反転すると同時に地表面に堆積した植物残渣や雑草を下層に埋没

図7.1 クローラ・トラクタ牽引によるプラウ耕

図7.2 ロータリ耕

させる．作業後は土塊が大きく隙間が多くなるので，排水性がよく土壌も乾燥しやすくなり，播種作業の前にハローによる砕土や整地（land grading）が必要となる．作業を高速で行うことができ，時間当たりの作業面積が大きいため，大区画圃場を有する大規模経営体を中心に導入が進んでいる．

ロータリ耕（図7.2）は，鉄製の爪を回転させて土壌を砕き膨軟にする作業で，作業速度と爪の回転数を組合せることで，砕土の状態を調整することができる．また，爪の長さを代えることで耕耘の深さを変えられ，爪の回転方向を正転と逆転に変えられるロータリもある．

ロータリ耕の場合，作業時の土壌水分によって作業の精度や耕耘後の土壌の物理性が大きく異なる．土性にもよるが，土壌が乾いた状態で作業すると，砕土率（作土層における全土塊に占める径20 mm以下の土塊の重量比）は高くなるが，土壌が過湿の状態では，土壌を練り返して砕土率や透水性を低下させてしまう．

(2) 整地と均平

耕起や耕耘を一度行っただけでは地表面の凹凸が大きく，土塊も大きいために，出芽率や苗の活着率が低下する（図7.3）．そのため，播種や定植までの間に，ハローなどを用いた砕土，整地ならびに均平作業が必要となる．圃場整備事業により，1区画50～100 aの大区画化が進められており，それに対応した作業体系も導入されている．

水稲の移植栽培では，ある程度まで砕土した後に灌漑して，さらにハローで代かき作業を行う．これにより漏水防止と圃場の均平が図られ，さらに柔らかくなった土壌は苗の活着を促すとともに，土壌が還元状態となって無機態窒素の発現が促されるようになる（図7.4）．

プラウ耕後の整地・均平法として，クローラ型トラクタに排土板を装着し，プラウ耕によってできた大土塊をクローラで踏みつぶし，レーザ光やGPSによって一定の高さにコントロールされた排土板で砕かれた土塊を移

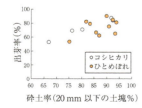
図7.3 砕土率が乾田直播水稲の出芽率に及ぼす影響

動させて，圃場の均平を図る方法がある（図7.5）．こうした整地・均平により，乾田直播栽培では播種精度が向上して出芽率が向上し，水深の差による生育の不ぞろいも解消される（図7.6）．

（3）心土破砕

心土破砕（sub soiling：図7.7）は，パンブレーカやサブソイラなどの作業機により，根の伸張や透水を阻害する緻密な下層を破砕する作業である．転換畑でのダイズやムギ類の栽培においては，本暗渠と組合せる補助暗渠の施工にも利用される．

図7.4 ハローによる冬季の代かき（左）と，冬季代かき圃場におけるV溝直播（右）
愛知県の水利条件が恵まれた地域では，冬季に代かきを行い（左），その後落水状態にして作土層を固めておき，愛知県農業総合試験場が独自に開発した播種機（右）を用いて水田を乾田直播する栽培体系が組まれている．

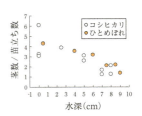

図7.5 レーザ光制御による均平整地作業
この整地法では，圃場外から発光させたレーザ光をトラクタが感知して，排土板の位置が制御されるため，区画面積1ha規模の圃場であっても80〜90％の面積を高低差±25mmの範囲に収めることができる．

図7.6 水深が乾田直播水稲の茎数増加に及ぼす影響

図7.7 サブソイラによる心土破砕

図7.8 水稲の不耕起移植

(4) 畝立て

ある一定の間隔で帯状に土を寄せて凸部（畝）と凹部（畝間）からなる状態をつくる作業であり，ロータリと組合せて行われる．畝へは苗の定植や播種を行い，畝間は管理用通路として利用されるほか，転換畑など排水の悪い圃場では排水用の溝としても役立つ．

(5) 不耕起

耕起や砕土などの作業を行わずに作物を播種または移植栽培する農法であり，降雨や風による耕土の浸食防止を目的に，南北アメリカ大陸を中心に面積が拡大してきた．実用場面においては，不耕起と最小部分耕を明確に区別することは難しく，作物の栽培に際して，圃場全面の耕耘を行わないものが不耕起とされている．岡山県では早くから水稲の不耕起乾田直播栽培が導入されているほか，ダイズやムギ類についても不耕起栽培が定着してきているが，いずれも水田や転換畑での栽培であるため，土壌浸食の防止よりも省力化や作業体系の合理化を目的としている．また，秋田県大潟村では，省力化に加えて，田面からの濁水の流出を抑制するために，水稲の不耕起移植栽培が導入された（図7.8）．

不耕起栽培は，省力化や環境保全，耕起に伴う土壌有機物の消耗の抑制などの利点がある反面，水田では代かきをしないために，漏水が生じたり，土壌からの無機態窒素の発現量が減少したりする．また，耕耘が省かれるために雑草の発生量が増加し，除草剤の使用回数が増えるなどの問題点も残されている．

b. 施　肥
(1) 肥料の種類

成分の保証や原料，製造業者名，生産日などの明記が義務づけられている普通肥料（low-analysis mixed fertilizer）と，魚粕，稲わら，家畜糞，バークなどを原料とした堆肥など，無償，有償を問わず他者に渡す場合に届出が必要な特殊肥料（specially designated fertilizer）とに分けられる．実用場面では，栽培時に，窒素，リン，カリウムなどいくつかの成分が含まれている化成肥料（2成分以上のものを複合肥料と称する）や配合肥料，あるいは1成分だけの単肥を栽培する作物や施用成分量に合わせて施用する（5.6.f項参照）．消費者の食料への安心・安全志向が高まるとともに，ナタネ粕などの有機質を原料とした配合肥料や堆肥などの特殊肥料の利用が増えている．また，硝酸態窒素による地下水汚染を避けるため，速効性肥料に代わって，成分の溶出が調節された肥効調節型肥料（controlled release fertilizer）の利用も増えている（図7.9）．

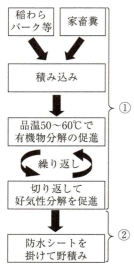
堆肥（コンポスト）のつくり方

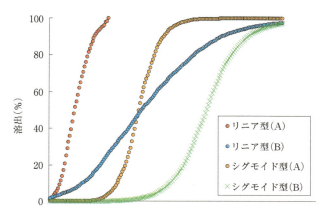

図7.10　牛糞堆肥

図7.9　肥効調節型被覆尿素の溶出パターンモデル

被覆尿素（p.81側注参照）から溶出する窒素量は積算地温との関係から推定できる．温度に比例して直線的に溶出するリニア型と，ある程度の日数が経過した後に溶出するシグモイド型があり，使用目的によりタイプを選択することができる．

(2) 施肥の考え方

作物が必要とする成分量と各成分の含有率を考慮して肥料を選択することは，良好な作物の生育だけでなく環境保全の視点からも重要である．むやみに多くの成分を含む複合肥料を選択すると，特定の成分については適正量が施用されるものの，他の成分量が過剰あるいは不足となり生育阻害の原因となる．さらに，過剰に施用された成分が地下水，河川，湖沼へ流入して汚染原因ともなりかねない．

家畜糞堆肥（図7.10）に含まれる成分は，畜種や混合されるチップ，籾殻の割合によって含有率が異なるだけでなく，化成肥料に比べて肥効も緩慢である．このため，成分量を無視して多量に施用したり連用したりする例も多く，生産性だけでなく環境汚染の問題も発生している．したがって，栽培する土壌中の養分を把握し（土壌診断），適正量を施すとともに，複合肥料や単肥と併用して施用成分の調整を図る必要がある（表7.1）．

(3) 施肥方式

作物の生育に必要な元素のうち，窒素，リン，カリウムは植物の必須三要

表7.1　肥料の区分

複合肥料：肥料の三要素（窒素，リン，カリウム）のうち2成分以上を含む普通肥料	化成肥料：肥料または肥料原料に化学的操作を加えたもの	高度化成：窒素，リン，カリウムの3成分の合計が30％以上の化成肥料
		普通化成：窒素，リン，カリウムの3成分の合計が30％未満の化成肥料
	配合肥料：硫安や過リン酸石灰等の単肥を物理的に混合したもの	
単肥：3要素のうち1成分しか含んでいないもので，硫安，過リン酸石灰，塩化カリウムなどそのまま施肥する肥料		

素として知られ，植物に多量に吸収される．中でも窒素は吸収量が多く，施用量の多少が作物の生育や収量に顕著に反映し，施肥の指標となる要素である．したがって，作物や栽培土壌に応じて市販されている複合肥料を，窒素含有率と施用する窒素量との関係から選択し，状況によってリン，カリウムの施用量を調整する（5.1節，6.2.b項参照）．

　三要素についで，カルシウム，マグネシウムならびに硫黄も，吸収量の比較的多い要素であるが，作物によって各要素の吸収量が異なり，栽培土壌中の含有量も異なることから，土壌pHの矯正を目的とした土壌改良資材の施用として行われる．硫黄は肥料要素と随伴して施用されることが多い．

　施肥は，播種や苗の移植前に施用される基肥と，作物の生育途中で施用される追肥とに分けられる．追肥については，実用場面では作物や生育ステージによって呼称が異なり，水稲では活着肥や穂肥と呼ぶ．以下に，代表的な施肥方法について解説する．

　i)　全層施肥（fertilizer in corporation of plow layer）

　基肥施用方法として多く用いられ，播種や苗の植付け前に作土層全体へ肥料を混和する方法である．この施肥方法は，ダイズやムギ類などの畑作物のほか，露地野菜でも広く用いられ，耕起・砕土や整地作業と組合せて行われる．水稲栽培では，田植え前の代かき作業時にアンモニア態窒素を混和すると，土壌に吸着されて硝酸態窒素への酸化が抑制され，窒素の利用率（肥効率）の向上と流亡が軽減される．

肥効率
施肥窒素量のうち吸収された窒素量の割合を肥効率（nitrogen recovery rate）という．

　ii)　表層施肥（top dressing of fertilizer）

　水稲の活着肥や穂肥などの生育途中で行われる追肥は，土壌表面に施用することから表層施肥という．全層施肥に比べて肥効は早く現れるが，空気に触れてアンモニア態窒素が硝酸態窒素に酸化されるため，土壌から流亡したり脱窒（denitrification）したりして窒素の利用率が低下する．

　iii)　下層施肥（deep application of fertilizer）

　作土層の深い位置に肥料を施用する方法である．初期の生育時は種子や根に直接肥料が触れないようにし，作物が成長して根が伸長した時期から吸収利用させようとするものである．ダイズ栽培では開花期以降の窒素栄養を補う施肥方法として検討されている．

　iv)　側条施肥（side dressing of fertilizer）

　苗を植付けたり播種したりする条の側方約5 cmへ，すじ状に肥料を施用する方法であり，生育初期から積極的に吸収される．田植え機や播種機に施肥装置を取り付けて，田植えや播種作業と同時に行う省力施肥方法である．また，全層施肥に比べて田面水中への窒素の溶出が少ないことから，周辺水系への排出負荷が軽減される方法として湖沼周辺の水田で導入が進んでいる．

v) 局所施肥

・接触施肥： 圃場において被覆尿素を種子と接触した状態で施用する方法であり，水稲の乾田直播栽培などで利用されている．水溶性の成分を含む通常の化成肥料では種子や根が濃度障害（salt damage）を受けるが，被覆尿素肥料では，接触させても濃度障害が発生せず窒素の利用率も高くなる（図7.11）．

・苗箱施肥： 被覆尿素を用いて，基肥や追肥分の窒素を育苗箱に施用する方法である．水稲の移植栽培では，田植えされた頃から溶出が始まる被覆尿素を，育苗土と種籾との間にサンドイッチ状に施用して育苗する（図7.12）．肥料が根に抱えられた状態となるため，窒素の利用率が高くなって施肥窒素が削減できるとともに，本田への施肥作業が省ける．また，野菜のセル成型苗においても，被覆肥料を混合した培土を充填し，窒素量の削減が図られている．

vi) 全量基肥

基肥施用時に，追肥分まで含めた施肥窒素の総量を施用する技術である．水稲栽培では，速効性肥料あるいは50～70日間かけて溶出するリニア型の被覆尿素を基肥分，シグモイド型の被覆尿素を穂肥分としてそれぞれ混合し，田植え前あるいは田植え時に施用する．

(4) 施肥量の算出

水稲では，稲体の窒素吸収量から土壌有機物と灌漑水に由来する窒素量を差し引いたものが施肥に由来する窒素とする考え方に基づき，施肥量を算出する（図7.13）．

まず，作物体の窒素分析により，水稲が目標収量を得たときの窒素吸収量を最適窒素保有量とする．これから，土壌有機物と灌漑水に由来する窒素だけで（無施肥）栽培した際の窒素吸収量を差し引くと，残りが施肥に由来する窒素となる．実際，施肥窒素のすべてが水稲に吸収，利用されるわけではなく，肥料の形態や時期によって窒素の利用率は異なるが，一般的には，基

> **被覆尿素**
> 肥効調節型肥料のうち，ポリオレフィン系樹脂やアルキド系樹脂などで肥料の粒を被覆して成分の溶出を制御したものが被覆肥料であり，代表的なものとして尿素を被覆した被覆尿素（plastic coated urea）がある．

図7.11 ダイズの不耕起播種における接触施肥

図7.12 シグモイド型被覆尿素を用いた水稲の育苗箱施肥

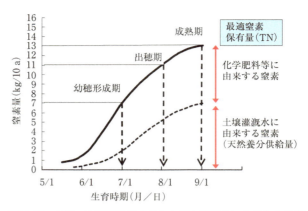

図7.13 水稲の最適窒素保有量と土壌や灌漑水に由来する窒素ならびに施肥窒素との関係（温暖地早期栽培の場合）

肥窒素の利用率は約40％，穂肥窒素で約65％と考えられている．このような好適な生育や収量を得るのに必要な窒素保有量から窒素量を算出する考え方は，ムギ類やダイズならびに野菜でも取り入れられている．

有機栽培では，図に示した施肥窒素分のすべてを，家畜糞や堆肥などの有機物に由来する窒素に代替している．しかし，安定した収量水準を得るためには，生育段階ごとの窒素吸収量の把握とともに，施用有機物資材の種類や連用に伴う窒素発現パターンの把握が必要である．　　　　［在原克之］

文　　献

1) 藤原俊六郎他編（1998）：新版土壌肥料用語事典，農文協．
2) 深山政治（1990）：水田土壌の窒素無機化と施肥（日本土壌肥料学会編），pp.63-97, 博友社．

7.2　除草管理

作物と雑草は，圃場内で受光や養水分の吸収などの面で直接的に競合する．その結果，作物における光合成量の減少，茎葉の生育阻害などが起こり，減収の要因となる．作物の収穫時期の雑草は，品質の低下にもつながる．さらに，雑草は病害虫の宿主になったり，景観を損なうなど間接的な被害をもたらす．すなわち，作物を健全に育て，高い収量や品質を確保するためには除草管理が不可欠であるといえる．ここでは，雑草の分類，雑草防除法および除草管理体系について述べる．

a.　雑草の分類

雑草の定義は，多くの研究者により提唱されているが，作物を生産するという視点からみると，「農耕地において，作物に様々な被害を与えたり農作業

を妨げたりする有害な植物」といえる．雑草は，生育時期や繁殖特性によって一年生雑草（annual weed）と多年生雑草（perennial weed）とに分類される．一年生雑草は，種子から発生して開花結実し，1年以内にその生活環を終える雑草をいう．日本の農耕地の雑草の多くは一年生雑草であり，春から夏にかけて発生する夏雑草と秋から冬にかけて発生して冬を越す冬雑草（越年生雑草）に区分される．多年生雑草は，生活環が2年以上にわたるもので，栄養繁殖器官または種子から発生して開花結実し，好適条件下で萌芽，再生を繰り返す雑草をいう．一方，雑草防除の観点から，雑草をイネ科雑草，カヤツリグサ科雑草，広葉雑草に分類することがある（図7.14）．このような分類は，除草剤を選ぶ際の指標として生産現場では特に有効である．また，水田（湛水）条件および畑条件で生育している雑草をそれぞれ水田雑草，畑雑草と呼ぶ．

b. 雑草防除法

かつては，農作業のうち除草に多くの時間と労力がかかったが，現在では除草作業は飛躍的に軽労化している．雑草防除の方法は，除草剤を利用する化学的雑草防除が一般的で除草効果が高い．これに対して，作物の栽培管理に伴う様々な手段により雑草の発生や生育を抑制する方法として，耕種的雑

栄養繁殖器官
栄養繁殖器官には根茎，塊茎などの地下部器官とほふく茎などの地上部器官がある．スギナは主に根茎を伸ばして繁殖するが，ロータリ耕などにより根茎が細断されると，細断された部分ごとに再生するため，かえって圃場内での蔓延を引き起こす場合もある．

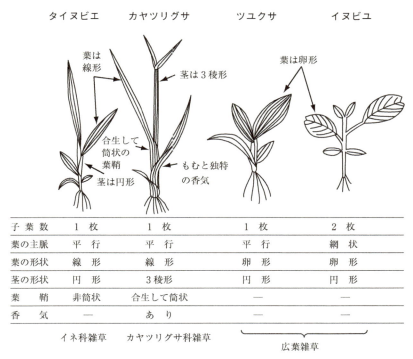

図7.14　簡単な雑草の見分け方（野口・森田 1997[1]）

草防除や物理的雑草防除などがある.

(1) 除草剤の利用 (化学的雑草防除)

除草剤 (herbicide) は, その作用性により作物に害を与えずに特定の雑草の生育を強く抑制する選択性除草剤と, 作物にも雑草にも作用する非選択性除草剤に区別される. また, 処理時期によって, 作物の播種時や播種直後に土壌に散布し雑草の出芽を抑制する土壌処理剤と, 作物の栽培前や栽培期間に雑草の葉や茎に直接散布する茎葉処理剤に分けられる. 除草剤は, その効果, 安全性, 作物への残留性などを基準に農林水産省に登録されたものが販売, 流通しており, 使用にあたっては防除対象とする雑草を見極め, 使用基準や注意事項を遵守する必要がある. 除草剤は除草作業の軽減や除草精度の向上に大きく貢献してきたが, 近年では除草剤抵抗性雑草が出現し問題となりつつある.

(2) 耕種的雑草防除

耕種的雑草防除 (cultural weed control) は, 作物の栽培管理や作付体系により雑草を防除する方法であり, 生態的雑草防除 (ecological weed control) とも呼ばれる. 耕種的雑草防除では, 輪作や適切な栽培管理により作物を健全に育て, 作物自身の競争力で雑草の生育を抑制することが基本となる. 日本で古くから行われている田畑輪換では, 水田条件と畑条件が繰り返されるため, 畑雑草は水田条件で, 水田雑草は畑条件でそれぞれ死滅・減少する傾向にある. 耕種的雑草防除には, 水稲の深水管理, ダイズなどの狭畦栽培, 休耕地での被覆作物の栽培などがある.

(3) 機械的雑草防除

機械的雑草防除 (mechanical weed control) は, 耕耘, 中耕, 刈払いなど機械や道具を利用して雑草を防除する方法である. プラウ耕は, 雑草の植物体や種子を土中深くに埋没させ死滅させる. ロータリ耕は, 土壌表層を撹拌することにより発芽〜生育初期の雑草を切断, 枯死させる (7.1.a 項参照). 中耕は, 作物の生育期にカルチベータなどにより畦間を浅く耕起することで, 主に発生初期の雑草を防除する作業である. 中耕による除草効果は土壌

除草剤抵抗性雑草
除草剤抵抗性雑草は, 1970年にアメリカでトリアジン系除草剤に対して抵抗性をもつノボロギクが報告されたのが最初である. 日本でも, 1990年代から水稲作で使用されるスルホニルウレア系除草剤に対して抵抗性をもつ, イヌホタルイやコナギなどの報告が数多くみられる.

■コラム■ アレロパシー

アレロパシーは他感作用といわれ, 植物から放出される化学物質が他の生物 (植物や昆虫など) に何らかの影響を与える現象をいう. 秋の彼岸頃に真っ赤な花を咲かせるヒガンバナの周囲には, セイタカアワダチソウなどのキク科の雑草が発生しにくい. また, ヒガンバナを水田畦畔に植えると, ネズミやモグラの害を受けにくい. これは, ヒガンバナのもつリコリンというアレロパシー物質の作用と推定されている. このような植物由来のアレロパシー物質は, 検索・同定し作用性を明らかにすることで, 環境にやさしい除草剤の開発に利用できる可能性がある. また, アレロパシー活性が高く, 雑草に強い作物の開発を目指した研究も進んでいる.

水分によって左右され，土壌が乾燥している晴天時に中耕を行うと除草効果は高まる．機械的雑草防除は，比較的簡便でどのような雑草も画一的に除去できるが，中耕や刈払い除草は作物の茎葉や根を損傷する可能性もあることに留意して作業しなければならない．

(4) 物理的雑草防除

物理的雑草防除（physical weed control）として熱の利用がある．火炎放射器により雑草を直接焼き殺す火炎除草のほか，熱水や透明ビニールマルチを利用し地温を上昇させ，地表面や土壌の浅層にある雑草の種子を死滅させる方法が挙げられる．一方，マルチ資材で地表面を被覆して遮光することでも雑草の発生や生育を抑制できる．枯死した被覆作物の残渣や稲わらなどを土壌表面に均一に敷きつめる栽培法（デッドマルチ）やリビングマルチ栽培法も雑草防除に有効である．

(5) 生物的雑草防除

生物的雑草防除（biological weed control）は，雑草を食べたり土壌を攪拌したりする生物（天敵）を利用して雑草を防除する方法である．雑草防除に有効な生物として，ヤギ，アイガモ，コイなどの魚類，カブトエビ，ハムシ類などの昆虫，植物病原菌などがある．生物的雑草防除では，導入した生物による生態系への影響に留意する必要がある．

c. 農耕地における除草管理体系

農耕地においては，作物の種類，栽培時期，栽培法，地域や気象条件，土壌条件などによって発生する雑草の種類や量が異なる．そのため，作物や地域によって除草管理体系は異なるが，除草剤と耕種的雑草防除や機械的・物理的防除などを適切に組合せることで総合的に雑草防除を行う体系が基本となる．

(1) 水田の除草管理

i) 水稲作における除草管理

日本の水稲作において，本田や畦畔に発生する雑草は，帰化雑草の増加などにより現在では210種を超えるといわれている．水稲作における除草管理は，以前は極めて重労働であり，除草に要する労働時間は1950年代には10 a当たり30時間を超えていた．しかし，除草剤が開発，実用化されると労力は大幅に削減され，除草に要する労働時間は，現在では約1.3時間まで減少しており，全労働時間に占める割合も5％程度となっている（図7.15）．

水稲作における除草管理には，主に一発処理剤といわれる除草剤が使用されている．一発処理剤は，一般に広葉雑草を対象にした薬剤とヒエ剤を組合せた混合剤であり，水稲の移植時期から2週間以内に田水面に散布する．最近では，除草剤を大型の錠剤やパックにし，畦畔から投げ入れるだけのジャ

リビングマルチ栽培
作物の栽培期間中に畝間などを生きた植物で被覆する栽培法．リビングマルチは，ビニールマルチなどで問題となっている廃棄物処理の必要がないことなどから環境にやさしいマルチといえる．リビングマルチ栽培では，作物とマルチ作物との間に光や養水分に対する競合が生じるため，リビングマルチに適した草種の選定，主作物との組合せなどを考慮する必要がある．

カブトエビ
田植え後の水田にみられる甲殻類．脱皮を繰り返して3cm程度に成長する．水田では雑草の新芽を食べたり，土壌をかきまわすことで雑草の発芽を妨げたりするので，「田の草取り虫」といわれている．

帰化雑草
元来自国には存在しなかったが，人為的に他国から持ち込まれた雑草．近年問題となっている帰化雑草は，水田ではアメリカセンダングサ，キシュウスズメノヒエ，畑ではワルナスビ，ネズミムギ，帰化アサガオ類（マルバルコウ）などがある．

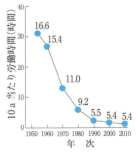

図7.15 水稲作の除草に要する労働時間の推移

図中の数字は全直接労働時間に対する割合（％）．

マルバルコウ (*Ipomoea coccinea*)

帰化アサガオ類の一種で、ヒルガオ科の一年生のツル植物。水田転換畑などに侵入して大きな群落をつくり、ダイズなどに大きな被害を与える。

アイガモ農法

アイガモはアヒルとカモの交雑種である。アイガモ農法では、田植え後10日ほどしてから、10 a当たり20羽ほどの雛を田んぼに放し、水稲の出穂期頃に引き上げる。アイガモは、その後しばらく飼育された後、食肉として供用される。

ンボ剤が普及している。水稲の生育中・後期に残草が著しい場合には、茎葉処理剤を使用する場合もある。

一方、有機栽培農家などでは「アイガモ農法」による無除草剤栽培が行われている。アイガモは雑草を食べるほか、土壌を攪拌するため雑草の発生を抑制する。また、ウンカ類などを好んで食べることから害虫防除にも役立つ。

ii) 畦畔の除草管理

水田畦畔の除草管理は、草刈り機を使用した機械的防除が一般的である。管理作業は、田植えから収穫までに3～5回程度行い、必要に応じて非選択性の茎葉処理剤と組合せる。畦畔の除草は、夏季の傾斜地での作業であることから多大な労力を要し、危険を伴う。除草管理を省力化するために、防草シートなどであらかじめ畦畔を被覆する方法がある。また、アジュガ、シバザクラ、センチピードグラスなどの被覆作物を導入する場合もある。これらの被覆作物は、初期生育がやや遅く、定着するまでの植生管理に技術と労力を要するが、定着すれば管理しやすく抑草効果も高い。

(2) 畑地の除草管理

i) 畑雑草の種類と発生

日本の畑地に発生する雑草は300種を超えており、そのうちメヒシバ、イヌタデ、シロザなど約60種が強害雑草である。畑地において効果的な雑草防除を行うためには、圃場に発生する雑草種を判別できなければならない。畑雑草の発生には、温度、土壌水分、耕耘時期などが関与するが、最も大きな要因は温度である (表7.2)。また、栽培する作物によって発生する雑草の種類は大きく異なる。例えば関東地域では、ジャガイモの植付けは2月下旬から3月上旬であり、平均気温は6～9℃であることから、シロザやタデ類の発生始期にあたる。これに対してダイズの播種時期は6月中旬から7月上旬で、この時期の平均気温は20℃前後であることから、メヒシバなどの

表7.2 主要畑雑草の発生期の気温 (野口・森田 1997[1])

雑草名	温度 (℃) 発生時期	温度 (℃) 発生盛期
メヒシバ	13～15	20 以上
ヒメイヌビエ	13	20
カヤツリグサ	15	20 以上
ツユクサ	10	13～15
シロザ	6～7	10～13
オオイヌタデ	7～10	10～15
スベリヒユ	12～13	20 以上
イヌビユ	10～13	20 前後

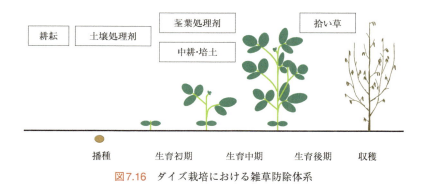

図7.16 ダイズ栽培における雑草防除体系

イネ科雑草やヒユ類などが発生盛期となり，主な防除対象となる．

ii) 畑作物の除草管理体系

畑作物の除草管理体系は，作物の播種あるいは植付け時の土壌処理剤と，生育期の茎葉処理剤または中耕などの機械的雑草防除とを組合せる体系が一般的である．土壌処理剤は，基本的に雑草の発生前にスプレーヤなどを用いて散布する．土壌処理剤の抑草効果は，温度や土壌水分にもよるが，20～30日程度持続する．

作物の生育期に散布する茎葉処理剤は，作物にかかっても薬害を起こさないような選択性をもつものが使用されるが，非選択性のものを作物にかからないよう畝間に散布する場合もある．中耕は除草効果が比較的高いものの，作物の根を切ったり新たな雑草の発生を促進したりする場合もあるので注意が必要である．作物の成熟期～収穫期に残存している雑草は，次年度以降の雑草の発生源となるほか，ムギ類やダイズの栽培ではコンバイン収穫時に機械にからまったり，汚粒による品質低下につながることから，拾い草を行い確実に除去する必要がある（図7.16）．

近年増加している不耕起栽培では，耕耘・中耕作業が省略されるため雑草防除は除草剤に強く依存している．例えばダイズの不耕起栽培では，播種前に発生している雑草を非選択性除草剤で枯殺した上で，播種後に土壌処理剤を散布し，必要に応じて生育期には茎葉処理剤を使用する． ［三浦重典］

除草剤耐性作物
除草剤に耐性をもつ遺伝子を組み込むことにより，除草剤を散布しても枯れないようにした作物のこと．米国のモンサント社（現・バイエル社傘下）が開発したグリホサート耐性ダイズ，トウモロコシ，ナタネなど（商品名「ラウンドアップ・レディ」）が有名である．

文　　献

1) 野口勝可・森田弘彦 (1997)：除草剤便覧，農山漁村文化協会．

8 イ　　　　　ネ

[キーワード]　インディカ・ジャポニカ，同伸葉同伸分げつ理論，生育診断と生育調節，収量構成要素，品質と食味

イネ

イネはコムギ，トウモロコシとともに世界の三大作物と呼ばれる重要な作物である．国際連合食糧農業機関（FAO）の統計であるFAOSTAT（2014年）によると，世界における三大作物の生産量はコメ（籾）が7.4億t，コムギが7.3億t，トウモロコシが10.4億tで，この三者で穀物全体の約89％を占めている．

イネはアジアを中心として世界中で栽培されており，生産量が多い上位10ヶ国は，中国，インド，インドネシア，バングラデシュ，ベトナム，タイ，ミャンマー，フィリピン，ブラジル，日本である．一方，コメの輸出量が多いのはインド，タイ，ベトナム，パキスタン，アメリカであるが，輸出量はコムギやトウモロコシより少なく，両者と比較して自給的な性格が強いことがわかる．

イネはアジア地域の主食を担っており，特に日本人にとって歴史的に重要な意味をもってきた．本章では，作物としてのイネの作物学的な特徴と，日本における栽培と利用を中心にして概説する．

8.1　分類と生態型

ネリカ米

ネリカ（NERICA）とは，「アフリカのための新しいイネ（New Rice for Africa）」のことで，病気や乾燥に強いアフリカイネと，高収量のアジアイネとの種間交雑から生まれた品種群を指す．日本政府と国連開発計画（UNDP）等の支援を得て，西アフリカ稲開発協会（WARDA）で開発されている．栽培期間が短く，タンパク質含量が高く，雑草や病虫害に強いなどの特徴をもっている．陸稲品種が中心で，耐乾性の向上などが期待されている．

イネにはアジアイネ（*Oryza sativa*）とアフリカイネ（*Oryza glaberrima*）の2種類があるが，世界で広く栽培されているのはアジアイネであり，本章で単にイネという場合はアジアイネを指す．いずれもイネ科（GramineaeまたはPoaceae），タケ亜科（Bambusoideae），イネ族（イネ連，Oryzeae）に属する一年生草本植物である．イネ属には約22種が属しているとされるが，栽培種はアジアイネとアフリカイネの2種だけである．

アジアイネにはインディカ（*indica*）とジャポニカ（*japonica*）という2つの亜種があるが，生態型・品種群としては後者を温帯ジャポニカと熱帯ジャポニカに分けて，3グループとすることも多い．また，水田に適した水

稲と畑に適した陸稲（おかぼ）があるし，水位が深いところで栽培される深水稲や浮稲もある．さらに，玄米の品質からは，ウルチ（粳）とモチ（糯）とに分けられる（第2章参照）．

イネは，緯度でいえば北緯50°から南緯35°まで，標高は0〜2,400mの広い範囲に栽培されており，湛水条件だけでなく畑条件もあり，両者が不定期に入れ替わるところや水位が急激に上昇するところまで，変異の大きい生態条件に適応して非常に多くの品種・品種群が分化している（図8.1）．

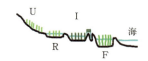

図8.1 イネの生態型と栽培場所（阿部 淳 原図）
U：陸稲，R：天水田稲，I：灌漑水田稲，F：浮き稲・深水稲．

8.2 起源と伝播

祖先種を1種とする一元説では，アジアイネの祖先種は *Oryza rufipogon* (= *O. perennis*)，アフリカイネの祖先種は *Oryza barthii* とするのが，現在の定説である．いずれの場合も，野生-栽培型複合体内部で自然交雑と組換え・淘汰が起こり，それぞれの生態環境に適応した遺伝子の組合せができて栽培化が進んだ．その過程で脱粒性や休眠性が低くなり，種子生産性が高まり，均一な生育を示すようになったと考えられている．

稲作の起源に関する主な考え方として，代表的なものだけでも，ガンジス川流域説，アッサム・雲南説，長江中・下流域説と変遷してきた（第2章参照）．複数の場所で独立に起源した可能性もあり，今後，考古学的な検討と遺伝子レベルの解析との発展的な融合が期待されている．

日本への稲作の伝播経路としては，①中国から朝鮮半島を経由して北九州へ，②中国の長江下流域から東シナ海を渡って北九州（と朝鮮半島南端）へ，③中国南部あるいは東南アジアから台湾，沖縄を経由して南九州へ，という3つの考え方に整理できるが，最近は南北二元説も有力である．いずれにしても，すでに縄文時代晩期には日本列島で稲作が行われており，約300年という比較的短い期間に本州最北端まで達したことがわかっている．

8.3 形態と生育

a. 籾と発芽

イネの籾は，外穎と内穎と，その内側にある穎果とからなる（図8.2）．穎果（玄米）は植物学的には果実にあたり，果皮が種子を取り囲んでいる．種子は種皮と胚乳と胚とからなり，胚乳にはデンプンが蓄積されている．胚は胚盤で胚乳に接しており，幼芽と幼根が分化し，その間に中胚軸がある．

b. 茎葉部の生育

胚の幼芽には発芽前にすでに鞘葉と第1〜第3葉が分化しており，発芽す

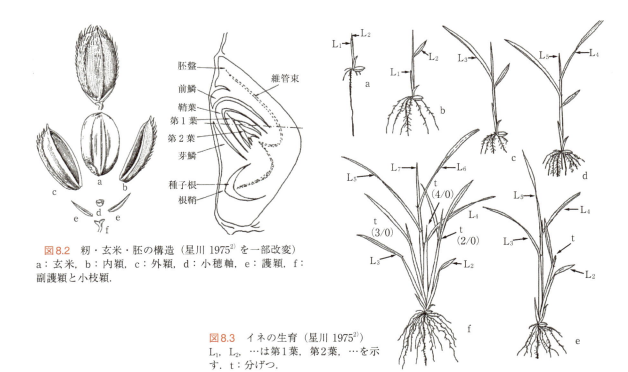

図8.2 籾・玄米・胚の構造（星川 1975[2]）を一部改変）
a：玄米，b：内穎，c：外穎，d：小穂軸，e：護穎，f：副護穎と小枝穎．

図8.3 イネの生育（星川 1975[2]）
L₁, L₂, …は第1葉，第2葉，…を示す．t：分げつ．

ると鞘葉を破って第1葉が，またそれに続いて第2葉，第3葉が出現する．その内側にある茎頂分裂組織から発芽後，順次，葉が形成される．第1葉は葉身を欠き，葉鞘だけからなる不完全葉であるが，第2葉以降は葉身と葉鞘とを合わせもつ完全葉で，両者の境界部分に葉舌と葉耳がある．

幼芽に由来する主茎には，最終的に十数枚の葉が1/2の規則性で互生する．また，それぞれの葉の腋には側芽にあたる分げつ芽が形成され，順次出現して側枝にあたる分げつを形成する（図8.3）．ただし，すべての分げつ芽が出現するわけではなく，休眠するものもある．また，出現した分げつのすべてが穂をつけるわけでもない．最終的に穂をつける分げつを有効分げつ（有効茎），つけないものを無効分げつ（無効茎）という．分げつの構造や生育は基本的に主茎と同じであるが，最初に形成される前葉は透明で，特殊な形態をしている．

c. 穂の形成

主茎も分げつも，先端に総状花序の穂を形成する．すなわち，一定期間成長した後，日長と温度を感受すると栄養相から生殖相に転換し，茎頂分裂組織が穂のもとになる幼穂を形成する（幼穂形成期）．幼穂の生育に伴って急激な節間の伸長が起こり（穂ばらみ期），やがて出穂する（出穂期，図8.4）．

穂の構造をみると，穂軸の上に一次枝梗が2/5の規則性で，また一次枝梗

図8.4 出穂・開花

の上に二次枝梗が1/2の規則性で互生し，枝梗の上に穎花が互生する．穎花は，2枚の護穎と外穎・内穎に囲まれた内側に，2枚の鱗皮，6本の雄ずい，1本の雌ずいをもつ（図8.5）．出穂するとまもなく開花して，受粉・受精が起こり，穎果の発育が進み，玄米が形成される（登熟期）．

d．根系の生育

胚の中に形成された幼根は根鞘を破って出現して，種子根となる．イネでは種子根は1本である．その後，主茎の生育に伴って順次，鞘葉節，第1葉節，第2葉節，…，の付近から冠根（節根）が出現する．分げつにおいても同様に冠根が形成され，出穂期には数百本から，場合によっては1,000本を超える冠根が1株の根系を構成する（図8.6）．冠根が伸長すると，やがて根の中に破生通気組織が形成されて，根の呼吸に必要な空気が茎葉部から送られる通路となる．そのため，水稲は湛水条件下でも生育することができる．冠根は，伸長するにつれて，一次側根，二次側根などを順次，分枝していく．

図8.5 穂と花の構造（武岡 1990[10]）

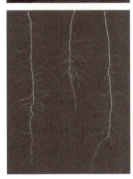

図8.6 根系と冠根（写真上：川田他 1963[3]；下：川田・副島 1974[4]）

8.4 生育診断

a．生育の規則性

イネの茎頂分裂組織（図8.7）において順次，葉原基が形成される時間間隔を葉間期，その葉原基が順次，発達して外に出現してくる時間間隔を出葉間隔という．多くのイネ科作物では葉間期より出葉間隔が長いのに対して，イネでは葉間期と出葉間隔が同調しており，出現中の葉の内側に常に4枚の

表8.1 生育の規則性（森田 2001[7]）

P_N	L_N	生育状況
P_1	$N+4$	葉原基が隆起状
P_2	$N+3$	葉原基がフード状
P_3	$N+2$	葉原基が成長点を覆う
P_4	$N+1$	幼葉に葉耳・葉舌形成
P_5	N	葉の抽出開始
P_6	$N-1$	葉の展開完了
P_7	$N-2$	冠根の出現直前
		分げつ第1葉が抽出開始
P_8	$N-3$	冠根の出現開始
		分げつ第2葉が抽出開始
P_9	$N-4$	一次側根の形成
P_{10}	$N-5$	二次側根の形成

P_N：葉あるいはファイトマーの発育段階（1葉間期＝1出葉間隔とともに1段階ずつ進む）．
L_N：ファイトマーあるいは葉の番号（抽出中の葉を第N葉とした場合に，それぞれの番号の葉をもつファイトマーを示しているため，葉液や節を基準にした場合はナンバリングがずれることがあるので，本文も参照のこと）．

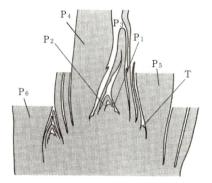

図8.7 茎頂分裂組織付近の縦断面（根本・山﨑 1990[9]）
P_1〜P_6：表8.1のP_N．T：分げつ芽．

幼葉あるいは葉原基が存在する．この規則性は主茎だけでなく，分げつでも同じように認められる．

分げつの形成も規則的で，主茎の第N葉が出現するときに，第$(N-3)$葉の葉腋に形成された分げつの第1葉が出現する．例えば，主茎の第7葉の出現と，第4葉の葉腋に形成される4号分げつ（図8.3fのt（4/0））の第1葉や，その前に出現した3号分げつ（図8.3fのt（3/0））の第2葉の出現とが，それぞれ同調する．以上のような生育の規則性は生育期間を通じて株全体で認められるもので（生育後期に若干のズレが生じる），同伸葉同伸分げつ理論と呼ばれる．

また，根系形成も規則的に進む．すなわち，主茎あるいは分げつの第N葉が出現するとき，第$(N-3)$葉が着生する節の付近から冠根が出現する．例えば，第7葉の出現と，第4節付近からの冠根の出現，第3節付近から出現している冠根における一次側根の形成が同調する．

以上のように，イネでは茎葉部や根系の生育が規則的に進むため（表8.1），主茎の第何葉が出現中であるかがわかれば，その時点における茎頂分裂組織，分げつ，根系の生育の様相を非破壊的に，かなり正確に推定することができる．

b.　生育診断と葉齢

稲作では，どのような生育の稲が理想的であるかという目標を設定することと，実際の生育をその理想的な目標に調節していくための栽培管理がポイントとなる．そこで栽培試験を行うが，その際，イネの生育を的確に診断する必要がある．イネの生育には作物学的に重要ないくつかの発育段階が認められるので，どの発育段階にあるかを同定し，その発育段階における生育の良否を評価することになる．

すでに述べたように，イネの生育は規則的に進むため，主茎の第何葉が出現中であるかがわかれば，個体全体の生育状況をかなりの精度で把握することができる．そのため，主茎における出葉状況を示す葉齢が，個体全体の発育段階を示す重要な指標となる．

c.　幼穂の生育診断

収量形成に直接関係する穂の生育診断も重要である．しかし，穂ばらみ期や出穂期のように外観から判定することができる場合を除いて，幼穂の発育段階を非破壊的に同定することは容易でない．そこで，葉齢を利用して幼穂の発育段階を推定する．主茎の総葉数が一定範囲内であれば，品種や栽培条件に関係なく，葉齢指数（葉齢を主茎総葉数で割り100をかけた値）と幼穂の発育段階との間には密接な関係があることを利用する．ただし，出穂期以

葉齢の読み方

葉齢は主茎の完全展開した最上位の葉位＋展開中の葉の出現割合で，小数点第1位までの数値で表す．すなわち，主茎の第N葉が抽出しているときの葉齢は，$(N-1)+(a/A)$と表す．aは第$(N-1)$葉の葉関節（葉身と葉鞘との境界部分）から上に出ている第N葉の葉身部分の長さ，Aは第N葉が展開完了したときの葉身長の推定値である．普通は，すでに完全展開している第$(N-1)$葉の葉身の長さbを利用して，$(N-1)+(a/b)\times0.8$とする（例えば，図8.3fの葉齢は約6.3）．なお農家は，第1葉を入れないで数えることがある．

降の登熟期間中は葉齢を利用した発育段階の同定ができない．

d. 生育状況の診断

同伸葉同伸分げつ理論に従うと生育中であるはずのすべての分げつが，実際に出現するわけではない．低位の分げつや高次の分げつの中には，休眠するものがあるからである．そこで，個体全体の生育状況を把握するには，主茎の葉齢と茎数を利用することが多い．乾物重も重要なデータであるが，材料を破壊しないとデータがとれないため，実際の生育調査では非破壊的に測定することが可能な葉齢・茎数・草丈を継続して調査することが多い（草丈と茎数の積から茎葉部の乾物重の推移を推定することができる）．その他，葉色は植物体の栄養状態，特に窒素の指標となるため，SPADメータを利用して測定し，それに基づいて施肥を行うことがある（図8.8）．

図8.8 SPADメータによる葉色の測定

e. 発育予測

実際の栽培管理を行う場合は，生育診断による発育段階の同定と生育状況の評価の他に，例えば出穂期がいつになるかというような生育予測が必要になる．その場合，品種と環境条件・栽培管理の組合せから想定される標準的な生育パターンを基準とするが，それを補正したり，精度を高めるために様々な発育予測モデルが考案されている．多くのモデルでは，それぞれの発育段階を発育指数（例えば，出芽期を0，開花期を1，成熟期を2）で示し，発育指数を発育速度の積分として定義する．発育速度は品種と環境条件・栽培条件の組合せによる変数で，発育速度の温度反応を利用した積算温度モデルは代表的なものである．そのほか，発育速度を温度と日長の関数として定義する試みもある（第6章参照）．

なお，広義の生育診断には，収量予測・収量調査のほか，収量形成に直接，間接的に関係する栄養診断や土壌診断，さらに病虫害，気象災害の予察や調査も含まれる．

8.5 収量の形成

a. 収量構成要素

作物の生産量は，栽培面積（正確には収穫面積），収量，耕地利用率の三者の積で決まる．国内外を問わず，耕地として利用できる条件のよいところはすでに開発されていることが多く，今後，耕地を拡げることは難しいし，世界的にみれば土壌劣化によって耕地が漸減している例もある．収量は作物の収穫部分の量のことで，通常，一定面積の耕地で生産される量で表す．耕地利用率というのは，同じ耕地で1年間に作物を栽培する回数のことであ

イネの収量構成要素

面積当たり収量
=
面積当たり穂数
×
1穂当たり籾数
×
登熟歩合
×
千粒重/1000

る．

イネの場合，収量は，単位面積当たりの穂数，1穂当たりの籾数，登熟歩合，千粒重という4つの要因によって決まると考えられ，これらの要因を収量構成要素と呼んでいる．収量構成要素の決定時期はそれぞれ異なっており，穂数は栄養成長期，1穂籾数は栄養成長期から生殖成長期にかけて，登熟歩合と千粒重は生殖成長期に決まる（図8.9）．

単位面積当たりの穂数と1穂籾数との積は単位面積当たり籾数であり，千粒重は品種や栽培条件によって大きくは異ならないので，単位面積当たりの籾数と登熟歩合の積で収量を近似することもある．ただし，単位面積当たりの籾数と登熟歩合との間には，普通，負の相関関係が認められる．似たものに，収量キャパシティ（籾の容量）とそれに入る内容物とから収量形成を考える見方がある．

b. 収穫指数

これまでに取り上げたのは作物の収穫利用する部分の生産量であり，これを経済的収量という．これに対して，作物体全体のバイオマス生産量を生物学的収量とし，そのうちのどれだけが収穫利用部分に分配されるかという収穫指数（harvest index）に着目する場合がある．すなわち，「経済学的収量

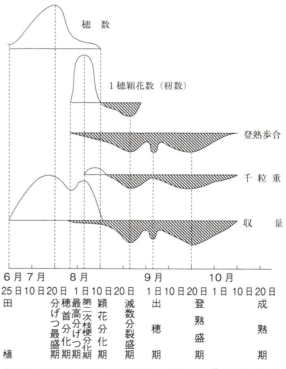

図8.9 収量構成要素の決定時期（松島 1959[5]）を一部改変）

＝生物学的収量×収穫指数」という考え方である．イネの収穫指数は30～50％である．収量を向上させるには，生物学的収量と収穫指数の両者を上げることが必要である．

c. 収量形成にかかわる要因

収量形成にかかわる要因は非常に多く，生育のすべての面が直接あるいは間接に関係しているといってもよい．物質生産の基礎となるのは個体群光合成速度であり，これを規定する最も重要な要因は，葉面積指数（LAI，単位面積当たりの総葉面積の比），受光態勢，個葉の光合成速度の3つである（4.5節参照）．葉面積指数や受光態勢は品種でも異なるが，単位面積当たりの個体数，すなわち，栽植密度・植付け苗数・移植様式の影響も受ける．また，生理的には水や窒素の吸収も関係する．

その他，収量や品質の低下につながる要因としては，病虫害，雑草害，気象災害（冷害，高温障害，台風など）があるし，倒伏も大きな問題となる．

8.6 栽培の基礎

a. 移植栽培

(1) 播種と発芽

播種の前に行う以下の一連の作業を予措という．まず，比重1.13の塩水をつくり，沈んだ籾をよく水洗いして乾燥させて種籾とする．これを塩水選という．胚乳が充実し，胚が発達した種籾を選ぶことができる．消毒して，十分に水を吸わせてから（浸種），適当な温度条件において発芽を促す（催芽）．水と酸素と温度がそろうと発芽する．

(2) 育苗と出芽

田植え用の苗は苗代（水苗代，畑苗代，保温折衷苗代など）で栽培することもあるが，田植え機用の苗の場合は，pHを調整して肥料を混ぜた培土を詰めた苗箱に播種して，ハウス内で管理する（図8.10）．発芽した種籾の芽が地上に出現するのが出芽である．普通は暗黒条件で出芽させてから弱光下で緑化し，その後，硬化させて自然条件に慣らす．

(3) 苗の種類

機械移植用の葉齢3.2の苗を稚苗という．苗箱（30 cm × 60 cm）に催芽籾を180～230 g播き，約3週間で完成する．中苗は葉齢4～6の機械移植用の苗で，苗箱に100～130 g播いて育てるが，移植までに30～45日かかる．成苗は苗代で育てる葉齢6～7程度の手植え用の苗である．

(4) 移植と活着

本田を耕起して基肥を施肥して整地し，代かきしてから，田植え機で箱育

図8.10　ハウス育苗した苗

図8.11　田植機による移植

苗した苗を移植する（図8.11）．植付けの深さは3cm程度，条間は30cm，株間15cm（1m^2当たり22.2株）程度が慣行である．1株苗数は，4～5本が目安である．移植した苗が根付いて，成長を始めることを活着という．稚苗では，移植時に種子根1本と鞘葉節冠根5本が切れてしまうため，活着にかかわるのは移植後に第1葉節付近から出る冠根である．

(5)　本田の管理

移植後，主茎から葉が出現するとともに分げつが形成されて茎数が増加していく．本田の管理には，追肥，水管理（中干し），薬剤散布，除草などがある．

(6)　収穫と調整

収穫は登熟が十分に進み，品質や食味が悪くなる前に行う．刈取り時期は，穂の概観や出穂期以降の積算気温（1,000℃が目安）で決める．現在は自脱型コンバインで収穫することが多く，刈取り・脱穀して袋詰めされた後，調製に回される．収穫した籾は25％ほどの水を含んでいるので，火力乾燥や天日乾燥で16％程度まで下げる．その後，籾殻と玄米を分ける籾すりと，完全米とくず米を分ける選別を行う．籾すりと選別を合わせて調製といい，その後，低温・低湿度条件で貯蔵する．貯蔵の形態には，籾，玄米，精米がある．籾貯蔵すると品質低下が遅いが，玄米の約2倍の容積となるためコストがかかる．

b.　その他の栽培方法

(1)　直播栽培

稲作の省力化やコストダウンを目指して，苗を移植する代わりに本田に直接播種する栽培方法で，湛水直播栽培と乾田直播栽培とがある．直播栽培では出芽・苗立ちが悪いことや，倒伏しやすいことが問題となる．湛水直播栽培では出芽・苗立ちを安定させるため，酸素供給用に過酸化石灰剤（カルパー剤）をコーティングした種子を播種する方法が開発されているが，直播栽培自体があまり普及していない．2014年度における直播栽培面積は約2.7

万haであり，全水稲作付面積約157万haの約1.7％にすぎない．

(2) 乳苗栽培

稚苗より小さく，葉齢2.0前後（3.0未満）の苗を乳苗という．根の生育が十分でないため成型培地を用いるが，約1週間で育苗できることから，省力化・コストダウンができる可能性がある．稚苗機械移植のシステムをそのまま利用することができ，慣行栽培と同レベルの収量を確保できるようになってきたが，まだ普及していない．

(3) 不耕起栽培

耕起と代かきをしないで苗を移植する不耕起栽培が，一部の地域で行われている（第7章参照）．不耕起栽培自体は畑作における土壌保全のために海外で考案されたものである．日本の不耕起稲作では省力化・コストダウンとともに，多収穫を目指している場合もあるが，実施面積は広くない．

8.7 生産と利用

a. 生産と利用

農林水産省の統計（2017年）によると，日本における水稲の栽培面積は約147万ha，生産量は約783万t，10a当たりの収量は約534kgである．一方，陸稲の栽培面積は813ha，生産量は約1,920t，10a当たりの収量は水稲の半分以下の約236kgである．

日本で栽培されている品種で最も栽培面積が広いのは，'コシヒカリ'（約36％）に続き，'ひとめぼれ'，'ヒノヒカリ'，'あきたこまち'，'ななつぼし'となっており，上位10品種で全体の約76％を占めている．いずれの上位品種にもコシヒカリの血が入っており，遺伝的多様性が著しく低くなっている．これらの良食味品種の祖先をたどっていくと，明治時代の'亀の尾'と'旭'の系統にたどり着く場合が多い．

利用にあたっては普通，玄米の糠部分（果皮・種皮・胚乳の周辺部分に相当）を除去するが，この作業を搗精あるいは精米（搗精した米を指す場合も多い）という．普通は糠部分とともに胚も除去するが，胚は残して胚芽米として利用する場合もある．大部分はご飯として利用されるが，清酒やみりんなどの発酵食品，米菓，麺類やパンの材料としても使われている．

b. 品質と食味

登熟が順調に進んで籾殻いっぱいに発達し，光沢があり，濁りのない半透明な米が完全米である．これに対して，いずれかの形質が欠けたものを不完全米といい，腹白米，心白米，背白米，基白米，横白米，青米，胴割米，腹切米，胴切米，斑点米，茶米，乳白米などがある（図8.12）．最近，日本各

SRI（system of rice intensification，稲集約栽培法）

マダガスカルに赴任したフランス人宣教師が，現地農民の稲作法を改良して提唱したもの．非常に若い苗を疎植し，除草を行い，間断灌漑によって湛水しない管理を行うことで，12t/haレベルの非常に高い収量が上がるという報告がある．1株穂数，1穂籾数が多いのが特徴で，多収のメカニズムは解明されていないが，根系が著しく発達することが関係していると考えられている．

図8.12　完全米と不完全米（写真提供　松江勇次）

地で登熟障害のためにコメの一部が白く濁る白未熟粒の発生が問題となっている．発生機構は完全には解明されていないが，高温による登熟不良の結果と考えられている．

　最近は，収量だけでなく品質や食味が重視されている．食味を評価するには官能試験を行い，同一条件で炊飯したものについて，パネリストが外観，香り，粘り，硬さ，総合評価について採点した結果を統計的に処理する．食味の良否は遺伝的な影響が大きいが，栽培方法や収穫後の取り扱い，炊飯方法によっても左右される．米の食味を規定する要因として，以下の3つが注目されている．

　①デンプン：　胚乳に蓄積されるデンプンは，アミロースとアミロペクチンの2種類からなる．いずれもブドウ糖がつながったものであるが，アミロースは直鎖状構造，アミロペクチンは枝分かれ構造をしている．日本の水稲品種の多くは，アミロース含量が15〜25％である．良食味品種はアミロース含量が低い傾向があり，アミロース含量が低いほど粘りが強くなる（糯品種はアミロースをまったく含まない）．

　②タンパク質：　日本の水稲品種の場合，タンパク質含量は玄米で平均7.4％，白米で平均6.8％であり，世界的にみると低いレベルにある．タンパク質含量と食味との間には負の相関関係が認められ，タンパク質含量が低いほど食味がよいという傾向が認められる．しかし，タンパク質含量が高いことは，栄養価という観点からは重要である．

　③無機要素：　Mg/K比が高いものほど食味がよいといわれているが，詳細は明らかでない．

8.8　日本稲作の現状

a.　環境問題との関連

　日本では，長いところでは2,000年以上にわたってイネが連作されており，

世界的にみても灌漑水田における稲作は，非常に持続的な作物栽培システムということができる．今後は，省力化やコストダウンを図りながら，収量だけではなく品質・食味も向上させていくことが重要である．その場合，田畑輪換や水田輪作の観点から耕地利用率を高め，環境を保全しながら食料自給率を上げていくことが1つの選択肢となる．そのためには，水田を水陸両用の圃場として利用できるようにする必要がある．最近，排水と給水の両方が可能である地下水位制御システム（FOEAS）が開発された．このシステムを利用すれば，最適な地下水位に維持することができる．すなわち，同じ圃場を水田にも畑にも利用でき，畑として利用する場合に過湿と過乾燥を避け，高収量と高品質を実現することができるようになった．

　作物栽培の持続性を確保するには，上記のように土と水がポイントとなるが，それ以外の環境問題も考慮する必要も出てきた．たとえば，8.7.b項で取り上げた白未熟粒の発生には多くの要因がかかわっているが，地球温暖化が要因であることは間違いない．この地球温暖化が進むと作物の生育が影響を受けるため，収量がどのように変化するかについてもシミュレーションが行われている．全体としては，収量が低下する可能性が指摘されており，適応策が求められる．

　反対に，水田稲作が温室効果ガスの1つであるメタンの発生源となることもわかっている．そのため，メタン発生を削減する緩和策としての水管理の研究も進められている．なお，世界的には農業用水の不足が懸念されており，国際イネ研究所（IRRI）が中心となって代かきや湛水を行わないでイネを節水栽培しながら多収を目指すエアロビックライス法が研究されているが，連作で収量が低下することなどが問題である．そのほか，中国ではイネの点滴灌漑栽培も試みられている．

b. 米の利用の展開

　主食用米以外として，新規需要米，加工用米，備蓄米が合計約23万ha（2016年）栽培されている．新規需要米は，飼料用とホールクロップサイレージ（WCS）とでほとんどを占める．家畜のエサとなる飼料作物を多量に輸入していることは，日本の食料自給率が低い1つの理由である．そこで，耕作放棄水田などでイネを栽培し，米だけでなく，葉や茎も含めたホールクロップをサイレージ飼料とするアイデアがあり，'モミロマン'や'リーフスター'などの飼料イネ品種が育成されており，栽培面積が増えている．

　飼料用とWCS以外の新規需要米としては，米粉がある．近年，製粉技術が発達して，これまでより細かい米粉をつくれるようになり，利用が広がっている．また，アミロース含量が多い高アミロース米（例えば'モミロマン'）に水を加えて炊飯・糊化させて，高速せん断撹拌するとゲル状の食品

素材ができる．これを米ゲルと呼んでいるが，米粉にする必要がないため低コスト化が可能で，米粉の代わりにパン・麺・ケーキなどへの利用が期待されている．

また，米の輸出入についてみると，米・米加工品の輸出量は2015年に200億円を超えて，増加傾向にある．反対に，世界貿易機関（WTO）の前身である関税及び貿易に関する一般協定（GATT）のウルグアイ・ラウンド農業合意を受け，1995年からミニマム・アクセス米（MA米）として，アメリカ・タイなどから毎年77万tの米を輸入している．

c. 多面的機能の視点

農業は単に食料生産を担当するだけでなく，その他の多くの機能を果たしていることが認識されるようになってきた．日本学術会議は，このような農業の多面的な機能として大きく3点を挙げている．

1番目は，いうまでもなく，持続的な食料供給によって国民に安心感を与えていることである．2番目として，農業による直接・間接の土地利用が物質循環に影響することで，環境の形成や維持に貢献していることがある．洪水防止，土壌侵食の防止，水質浄化，大気調節などがそれにあたる．その経済評価が行われている場合もあり，洪水防止機能は約3兆5,000億円／年，土壌侵食防止機能は約3,300億円／年などの試算がある．その他，生物多様性や景観の保全も含まれる（図8.13）．3番目として，地域振興や伝統文化の保存に役立つ点や，体験学習による教育効果などが挙げられる．

このようにみてくると，農業の多面的な機能は，農地を生態系としてとらえた場合の生態系サービスの問題ということができる．そして，適切な生産活動が行われることに伴って多面的な機能が発揮され，同時に農地，農業，地域などの様々なレベルにおいてシステムの持続性が確保されることが望ましい．

［森田茂紀］

生態系サービス
生態系は，私たちにいろいろなサービスを与えてくれていると考えることができる．そのサービスは，基盤サービス（植物の一次生産や土壌形成など）をふまえ，供給サービス（食料・水・木材と繊維・燃料等の提供），調整サービス（気象調節や水質浄化など），文化的サービス（教育やレクリエーション効果など）の3つに分けられる．国際連合によるミレニアム生態系評価によって，生態系サービスが劣化している状況が明らかとなった．

図8.13　棚田の景観（写真提供　林　怜史）

文　献

1) 後藤雄佐他（2000）：作物Ⅰ〔作物〕，全国農業改良普及協会．
2) 星川清親（1975）：解剖図説 イネの生長，農山漁村文化協会．
3) 川田信一郎他（1963）：日作紀，**32**：163-180．
4) 川田信一郎・副島増夫（1974）：日作紀，**43**：354-374．
5) 松島省三（1959）：稲作の理論と技術，pp.246-249，養賢堂．
6) 森田茂紀（2000）：根の発育学，pp.70-128，東京大学出版会．
7) 森田茂紀（2001）：日作紀，**70**：271-275；459-462；599-603．
8) 森田茂紀他編（2006）：栽培学，pp.97-115，朝倉書店．
9) 根本圭介・山﨑耕宇（1990）：稲学大系＜第１巻＞形態編（松尾孝嶺監修），pp.522-524，農山漁村文化協会．
10) 武岡洋治他（1990）：稲学大系＜第１巻＞形態編（松尾孝嶺監修），pp.237-272，農山漁村文化協会．

■コラム■　RiceFACEプロジェクト

　現在，大気中の二酸化炭素濃度が上昇しており，それに伴って地球温暖化が進むと考えられている．そこで，高濃度の二酸化炭素がイネの生育および収量にどのような影響を与えるかを解明するために，岩手県雫石市において世界で初めてRiceFACEプロジェクトが実施された．開放系の水田の中に設置されたリング状のチューブから，2050年を想定して現在より200 ppm高い二酸化炭素を放出して，イネの生育や収量がどのような反応を示すかについて検討が行われた（図8.14）．

図8.14　RiceFACEプロジェクト（写真提供 小林和彦）

9 ムギ類

[キーワード] コムギ,オオムギ,ライムギ,ライコムギ,エンバク,秋播き性,穂発芽,長日植物,半矮性遺伝子,播種様式

「ムギ」類
ハトムギとソバ（蕎麦）はムギと関係する名前がついているが,ハトムギはイネ科キビ亜科,ソバはタデ科に属し,ムギ類には含まれない.

　冬作物であるムギ類は,年間を通した食料の生産や輪作に欠くことができない作物である（図9.1）.ムギ類にはコムギ,オオムギ,ライムギ,ライコムギ,エンバクがあるが,ここでは,日本で重要性が高いコムギとオオムギ（図9.2）を中心に概説する.コムギは子実を製粉して小麦粉とし,パン,麺,菓子用として用いる.オオムギは押麦として食用に供されるほか,麦茶用,味噌用,ビール醸造用,飼料用に利用される.なお,ライムギおよびライコムギは飼料用のほか,パンの原料や醸造用に用いられ,エンバクは主に飼料用に用いられている.

9.1 コムギ

　コムギはイネ科,コムギ族,コムギ属の植物で,栽培種は四倍体（$2n = 28$）または六倍体（$2n = 42$）である.世界三大作物の1つであり,世界中で栽培されているが,特に中国,インド,ロシア,アメリカなどで生産量が

図9.1 春の水田風景
東北地方では田植えが終わる頃,隣の転作田でコムギが出穂する.

図9.2 コムギとオオムギの穂の形態
左の2穂がコムギ,中央の2穂が六条オオムギ,右の2穂が二条オオムギ.

多い（表9.1）．北半球にも南半球にも生産地が分布しているため，ほぼ一年中，どこかで播種や収穫が行われている．また，イネと違い国際貿易の量が多いことも特徴として挙げられる．日本ではほぼ全国で栽培されているが，北海道での生産量が最も多く，関東の北部と九州の北部が主要な産地を形成している．2015年における日本のコムギの消費量は，1人年間33 kgでありコメの55 kgの半分以上に及ぶが，自給率は15％と低い．

a．分類・起源

パン，めん，菓子用に用いられる普通系コムギ（*Triticum aestivum*）は，西アジア地域が原産地である．日本には弥生時代に導入され，奈良時代に普及し，8世紀頃には水田の裏作としても広く栽培されるようになった．

AAゲノムをもつ二倍体の野生一粒系コムギとBBゲノムをもつ二倍体のクサビコムギが自然交雑し，倍数化によりAABBゲノムをもつ四倍体の二粒系コムギが生まれた．これがDDゲノムをもつ二倍体のタルホコムギと交雑，倍数化してAABBDDゲノムをもつ六倍体の普通系コムギが成立した（図9.3）．一方，スパゲッティやマカロニの原料になるデュラムコムギ（*Triticum durum*）は，AABBゲノムをもつ四倍体の二粒系コムギである．

b．形態

子実は長さ4〜7 mm，幅2〜4 mmの長円型で，1粒の重さは30〜40 mgである．子実は種子と果皮からなり，種子（seed）は種皮，胚乳，胚から

パンコムギ
普通系コムギはパンコムギともいうが，パンだけでなく，うどん，そうめん，ラーメン，だんご，すいとん，餃子の皮，お好み焼き，菓子類，天ぷら粉など多様な食品に使われる．

表9.1 コムギの主たる生産国の収穫面積と生産量

国名	生産量 （万 t）	収穫面積 (1,000 ha)
中国	12,622	24,072
インド	9,585	30,470
ロシア	5,971	23,908
アメリカ	5,515	18,772
フランス	3,895	5,297
カナダ	2,928	9,462
日本	85	213
世界計	85,523	244,489

FAOSTAT（2014）より．
フランスなどヨーロッパは単収が高い．

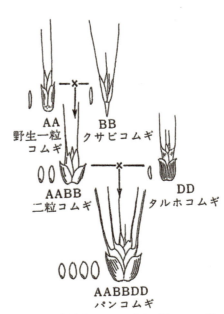

図9.3 普通系コムギの成立（星川1980[1]）

■コラム■　緑の革命

　1935（昭和10）年に岩手県で育成されたコムギ品種（'農林10号'）は，半矮性遺伝子 *Rht1* と *Rht2* をもつために草丈が低く，耐倒伏性が極めて強かった．この品種が遺伝資源として世界中のコムギの品種改良に利用され，多くの国々でコムギ品種の耐倒伏性が向上した．その結果，多肥栽培が可能になり，20世紀に世界のコムギの収量が飛躍的に増加した．これを「緑の革命」という．メキシコの国際研究機関でこの仕事をしたボーローグ博士は，農学関係で唯一ともいえるノーベル賞を受賞した．

なる．子実の粒色は種皮の色で決まり，白から褐色までであるが，日本の品種には褐色のものが多い．

　根には種子から出る種子根（seminal root）と茎の節から出る節根（nodal root）がある．種子根（図9.4）は生育初期に5〜6本発生して細く，節根は生育中期以降に30本程度発生して太い．種子根は重力屈性が強く地中深く伸び，節根は傾斜重力屈性を示して比較的浅い土層に分布する．根系の分布は品種によって異なり，北日本の品種は深い根系をつくり，関東以西の品種は浅い根系をつくる傾向にある（図9.5）．

　茎（stem）は稈（culm）ともいわれ，収穫期には10〜14の節と節間で構成され，その長さ（稈長）は80〜100 cmとなる．葉は茎の各節から発生し，葉身および茎を包む葉鞘からなる．葉身と葉鞘の境目には葉舌と葉耳がある．気孔は葉身の表側では1 mm^{2}当たり50個程度，裏側では35個程度ある．

　草型は，寒地や寒冷地においては越冬期間中に分げつが地表に沿って伸びるほふく型を示すが（図9.5右），暖地や温暖地においては冬季でも直立型を示す（図9.5左）．通常，1個体から数本の分げつ（分枝）が生じるが，一部の分げつは冬季から春季にかけて消失し，穂をつけるのは1個体あたり2〜3本である．

　穂（ear）の形は，先端ほど細くなる錐状，中央部が太い紡錘状，全体が

葉耳
コムギの葉耳はオオムギより小さく，ライムギより大きい．エンバクには葉耳がない．

図9.4　コムギの種子根
寒天培地で種子根を上から観察したようす．中央の根が初生種子根，その両側から4本の対生種子根が出ている．

図9.5　コムギの幼植物の形態
左は九州の春播き型の品種，右は東北の秋播き型の品種．

均一的な太さとなる棒状などに分類される．穂の色は，出穂時にはクロロフィルを含有し光合成機能を有するので緑色であるが，成熟時には白色や褐色となる．穂軸には20程度の節があり，各節に小穂軸が互生する．小穂には3～5の小花がつく．小花は外穎，内穎，花器からなり，種子を1個つける．外穎の先端に長い芒(のぎ)がある品種が多い．1穂には30粒程度の種子をつける（図9.2参照）．

c. 生育経過

子実は吸水後1日から数日で胚の部分から白い根鞘を出現させ，その中から初生種子根が出現する．その後まもなく，初生種子根の基部の左右から2対の対生種子根が生じ，種子根は合計5～6本となる（図9.4参照）．根鞘が出現した後，幼芽鞘が地上に出て，その中から第1葉が出現する．

第4葉が出る頃になると主茎から分げつが出現し始める．分げつの出現パターンは同伸葉同伸分げつ理論で説明することができる．その後，春先から節間が伸長を開始する．冬季における分げつ発生が盛んな時期を分げつ期，初春の節間が伸長し始める時期を茎立期(くきだち)，それ以降を節間伸長期という（図9.6）．

茎の成長点が幼穂に分化する時期は，春播き型の品種で発芽後2～3週間，秋播き型の品種で1ヶ月以降である．成長点の発達段階はI～X期に分類される．ルーペや実体顕微鏡での観察が比較的容易であることから，小穂分化中期（VII期）を幼穂形成期の目安とするが，この段階は幼穂長が1mm程度であり二重隆起が確認される時期である（図9.7）．

節間が伸び，穂が茎の中で外からみてわかるほど大きくふくらむ時期を穂ばらみ期という．この時期には，出穂前7～10日頃になると有性配偶子の減数分裂が起き，花粉ができあがる．その後，圃場全体をみて40～50％の個

同伸葉同伸分げつ理論
イネでは主稈の第 N 葉が出るときにそれより3枚下の($N-3$)葉の葉腋に形成された分げつの第1葉が出現するという規則性（第8章参照）があり，コムギでも同様であるが，一部に不一致も認められる．

二重隆起
幼穂の側列のそれぞれの突起にくびれが現れ，二重隆起となってみえる（図9.7左）．上側の突起は小穂始原体，下側の突起は苞始原体であり，この時期が栄養成長から生殖成長への転換点である．

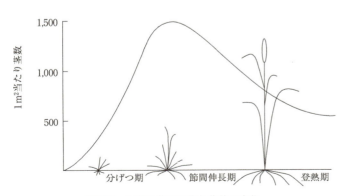

図9.6　生育の進展に伴う茎数の変化

図9.7　幼穂の分化程度（写真提供 島崎由美）
左：VII期（小穂分化中期），右：VIII期（小穂分化後期）．

体で出穂が確認できた日を出穂期，80〜90％が出穂した日を穂揃期という．開花は出穂から3〜6日目の早朝から夜間まで起きるが，晴天日の昼過ぎが最も多い．1個体のすべての小花が開花するのには約1週間を要する．

　開花期以降を登熟期という（図9.8）．開花後15日頃を乳熟期といい，その時期の種子は緑色を保ち爪で圧すと乳状物を出す．開花後23日頃を糊熟期，開花後37日頃を黄熟期という．種子水分が40％に低下し，圧しても砕けずに爪の跡がつく時期を成熟期という．天候により開花から40〜50日程度で成熟期となる．その後，数日して水分が30％以下になるとコンバイン収穫が可能となる．

d. 発芽・生育・播き性

　発芽は0〜2℃以上で起こり，低温でも発芽することがコムギの特徴である．発芽の最高温度は40℃前後で，最適温度は20〜25℃の範囲にある．種子には休眠性があるが，成熟前後に降雨があると種子が穂についた状態でも発芽を開始する場合があり，これを穂発芽という（図9.9）．生理的に発芽を開始した種子は，製粉した際に小麦粉としての品質が極めて悪くなる．

　種子の休眠は低温で覚醒されるが，ジベレリンや過酸化水素水などの化学物質の処理でも打破される．休眠には植物ホルモンが関係しているが，その詳しい機構にはいまだ明らかでない点が多い．

　光合成の適温は，トウモロコシ（35〜40℃）やイネ（25〜35℃）に比べて低く，15〜25℃で最大となる．上述したように葉身や葉鞘だけでなく稈や穂でも光合成を行う．

　コムギは長日植物であり，幼穂を分化するには，低温と短日条件に遭遇し，その後に長日条件になることにより，節間伸長を始め，出穂，開花する．幼穂形成のために催芽種子や幼植物を低温条件に置くことを春化処理

穂発芽
白色粒に比べて褐色粒は穂発芽に強く，耐穂発芽性品種の穂や種皮には発芽阻害物質があると考えられている．

図9.8　コムギの登熟期の草型

図9.9　穂発芽したコムギの穂

（バーナリゼーション）という．幼穂の形成に低温を必要とする程度を秋播き性程度と呼び，それぞれの品種はI〜VIIに分類されている．Iに分類される品種は春化の必要がない春播き型で，VIIに分類される品種は春化に必要な0〜2℃の低温の日数が49日以上必要である秋播き型の典型品種である．秋播き栽培には秋播き型の品種が用いられ，春播き栽培には春播き型の品種が使われることが多い．ただし，関東以西の秋播き栽培には，秋播き性程度IからIIの春播き型の品種も多く用いられている．これは，これらの地域では冬の温度が比較的高いためである．

秋播き性程度
もし，秋播き型の品種を春播き栽培すると，花芽分化が起こらないため出穂せず座止する．逆に，春播き型の品種を秋播き栽培すると，冬季の低温で枯死するか，春季の低温で幼穂が凍死する．

e. 収量形成過程

単位面積当たりの収量は，その構成要素として「面積当たり個体数」，「個体当たり穂数」，「穂当たり小穂数」，「小穂当たり粒数」および「一粒重」に分けて考えることができる（図9.10）．

「面積当たり個体数」は，播種密度と出芽・苗立率で決まるが，出芽・苗立率は土壌の砕土率や水分含量によって変化する．適切な苗立数は播種様式や播種時期によって異なるが，一般的には$1\,m^2$当たり200〜250個体となることを目標にする．個体数が少なすぎると収量は低下し，多すぎると茎数が増えすぎて徒長し，倒伏をまねく．

「個体当たり穂数」は，生育旦期の最高分げつ数とその後の有効茎歩合に分けて考えなければならない．コムギは播種後の秋季から冬季に盛んに分げつを発生し茎数を増やし，最高分げつ期には1個体当たり5〜10本の分げつを発生し，$1\,m^2$当たり1,000〜2,000本程度の茎数になる．この最高茎数は，品種だけでなく播種期や土壌の物理化学的な性質によって変化し，リン酸が不足する黒ぼく土，土壌が硬くなる不耕起栽培，晩播などの条件で少なくなる．その後，春季の節間伸長期以降には一部の分げつにのみ光合成同化産物が転流して，それ以外の分げつは退化し，最終的には1個体当たり2〜3本，$1\,m^2$当たり400〜600本程度の茎数になる．茎数不足が懸念されるような場合は，冬季に追肥を行うことで分げつの発生を増やしたり，分げつの退化数を減らすようにする（図9.6参照）．

1穂当たりの最終的な粒数は，「穂当たり小穂数」と「小穂当たり粒数（小花数）」で決まる．小穂数は20個程度，小花数は3〜4個程度のことが多い．一粒重は30〜40 mg程度であるが，開花後の環境条件の影響を受けて変化す

面積当たり収量	=	面積当たり個体数	×	個体当たり穂数	×	穂当たり小穂数	×	小穂当たり粒数	×	一粒重

図9.10　コムギの収量構成要素
左側にある収量構成要素ほど生育の初期に数量が決まる．

る．日本での収量は，10 a当たり 400〜600 kg であるが，生育期間の長い
ヨーロッパでは 800 kg〜1 t と多収である．

f. 品　　質

コムギの品質については，最終的に製粉してよい小麦粉が得られることが
重要であるが，まずは子実の外観で判断する．病害や傷害がみられず色沢が
よくなければならない．粒の充実度は容積重で判断する．容積重とは，決め
られた容器に入る子実の重量として測定され，日本めん（うどん）用のコム
ギでは 1 l 当たり 840 g 以上の値が求められる．また，国内産のコムギのほと
んどがうどん用として用いられるため，子実のタンパク質含有率は 10〜
11% 程度がよいとされる．さらに，金属元素などからなる灰分（かいぶん）の含有率が低
く，穂発芽（9.1.d 項参照）によるデンプンの変質がみられないことが必要
である．穂発芽した子実では胚乳デンプンの変成が起き，小麦粉の懸濁液を
加熱したときの糊の粘度が十分に高くならない．なお，製粉歩留が高く，小
麦粉の色がよいことなども重要な品質評価項目である．

g. 栽培の基本

日本ではコムギは畑地でも水田でも栽培され，北海道では畑地が多くそれ
以外では水田が多い．数年間連作すると土壌病害である縞萎縮（しまいしゅく）病や立枯（たちがれ）病
が発生するため，特に畑作では輪作体系を組んで作付け順序を守ることが重
要である（3.1 節，6.3 節参照）．一方，比較的乾燥した条件に適する作物で
あるため，水田の栽培では湿害が発生しないように畝立て栽培をする地域が
ある．また，畝を立てない場合でも圃場の周囲に明渠（めいきょ）をつくり，圃場の内部
には本暗渠（ほんあんきょ）と弾丸暗渠（だんがんあんきょ）を組合せて圃場の排水に努めることが重要である
（7.1.a 項参照）．

土壌の pH は 6.0〜7.0 が適するため，それよりも酸性が強い圃場では石灰
剤を施用する．また，リンの肥効が高いので，リンが不足する黒ぼく土など
の火山灰土壌ではリン資材を投入して土壌改良を図る（3.3 節，7.1 節参照）．
施肥量については，基肥として窒素を 4〜6 kg/10 a，リンおよびカリウムを
それぞれ 6〜9 kg/10 a 程度を耕起前に施用する．

播種様式には条播（じょうは），全面全層播き，ドリル播きがある．日本では，条間
50〜70 cm ですじ状に播種する条播栽培が慣行的に行われてきたが，近年，
機械を用いて狭い条間で播種するドリル播きが行われるようになった．ドリ
ル播きは条間 15〜30 cm，深さ 3 cm ほどですじ状に播種していく方法であ
るが，個体の配置が均等配置に近いため多収を得やすく，施肥量，播種量と
もに条播より 2〜3 割多くするのが特徴である．全面全層播きでは，土壌表
面に種子と肥料を散布した後にロータリにより土を撹拌し，深さ 0〜8 cm 程

小麦粉

小麦粉はパン用の強力粉，
中華めん用の準強力粉，う
どん用の中力粉，菓子用の
薄力粉に分けられる．強力
粉は粉の粒度が大きく，タ
ンパク質含有率が 12〜
13% 程度と高い．

グルテン

小麦粉のタンパク質の主
要な構成成分はグルテニ
ンとグリアジンであり，小
麦粉に水を加えるとこれ
らが結合してグルテンを
形成し，独特の粘弾性をも
つようになる．

低アミロ小麦

穂発芽によりデンプンが
変質したコムギのことを
「低アミロ小麦」という．糊
の粘度を測定する装置ア
ミログラフに由来する呼
び名だが，後に述べる「低
アミロース品種」との混同
に注意．

度の土壌に種子を混ぜ込むようにする.

踏圧と土入れは,冬季から春季にかけて行う日本独特の管理作業であり,倒伏の防止に効果があるほか,寒冷地では凍霜害の防止,温暖地では過剰生育の防止にも効果がある.除草については,播種後に土壌処理除草剤を散布するほか,生育期に広葉雑草のみを枯死させる選択性除草剤を散布することが多い.また,追肥として窒素を春先の茎立期と出穂前にそれぞれ2 kg/10 a程度施用する.なお,高品質化のために子実のタンパク質含有率を高めたい場合は,出穂後に硫安で窒素追肥を行うほか,尿素の葉面散布を行うこともある.いずれにおいても生育診断や葉色診断により適切な窒素追肥量を決める必要がある.登熟期が梅雨の時期にあたる日本では,その時期に病害の発生に対する注意が必要であり,うどん粉病や赤かび病の防除を行う.特に,赤かび病に罹病したコムギ種子には人畜に有害なカビ毒であるデオキシニバレノール(DON)が生ずることから,十分な注意が必要である.

収穫に用いるコンバインには自脱型と汎用型があるが,規模が大きい圃場では汎用型のコンバインが多く使われる.収穫後,乾燥施設で種子の水分を12.5%以下まで乾燥させ,2 mm程度の目の篩を通して調整する.

h. 地域別の栽培法

全国の栽培面積の約6割は北海道が占める.道東の十勝,網走地域などの畑作地帯を中心に秋播きコムギが栽培されている.以前は'ホロシリコムギ'が多かったが,品質のよい'チホクコムギ'が導入され,さらに収量性,耐病性,耐穂発芽性に優れる'ホクシン'が主用品種として栽培された.最近では,多収で製めん適性が高い'きたほなみ'が育成され,普及している.北海道における秋播きコムギの播種期は9月下旬,収穫期は翌年の8月上旬である(表9.2).また北海道では,一部に春播き栽培が行われ,パン用コムギ品種が栽培されている.春播きパン用コムギ品種は,以前は'ハルユタカ'が主体であったが,現在は品質のよい'春よ恋'が主要品種である.なお,春播きコムギは生育期間が短いために収量が少ないことが問題であるが,根雪前に春播きコムギを播種して生育期間を確保する初冬播き栽培法が開発され普及している.

踏圧と土入れ
踏圧は冬の間に2~3回,ムギの上を足で踏んでいくいわゆる「麦踏み」のこと.以前は人が踏んでいたが,現在は乗用の耕耘機にタイヤローラなどをつけムギの上を走っていく.土入れは条播など条間が広い栽培で出穂前に条間の土をムギの株の中に入れていく作業で,歩行用の中耕土入れ機などで行う.

北と南の特徴あるコムギ品種
北海道の'ゆめちから'は超強力の秋播き用品種で,中力小麦とブレンドすると輸入小麦に負けないパンになる.福岡県の'ちくしW2号'は「ラー麦」ともいわれ,日本で初めてのラーメン用品種である.

表9.2 各地域における秋播きコムギの主な播種期と収穫期

	播種期	収穫期
北海道	9月下旬	8月上旬
東北	10月上旬	7月中旬
関東,東海,中国,四国	11月上旬	6月中旬
九州	11月下旬	6月上旬

注:北海道では春播きコムギも栽培されている.

■コラム■　手打ちうどんのつくり方

　家庭でも意外と簡単においしい手打ちうどんをつくることができる．まず，スーパーから小麦粉の中力粉か薄力粉を買ってくる（以下，分量は3人前で説明）．粉300 gに10％の塩水140〜150 mlを加えてよく混ぜる．そぼろ状になったらよくこね，丸くまとめてポリ袋に入れて1〜2時間寝かせる．これを麺棒（食品用ラップフィルムの芯でも代用できる）で厚さ3 mm程度，直径30 cm程度に延ばす．折り畳んで包丁で細く切り，12分ほどゆでると，手打ちうどんができあがる．

低アミロース品種
小麦粉のデンプンにアミロースが少なく，アミロペクチンが多い品種のことで，うどんにするともちもちしておいしい．なお，名前の似た「低アミロ小麦」は穂発芽により品質が低下したコムギ粒のことで，これはうどん用としては使い物にならない．

　東北地方では，古くから栽培されている'ナンブコムギ'や，小麦粉のアミロース含有率が低く，うどんの粘弾性が優れる'ネバリゴシ'が多い．播種期は10月上旬，収穫期は7月中旬である（表9.2）．
　関東から九州にかけては，1944（昭和19）年に育成された'農林61号'が広く栽培されてきたが，九州では'シロガネコムギ'や'チクゴイズミ'などの品種に代わり，関東でも'さとのそら'に置き換わった．コムギは関東以西ではダイズなどの夏畑作物との組合せで転作作物として用いられるほか，イネとの二毛作栽培も行われている（3.4節参照）．播種期は11月，収穫期は6月上中旬である（表9.2）．

9.2　オオムギ

　オオムギはイネ科，コムギ族，オオムギ属の植物で，すべて二倍体（$2n = 14$）である．オオムギは穂の形態から六条オオムギ（*Hordeum vulgare*）と二条オオムギ（*Hordeum distichum*）に分けられる．また，六条オオムギ，二条オオムギのそれぞれにおいて，穎（えい）が子実と癒着している皮麦（かわむぎ）と癒着していない裸麦（はだかむぎ）がある．日本では，六条皮麦は飼料用のほか主として麦茶用や押麦に用いられ，六条裸麦は味噌加工用などに用いられる．さらに二条オオムギはすべて皮麦で，ビール醸造用に用いられる．ロシア，フランス，ドイツなどで生産が多く（表9.3），現在の日本におけるオオムギの自給率は約9％である．

六条オオムギ（上）と二条オオムギ（下）

表9.3　オオムギの主たる生産国の収穫面積と生産量

国名	生産量 （万 t）	収穫面積 （1,000 ha）
ロシア	2,044	9,002
フランス	1,173	1,764
ドイツ	1,156	1,574
カナダ	712	2,316
スペイン	698	2,792
日本	17	60
世界計	14,630	49,895

FAOSTAT（2014）より．

a. 分類・形態

オオムギの起源は確定していないが，西アジア地域または東アジアの中国チベット，ネパール地域で紀元前7000年頃に栽培二条種が成立し，その後六条種が現れたのではないかと考えられている．日本には3〜4世紀に六条種が入ってきたが，二条種が導入されたのは明治時代である．

茎葉の形態はコムギに似ているが，葉身が短く，葉耳が大きいのが特徴である．六条オオムギは穂の各節に3個ずつ小穂が着生し，各小穂が1小花からなるため，穂を上からみると種子が6列に並んでみえる．一方，二条オオムギは3個の小穂のうち，中央の小穂のみが稔性をもち，両側が不稔で退化するために穂を上からみると種子が2列に並んでみえる（図9.2参照）．オオムギの品種には，稈長や葉の長さ，穂長が短い渦性の品種と長い並性の品種がある．

b. 生　　育

生育経過は，コムギと類似しているが，コムギよりも出穂と成熟が数日早い．このことは，多くの地域で梅雨に入る前に収穫できるという利点があるほか，関東以西の温暖地や暖地では，後作となる夏作物の播種作業にとって好都合なため，二毛作限界地帯ではコムギではなくオオムギを選択して栽培体系を組む．オオムギは早朝から夕方にかけて開花するが，午前中に最も盛んに開花する．ただし，日本の品種には，コムギと違い開花せずに穎の中で受粉する品種も多くみられ，これらの品種は，赤かび病菌が小花の中に進入することが少ないという利点がある．

c. 栽培・品質

六条皮麦は1月の平均気温が3℃以下の北陸や関東で栽培され，六条裸麦はそれより暖かい四国などで栽培されている．さらに，六条種には草丈や芒などが短い半矮性種である渦性種のオオムギと半矮性でない並性種があるが，1月の平均気温が約0℃よりも低い東北，北陸，東山の寒冷地では並性種，それより暖かい関東では渦性種が栽培されている．

土壌の最適pHは7.0〜7.8で，コムギに比べて酸性土壌に弱い．また，コムギよりも耐湿性が弱く，最適な土壌水分もコムギに比べてやや低い．

食用とするオオムギは，搗精して押麦として米に混ぜて炊くので，精麦歩留が高く，搗精時間が短く，精麦粒の白度が高いことが求められる．また，ビール醸造用の場合，発芽させて発酵させるため，粒が大きくそろっていて発芽率が高く，タンパク質含有率が低いことが求められる．

「オオ」ムギ
オオムギに「大」，コムギに「小」という漢字が使われている理由はわかっていない．

渦性
渦性の品種には劣性の突然変異遺伝子があることが知られていたが，最近になってそれが植物ホルモンのブラシノステロイドと関係していることが明らかにされた．

9.3 その他のムギ類

ライムギ

a. ライムギ

ライムギ（*Secale cereale*）は，イネ科，コムギ族，ライムギ属の植物で，染色体数は$2n = 14$である．2014年における世界の作付面積は551万ha，生産量は1,576万tで，日本では作付面積が3,000 haである．主に飼料用に用いられるが，一部は小麦粉と混ぜて黒パンといわれるライムギパンの原料として用いられる．茎葉部は鞘葉が赤味を帯びているのが特徴で，幼葉は毛で被われている．穂や子実の形もコムギやオオムギに似ているが，子実はコムギよりやや細い．

b. ライコムギ

ライコムギ（× *Triticosecale*）は，ライムギとコムギを交配をしてつくられた属間雑種で，主要なものは六倍体（$2n = 42$）である．2014年における世界の作付面積は435万ha，生産量は1,734万tであり，近年，急激に増加している．ライムギのもつ耐乾性，耐酸性，耐病性，耐倒状性などの長所をコムギに導入するため，人工的にライムギとコムギの属間雑種として作出された．海外で主に飼料用として用いられているが，一部はパンや菓子類などにも利用されている．

エンバク

c. エンバク

エンバク（*Avena sativa*）はイネ科，エンバク族，カラスムギ属の植物で，主な栽培種は六倍体（$2n = 42$）である．エンバクの穂は他のムギ類とは違い，小穂が細長い小枝梗（しこう）をもつため，穂全体が大きく開いた形となる．エンバク（燕麦）といわれるのは，小穂の2枚の護穎（ごえい）がツバメの翼のような形にみえるためである．2014年における世界の作付面積は979万haで，生産量は2,322万tである．日本では明治時代以降，飼料用として用いられてきたが，近年は種子を精白してオートミールとして食用に供されるものもある．2014年には青刈り飼料用として約5万ha，子実用として180 ha栽培されている．栽培できる土壌条件の範囲が広く，環境適応性が高いのが特徴である．

[小柳敦史]

文　献

1) 星川清親（1980）：新編食用作物，pp.183-306，養賢堂.
2) 中世古公男他（1999）：作物学各論，pp.22-38，朝倉書店.
3) 和田道宏他（2002）：作物学事典（日本作物学会編），pp.333-349，朝倉書店.
4) 吉田智彦他（2000）：作物学（I），pp.85-108；132-158，文永堂出版.

トウモロコシと雑穀類・擬穀類

[キーワード]　トウモロコシ，雑穀類，アワ，キビ，ヒエ，モロコシ（ソルガム），シコクビエ，パールミレット（トウジンビエ），擬穀類，ソバ，ダッタンソバ，宿根ソバ，飼料作物，工業原料，マイナークロップ，C_4植物

　トウモロコシは世界の三大作物の1つである．日本では嗜好性の副食としてのスイートコーンのイメージが一般的であるが，飼料や工業原料として需要が多く，輸入に大きく依存している作物であり，日本の食料事情・農業事情を考える上で好適な材料である．一方，モロコシ（ソルガム），アワ，キビなどは，雑穀（millets），マイナークロップ（minor crop）などと呼ばれ，作付面積・生産量ともに主要作物に比べると小さいが，主要作物の栽培が難しいような乾燥地，高地，やせ地など，劣悪な環境でも栽培できる利点がある．そのため，かつては日本でも各地で栽培された経緯があり，発展途上国においては，今なお主要な穀物・飼料となっている地域も少なくない．したがって，トウモロコシや雑穀についての基礎的知識は，世界の農業と食料，あるいは海外や日本各地の生活・伝統文化を理解するために欠かせない素養である．

　トウモロコシと雑穀には，キビ亜科に属するC_4植物が多いことも，特徴の1つである．広義の雑穀・マイナークロップには，ソバ（タデ科ソバ属），アマランサス（ヒユ科ヒユ属）などの擬穀類も含まれる．

10.1　トウモロコシ

a. 特性と生産量

　トウモロコシは，イネ科キビ亜科トウモロコシ属に属する一年生のC_4植物であり，学名は*Zea mays*．英語ではcornあるいはmaizeという．日本語ではトウモロコシに玉蜀黍の字をあて，トウキビなどとも呼ばれる．体細胞の染色体数は$2n = 20$である．

　メキシコか中米に起源地があり，4,000年以上前には中米一帯に栽培が広がっていたと考えられており，アステカ，マヤ，あるいはインカといった中南米の古代文明の発達と密接にかかわっている．ジャガイモ，トマト，タバ

コ，トウガラシなどと同様に，コロンブスらが活躍した大航海時代以降に，新大陸（アメリカ大陸）からヨーロッパやアジアに導入されたことは広く知られているが，その普及は早く，16世紀前半のうちにヨーロッパ，アフリカ，アジアに広く伝播している．

FAOの推定によれば，2014年の世界のトウモロコシ収穫面積は約1.8億ha，子実生産量は約10.4億tである．収穫面積ではコムギより小さいものの，生産量では7億t台のイネ，コムギより大きい．トウモロコシは食用以外の用途が多いとはいえ，生産量において第1位の穀物といえる．特に多いのは，アメリカ合衆国の3.6億tと中国の2.2億tである．アメリカには，五

■コラム■　テオシント

今日の分類では，*Zea*属（トウモロコシ属）は*Zea*節と*Luxuriantes*節との2つに分けられる．*Zea*節には*Zea mays*の4亜種（subspecies, subsp.）が含まれ，その1つが栽培トウモロコシ（*Z. mays* subsp. *mays*）である．*Luxuriantes*節には*Z. mays*とは別種の3種が含まれる．これら*Zea*属で栽培トウモロコシ以外の種・亜種は，テオシント（teosinte，ブタモロコシ）と総称され，栽培トウモロコシと近縁で交雑できるものも多い．テオシントはメキシコや中米に自生しており，飼料としても利用されていて，分布図と写真をみることができるホームページ[4]もある．

栽培トウモロコシの起源については，1930年代から有力な2つの学説が争われてきたが，1990年代後半から研究が大きく進展し，テオシントの一種がトウモロコシの祖先だとするビードルのテオシント説が広く受け入れられている．一方の三部説は，テオシントは野生トウモロコシとトリプサクム（*Tripsacum*属）の交雑により生じたものと考え，栽培トウモロコシの祖先である野生のポッドコーンが，テオシントと交雑を繰り返して栽培トウモロコシになったとする説である．1986年に提唱者マンゲルスドルフ自らが，テオシントが野生トウモロコシとトリプサクムから生じたという部分を取り下げ，野生トウモロコシを祖先とする初期の栽培トウモロコシとテオシントとが交雑して，現在の栽培トウモロコシになったと修正している．

こうした作物の起源や野生種との類縁関係を調べるには，形態，交雑の容易さ，分布，化石などを詳細かつ総合的に吟味する必要があるが，分子遺伝学的手法も，研究を進展させる有効な手段となっている．以前の教科書では，栽培トウモロコシの祖先と目されるテオシントを*Euchlaena mexicana*と記載しているものが多いが，今日の分類では*Z. mays* subsp. *mexicana*と記載される．DNAマーカーを用いた解析により，*Z. mays* subsp. *mexicana*は栽培トウモロコシと遺伝的にごく近いが，それ以上に*Z. mays* subsp. *parviglumis*が栽培トウモロコシと遺伝的にほとんど違いがないことから，祖先のテオシントとして現時点での最有力候補に挙げられている．

トウモロコシがその外観においてテオシントと大きく異なるのは，分げつが少ないことと，大きな雌穂を形成する点である．テオシントの穂は小さく硬い三角形の子実が1列交互に並んでいるなど，穀物としては不十分であり，トウモロコシへの進化の過程で多列の雌穂がどのように獲得されたかは重要な論点となっている．

こうした栽培トウモロコシの祖先探しは，学術上の雄大なロマンであるが，テオシントの存在価値はそれだけではない．近年では，トウモロコシを品種改良するための遺伝資源として期待されている．テオシントの中で，湿地に生息する種では根が地表に発達し通気組織をよく形成して土壌の過湿に耐えやすい性質をそなえるなど，それぞれの種・亜種の生息環境に応じた優れたストレス耐性をもつものが見つかっており，そこでは日本の研究者が大いに貢献している．

大湖の南側をオハイオ州からネブラスカ州にかけて連なる大生産地帯があり，コーンベルトとして知られる．中国は，南部はイネの生産が多いが，華北平原や黄土高原などを含む北側の地域では，夏作物のトウモロコシ（玉米）と冬作物のコムギの二毛作が基盤である（図10.1）．これらの地域では，見渡す限りの平原にトウモロコシが作付けされている光景をみることができる．

翻って日本のトウモロコシの需要と生産をみると，2015年の子実トウモロコシの輸入量は約1,510万tもあり，コムギ輸入量の570万tをも大きくしのいでいる．このうち純食用のトウモロコシは少なく，食品も含めた加工原料用が340万t弱で，約1,130万tは飼料用である．国内のトウモロコシ子実生産量は農業統計でゼロと扱われるほど少ないが，飼料用青刈りトウモロコシの国内生産量は400万t程度ある．

近年では，減反政策（2018年に廃止）や生産過剰のためイネの作付けが減った水田を，輸入に大きく依存しているトウモロコシ，コムギ，ダイズなどの生産に振り向けることが考えられているが，農家にとってはイネに比べて収量・価格の両面で大きく劣る．作物学的には，水田からの転換畑に適応するよう，これらの作物の耐湿性を育種・栽培技術の両面で改善することが重要である．

b. 栽　　培

トウモロコシは，通常，圃場に直播される．イネなどと同様に，生育前半

図10.1　中国黄土高原の玉米（トウモロコシ）乾燥風景
一帯はトウモロコシ-コムギ二毛作地帯で，こうした台が日当たりのよい道路の沿線に連なっている．

図10.2　トウモロコシの雄穂（上）と雌穂（下）
雌穂の先には多数の絹糸が抽出している．

の栄養成長期においては，茎は地際にあって葉身・葉鞘が上に伸びるが，やがて生殖成長期に入ると茎の節間伸長が始まり，頂上に雄穂を形成する（図10.2）．分げつ（分枝）が少なく草丈が高いこと，子実が中位の節に形成される雌穂に着生することが，イネ，コムギなどとは異なる特徴である．小穂が2列1組で並び，各小穂の2小花のうち1小花は退化するため，2列1組の偶数列の子実（穎果）が並んだ雌穂が形成される．各小花の雌しべの役割をするのが雌穂の先から外に出ている絹糸（図10.2）であり，雄穂の抽出に数日遅れて，雌穂で絹糸が抽出することが多い．受粉した花粉から伸びる花粉管は，1本ずつの絹糸を通って各小花に達する．すなわち絹糸の数は子実の数に一致する．ソルガムやキビと同様にC_4植物であり，高照度や高温の条件下では，C_3植物であるイネ，コムギなどに比べて光合成能力が高い．

　日本での栽培は，5月中旬～6月中旬の播種が多いが，6月下旬～7月上旬の晩植でも栽培できる．トウモロコシの耐乾性は，モロコシやパールミレットなどには劣るものの，その程度には品種により大きな変異がある．根張りがよいことは，夏場の乾燥への抵抗性を高めることに加えて，耐倒伏性の点でも重要と考えられる．日本の場合は，生育初期が梅雨にかかることによる深刻な過湿害の方が問題になることが多く，その後の夏期の乾燥についても，生育前半に過湿への反応として根張りが浅くなることが乾燥害を助長するという問題もある．倒伏については，強稈で雌穂の着生位置が低い品種も

■コラム■　トウモロコシのバイオマス利用

　地球温暖化の原因となる二酸化炭素（CO_2）の排出量を削減するとともに，化石燃料の枯渇にも対応する方策としてバイオマス燃料（バイオ燃料，biomass fuel）に注目が集まっている．バイオマス燃料の生成方法には，食品工場などからの有機質廃棄物を原料とする水素発酵・メタン発酵の他に，サトウキビやトウモロコシなどの糖・デンプンを多く含む作物からエタノールを発酵・蒸留することが試みられている．埋蔵されていた石油や石炭を燃やすのに比べて，大気中のCO_2を光合成で固定する植物を原料に用いれば，CO_2の排出・回収を繰り返すことになり「再生可能な燃料」だという考えである．ただし，現実には，栽培や輸送・加工の工程で用いる化石燃料があることを配慮する必要があろう．

　糖質に富むサトウキビからはエタノールの生産が比較的容易で，すでにブラジルではエタノール対応自動車が普及し，バイオエタノールがガソリンの代替として利用されている．通常のガソリン自動車でも，ガソリンに3％あるいは10％のエタノールを混ぜた燃料で走行が可能である．

　ただし，バイオエタノールの普及は，食料生産との競合を引き起こすおそれもある．実際に2007年には，トウモロコシがバイオエタノール原料として投機の対象となって，価格上昇や品不足を引き起こしている．さらに，食用のコムギやダイズの生産を減らしてバイオエタノール用のトウモロコシを作付ける農家が増えると予想されたために，他の穀物も値上がりした．現在は，シェールガスへの期待からバイオ燃料の需要が減り，穀物の価格も安定傾向であるが，優良な農地は食料生産に使い，荒れ地や休耕田などで栽培可能なヤナギやエリアンサスなどの植物を原料にして，バイオエタノールの原料にする研究も進められている．

有利である．温度については，寒冷地，暖地のそれぞれに適した品種が育成されている．主要な害虫としては，幼虫が茎や子実を食害するアワノメイガをはじめ，アワヨトウなどがある．また，病害としては，煤紋病，黒穂病などが挙げられる．

c. 利　　用

トウモロコシは，子実の粒または粉としての食用の利用に加えて，食品加工原料をはじめとする工業原料としても多様な用途がある．コーンスターチなどのデンプンは，菓子や接着剤など多様な製品の原料となるし，糖化によりオリゴ糖やブドウ糖などに変換される．コーン油も，調理油での用途はもちろんマーガリン等の原料としても利用される．また，子実・茎葉部ともに，家畜の飼料作物として，極めて重要な地位を占めている．

d. 品種分類

トウモロコシの品種は，子実（穎果）の形態や胚乳の成分によって，大きく以下のように分類されるが，この分類は，各品種の用途とも関連している（図10.3）．

（1）　デントコーン（dent corn，馬歯種；*Zea mays* var. *indentata*）

子実の頂部が馬の歯（あるいは人の奥歯）のような形にくぼんでいることから，この名で呼ばれる．くぼんだ部分は軟質デンプン，周縁部は硬質デンプンが占めている．草丈が大きくバイオマスの大きい品種が多い．粉食などの食用にも使えるが，家畜の飼料や工業用原料として重要であり，世界における生産量も多い．アメリカ合衆国のいわゆるコーンベルトでは，コーンベルトデントと呼ばれるデントコーンの品種群が主力である．日本では，サイレージなど飼料用の栽培が多い．

（2）　フリントコーン（flint corn，硬粒種；*Z. mays* var. *indurata*）

子実の頭頂部も含めて周縁部は硬質デンプンで硬く張りがあり，中央部が

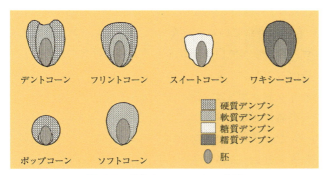

図10.3　栽培トウモロコシの分類

軟質デンプンである．コロンブスがスペインに持ち帰ったのはこのフリントコーンといわれる．早生品種も多いため栽培期間が短い高緯度地域にも適しており，例えば北米では，アメリカ合衆国のコーンベルトより北の地域からカナダにかけて，北方フリントと呼ばれるフリントコーンの品種群が主力となっている．デントコーンと同様に，飼料・工業用原料に使用される．

日本では，1570年代の天正年間にポルトガル人が長崎か四国にトウモロコシを導入したが，それがカリビア型フリントコーンであった．その後，明治初年にアメリカから北海道に導入されたトウモロコシは北方型フリントコーンである．こうした経緯から，日本の在来品種にはフリントコーンが多く，暖地向きのカリビア型品種は江戸時代に九州・四国の中山間地などで定着し，北上して東北まで伝播しているし，寒冷地向きの北方型品種は北海道を中心に北関東辺りまで南下し，両者の交雑品種もみられる．日本の食用トウモロコシは，1900年代半ばまでフリントコーンが主流であった．今日の日本では，食用はスイートコーン，飼料用はデントコーンに置き換わり，日本在来のフリントコーン品種の栽培はまれであるが，サイレージ品種の育成母本などに利用されている．

(3) スイートコーン（sweet corn，甘味種；*Z. mays* var. *saccharata*）

焼きトウモロコシやコーンサラダ，缶詰・冷凍食品のコーンなど，野菜としての利用で日本の消費者におなじみのトウモロコシである．未成熟の雌穂をゆでてサラダなどに用いるヤングコーンにも，主にスイートコーン品種が用いられる．デントコーンやフリントコーンから派生したものであるが，光合成産物が胚乳でデンプン化されずに糖分のまま蓄えられる割合が高いために甘味がある．

日本では，戦後すぐに‘ゴールデンクロスバンタム’が普及し，その後，糖濃度が従来品種の約2倍と高いスーパースイート種と呼ばれる品種（‘ハニーバンダム’，‘ピーターコーン’など）に置き換わった．スイートコーンでは，デンプンの生合成阻害に su 遺伝子が働くが，スーパースイート種は，より働きの強い $sh2$ 遺伝子をもつ．さらに，$sh2$ 遺伝子に加えて su 遺伝子ももち，より糖度が高いウルトラスーパースイート種と呼ばれる品種（‘味来390’など）も作出されている．また，スイートコーンは，粒の色がすべて黄色いイエロー種，すべて白いホワイト種と，黄色と白の粒が混在するバイカラー種に分けることができる．

雌雄異花のトウモロコシは，他品種の花粉を受粉することによって一部の子実が花粉親の特性を示すキセニアの発生確率が，イネなどに比べて高い．スイートコーンで，デントコーンやフリントコーンなどの花粉の飛来によるキセニアが発生すると，商品価値が大きく損なわれるため，圃場間に十分な距離を置くなどの配慮が必要である．

(4)　ワキシーコーン（waxy corn，糯種[もち]；*Z. mays* var. *amylosaccharata*）

　食用として東アジアに多い．完熟した子実の表面の質感からワキシー（ワックス状の意）の名がついているが，日本ではモチトウモロコシとも呼ばれ，加熱調理すると粘性の強い食感がある．日本でも，子実の色が白，黄，赤，紫，黒色，あるいはそれらの色の子実が入り混じった在来品種が各地で親しまれていたが，スイートコーンの普及で姿を消した品種も多い．

(5)　ポップコーン（pop corn，爆裂種；*Z. mays* var. *everta*）

　子実は，小さく丸い形か，または小さく頂上が尖った形をしている．胚乳のデンプン構成はフリントコーンに似るが，硬質デンプンの部分が大きく，軟質デンプンは内側の胚のごく近傍に限られる．乾燥したポップコーンの子実を加熱すると，軟質デンプン内の水分が気化して膨張しようとするが，外側の厚い硬質デンプンの層に阻まれて圧力が高まり，一気にはじけて，菓子のポップコーンとなる．室内装飾用の小型のポップコーンやストロベリーポップコーンなどもある．

　以上の他にも，胚乳の大半が軟質デンプンのソフトコーン（フラワーコーン，軟粒種），軟質デンプンの部分と糖分の部分からなるスイート・スターチコーン（軟甘種），原始的でコムギなどと同様に子実が1つずつ穎に包まれているポッドコーン（有稃種）がある．

　栄養の面からみると，トウモロコシは必須アミノ酸のバランスが悪く，リジンなどが少ないため，タンパク源としてはコメやコムギに劣る．飢餓地域への食料援助でトウモロコシばかりを与えると，子どものお腹が膨らむ栄養失調特有の症状が出ることも知られている．こうした問題を解決する目的で，リジン含量などの高い遺伝子組換え品種なども作出されている．

e.　育種・採種

　トウモロコシの育種・採種は，自殖を繰り返した系統の中から特徴のあるものを父系，母系の品種として選び出し，それらを交配する自殖系統間交雑が基本である．交雑品種の採取の基本となるトウモロコシは，雌穂と雄穂が分かれているため，自殖系統の種子の採取には，他の品種と圃場を隔離する等の処置が必要で労力が大きい．その反面，雑種強勢（ハイブリッド効果）を利用した生産力が高い一代雑種（F_1ハイブリッド）の種子を大量に生産する場合，自家受粉するイネでは優勢不稔系統の利用が必須であるのに対し，トウモロコシでは1つの圃場に母系品種の列と父系品種の列を交互に植えておき，母系品種の雄穂を早めに除去してしまえばよい．現在のトウモロコシ栽培の主力は，このようにして商業的に育成・採取された一代交雑品種であり，よい母本となる自殖系統を確保することが育種戦略上重要である．日本を含む多くの国が，アメリカの企業から種子を購入している．一代交雑

品種は，値段が高いものが多いが，農家が次年度用の種子を自分で採取しても遺伝的に雑多で形質が安定せず，毎年種子を購入する必要がある．

　実際の採種法には，種子の品質と労力の兼ね合いで，単交雑，複交雑と，折衷的な三系交雑がある．自殖系統AとBを交配してその種子（A×B）を栽培に用いる単交雑は，得られる種子の品質がよく安定している反面，母系の自殖系統であるAの種子生産力が低いので，大量の種子の確保には広い採取圃場と多大な労力を要するし，A，B両自殖系統を大量に維持しなくてはならない．これに対して，祖父母にあたるA，B，C，Dの4つの自殖系統を用い，まずA×BおよびC×Dを採種し，次世代の（A×B）×（C×D）の種子を生産に用いる複交雑は，得られる種子の雑種強勢の程度が小さく品質ではやや劣るが，母系の（A×B）の種子生産力が大きいので，低コストで種子が生産できる利点がある．

　実際，1960年代までのコーンベルトの栽培品種は複交雑品種であったし，1958の‘交501号’をはじめとする日本の農業試験場の育成品種の多くは，デントコーンとフリントコーンの自殖系統を母本とする複交雑品種であった．しかし，アメリカでは1980年代以降，種子生産力の高い自殖系統の育成に成功し，単交配が可能になっている．また，（A×B）とCを交配して（A×B）×Cの種子を得る三系交雑や，姉妹系統を母本に使った交雑も利用されている．

f.　バイオテクノロジーの利用

　トウモロコシは分子遺伝学的な研究やバイオテクノロジーの利用が積極的に進められている作物である．アメリカなどでは，遺伝子組換え技術により，医薬原料となる物質を生産するトウモロコシが作出されているほか，ヨトウムシなどの害虫への抵抗性の導入，除草剤耐性を導入したトウモロコシとグリホサートなどの非選択性除草剤との組合せ利用などが生産現場で実現し，農薬使用量の低減などに効果を上げている．

　遺伝子組換えにおいて，花粉飛散などによる環境への影響や既存品種への混入の問題については，不明な点も多く，さらなる研究・調査と慎重な検討を要するし，食品の安全性に対する消費者の懸念にも十分な説明が必要である．後者については，従来アメリカからの輸入に大きく依存していた日本のトウモロコシ輸入が，遺伝子組換えトウモロコシへの懸念から多国化してきている．一方で，遺伝子組換えの研究・利用を強く規制することは，すでに一代交雑品種の利用でアメリカに大きな後れをとっているトウモロコシの育種産業で，さらに差が広がるという懸念もある．　　　　　　［阿部　淳］

文　献

1) 星川清親 (1980)：新編食用作物，養賢堂.
2) 堀田　満他編 (1989)：世界有用植物事典，平凡社.
3) 資源作物見本園ホームページ：http://www.naro.affrc.go.jp/nics/mihonen/crops/
4) The Taxonomy of *Zea*：http://teosinte.wisc.edu/taxonomy.html
5) 戸澤英男 (2005)：トウモロコシ―歴史・文化・特性・栽培・加工・利用―，農文協.

10.2　雑　穀　類

　雑穀（図10.4）とは，小さな種子をつけるイネ科穀類のことで，ユーラシアまたはアフリカを主な起源とし，古くから食料として半乾燥，亜熱帯および温帯地域で夏季に栽培されてきた[12]．世界には主に20種程度が知られている（表10.1）．紀元前1世紀に執筆されたとされる中国最古の農書『氾勝之書』には，年平均降水量350〜700 mmの乾燥農業地帯である山西省におけるアワ，キビ，コムギ，イネ，ダイズ，アズキ，麻，枲（からむし），ヒョウタン，タロイモ，ヒエ，桑の栽培技術が記録されている[4]．最初にアワの記述があるように，黄河文明ではすでにアワが主要な穀類として栽培されていた．

図10.4　雑穀の種子

表10.1 主な雑穀

和名	属名	学名	英名	栽培起源地	染色体数	祖先種名
アワ	エノコログサ属	Setaria italica	foxtail millet	中央アジア	2n=18(2x)	Setaria viridis
キンエノコロ, コラリ		Setaria glauca	yellow foxtail millet	インド		野生型
キビ	キビ属	Panicum miliaceum	common millet	中央アジア	2n=36(4x)	P. ruderale?
サウイ		Panicum sonorum	sauwi	メキシコ		
サマイ		Panicum sumatrense	little millet	インド	2n=36(4x)	P. sumatrense subsp. psilopodium
インドビエ	ヒエ属	Echinochloa frumentacea	Indian barnyard millet	インド	2n=54(6x)	E. colona
ヒエ, ニホンビエ		Echinochloa utilis	Japanese millet, barnyard millet	東アジア	2n=54(6x)	E. crus-galli
コルネ	ニクキビ属	Brachiaria ramose	korne, browntop millet	インド		野生型
コドラ	スズメノヒエ属	Paspalum scrobiculatum	kodo millet	インド	2n=40(4x)	P. scrobiculatum var. commersonii
ハトムギ	ジュズダマ属	Coix lacryma-jobi var. ma-yuen	Job's tear	東南アジア	2n=20(2x)	C. lacryma-jobi var. lacryma-jobi
ライシャン	メヒシバ属	Digitaria cruciata	crab grass, raishan	インド		D. cruciata var. cruciate
フォニオ		Digitaria exilis	fonio, fundi, hungry rice	西アフリカ	2n=54(6x)	
パールミレット	チカラシバ属	Pennisetum americanum (P. typhoideum)	pearl millet	アフリカ	2n=14(2x)	P. violaceum
シコクビエ	オヒシバ属	Eleusine coracana	finger millet	東アフリカ	2n=36(4x)	E. coracana subsp. africana
テフ	スズメガヤ属	Eragrostis tef (E. abyssinica)	teff	エチオピア	2n=40(4x)	E. aethiopica?, E. pilosa?
モロコシ	モロコシ属	Sorghum bicolor	sorghum	アフリカ	2n=20(2x)	S. bicolor var. verticilliflorum

C_4光合成のサブタイプ
C_4光合成には維管束鞘細胞での脱炭酸反応の違いから3つのサブタイプ(NAD-ME, NADP-ME, PCK)があり,雑穀もいずれかのタイプに分類される.なお,サブタイプによって維管束鞘細胞の中の大型葉緑体の配置とグラナの発達程度が異なることが知られている(写真参照).

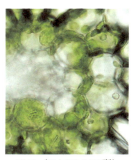

アワ(NADP-ME型)

雑穀の特徴としては,環境ストレスに強いため主要作物が栽培できない土地でも栽培でき,子実に様々な機能性成分を含み,品種改良が不十分なため地域に適した品種が残っていることが挙げられる.多様性に富む雑穀は今後の地球環境の変化に対して「新しい緑の革命」(1960年代に飛躍的に生産性を増加させた緑の革命より,環境負荷が少なく生産性の高い農業革命)のための遺伝資源として期待されている[3].雑穀の多くはC_4型の光合成であることから,イネやマメ類より光合成速度や水利用効率が高い.イネ科植物は穂の形態に特徴があるが,その多くは小穂が集合した短軸分枝による複総穂花序である.子実は種皮と果皮が癒合した穎果である.単子葉植物の特徴であるが,穎果の片側に胚があり,葉は鞘葉に,幼根は根鞘に包まれている.日本では,雑穀の登録農薬がないことと肥料要求性が低いことから,中山間地域で無農薬,低投入型の栽培が行われている場合が多い.子実を食用として利用するほか,茎葉は飼料として利用される.

雑穀は精白米よりもタンパク質,脂質,食物繊維,ビタミン,ミネラルおよびアミノ酸を多く含んでおり,健康食品として人気がある.アワ,キビおよびヒエには,タンパク質,脂質および食物繊維がそれぞれ精白米の2~7倍程度含まれている(表10.2).ヒエとモロコシには,アワやキビより食物

10.2 雑穀類

繊維が多く含まれており，精白米の約9倍である．アワ，キビ，ヒエおよびモロコシのビタミンE（a），B_1，B_2，パントテン酸およびビオチンは，多いもので精白米の3～7倍程度含まれ，カリウム，カルシウム，マグネシウム，ナトリウム，リンおよび鉄などのミネラルは，同じく多いもので精白米の3～6倍程度含まれている．アミノ酸組成はアワ，キビ，ヒエおよびモロコシで同様であり，その合計は精白米の約1.5～2倍である（表10.3）．アワとキビのタンパク質は善玉コレステロールを増加させるため，動脈硬化や血栓の予防効果が期待される[10]．また，キビの子実にはがん発生およびがん細胞の増殖抑制効果があるフェノール類が含まれると報告されている[2]．

キビ（NAD-ME型）

近年は，コメの重量の10～20％を混ぜて一緒に炊き，雑穀ご飯として食べられることが多い．雑穀は精白粒をブレンドして袋詰めすればよく，手軽で採算性の高い六次化商品ができるのも魅力である．最近では，コムギ，卵，牛乳，コメなどのタンパク質にアレルギー症状を示す報告が増えており，完全なアレルゲンフリーとはならないが，雑穀はこれらの代替食品としても重要である[11]．

本節では，ユーラシア起源とアフリカ起源の雑穀を3種ずつ紹介する．

a. ア ワ（図10.5）

イネ科エノコログサ属の一年草であり，祖先種はエノコログサ（*Setaria viridis*）である．漢名は「狗尾草（エヌノコグサ）」といい，穂の形が「子

図10.5 アワ

表10.2 子実に含まれる成分一覧[7]

項目（100g中）	イネ 精白	イネ 玄米	アワ 精白	キビ 精白	ヒエ 精白	モロコシ 精白
カロリー（kcal）	358	353	367	363	366	364
水分（g）	14.9	14.9	13.3	13.8	12.9	12.5
タンパク質（g）	6.1	6.8	11.2	11.3	9.7	9.5
脂質（g）	0.9	2.7	4.4	3.3	3.3	2.6
炭水化物（g）	77.6	74.3	69.7	70.9	73.2	74.1
食物繊維（総量）（g）	0.5	3	3.3	1.6	4.3	4.4
ナトリウム（mg）	1	1	1	2	6	2
カリウム（mg）	89	230	300	200	240	410
カルシウム（mg）	5	9	14	9	7	14
マグネシウム（mg）	23	110	110	84	58	110
リン（mg）	95	290	280	160	280	290
鉄（mg）	0.8	2.1	4.8	2.1	1.6	2.4
亜鉛（mg）	1.4	1.8	2.5	2.7	2.2	1.3
ビタミンE（α）（mg）	0.1	1.2	0.6	Tr	0.1	0.2
ビタミンE（γ）（mg）	0	0.1	2.2	0.5	1.2	1.5
ビタミンB_1（mg）	0.08	0.41	0.56	0.34	0.25	0.1
ビタミンB_2（mg）	0.02	0.04	0.07	0.09	0.02	0.03
ナイアシン（mg）	1.2	6.3	2.9	3.7	0.4	3
ビタミンB_6（mg）	0.12	0.45	0.18	0.2	0.17	0.24
葉酸（μg）	12	27	29	13	14	29
パントテン酸（mg）	0.66	1.37	1.83	0.95	1.5	0.66
ビオチン（μg）	1.4	6	14.4	7.9	3.6	0

表10.3 子実のアミノ酸含有率[7]

項目（100g中）	イネ 精白	イネ 玄米	アワ 精白	キビ 精白	ヒエ 精白	モロコシ 精白
イソロイシン	240	270	470	450	450	350
ロイシン	500	560	1500	1400	1000	1200
リジン	220	270	220	160	130	200
メチニン	150	160	380	350	240	160
シスチン	140	160	220	200	140	190
フェニルアラニン	320	360	630	630	660	500
チロシン	230	310	350	410	350	250
トレオニン	220	250	440	350	320	350
トリプトファン	84	110	210	150	110	120
バリン	350	410	580	550	540	440
ヒスチジン	160	190	260	250	210	190
アルギニン	500	590	350	350	270	370
アラニン	340	390	1000	1200	920	850
アスパラギン酸	570	660	790	670	570	630
グルタミン酸	1100	1200	2400	2500	2200	200
グリシン	280	330	300	250	210	350
プロリン	290	320	970	790	680	730
セリン	310	340	550	700	470	460
アミノ酸合計	6000	6800	12000	11000	9500	9300

単位はすべてmg．

中国黄土高原の農家圃場で栽培されているアワ

中国のスーパーマーケットで販売されているアワ

粥にして食べることが多い．

「犬の尾に似た草」という意味で，猫が喜んで遊ぶため「ねこじゃらし」とも呼ばれている．アワの学名は*Setaria italica*であり，世界では同属の仲間が主に9種（*S.intermedia*, *S.liebmannii*, *S.macrostachya*, *S.pallide-fusca*, *S.palmifolia*, *S.parviflora*, *S.pumila*, *S.sphacelata*, *S.verticillata*）栽培されている[1]．起源地は中央アジアからインド亜大陸の北西部とされており，紀元前5000年頃にはユーラシアで栽培されていたとされる．日本では古事記や日本書紀の食物起源神話にも記載されており，縄文時代にすでに栽培されていたとされる最古の作物である．粟の語源は「小さな種子が続いている様子」から命名されたものである．和名の「アハ」は「たくさん」の意味で，小粒の実がたくさんついていることから命名されたという説もある．

日本では，1880年のアワの生産量は約20万tで，畑地面積の12%程度を占めており雑穀の中で最も多かったが，2014年には70tと1880年の生産量の0.03%に著しく低下した（図10.6）．この激減は，栽培面積の減少による．1880年の栽培面積は約22万haであったが，2014年には56haと0.02%に激減している．アワの収量は125 kg/10 a（1880～1885年の平均収量）から117 kg/10 a（2010～2014年の平均収量）と，134年間ほぼ変化していない．

穂は10～40 cm，草丈は1～2 mで，高収量の栽培品種は分げつの少ない品種が多い．年間降水量が200～300 mmの中国の黄土高原でも分げつしない品種が栽培されている．穂型は円錐，円筒，紡錘，棍棒，猿手，猫足の6種に大別され，穂の大きなものをオオアワ，小さなものをコアワといい，日本では主にオオアワが栽培されている．小穂は2小花よりなるが，第1小花は不稔のことが多い．子実は球形で千粒重は2.0 g程度であり，モチとウルチ品種があり，日本にはモチアワが多い．

温暖で乾燥した地域に適しているが，気候適応性があり，生育期間が比較的短いため寒冷地から温暖地まで広く栽培可能である．4～45℃まで発芽できるが，適温は30℃であり，湛水条件下では発芽困難である．排水のよい土壌でpHは5.0～6.5が適している．施肥量は10aあたり窒素5 kg，リン8 kg，カリウム6 kg程度とされている．雑穀といえば救荒作物としても有名であるが，アワは発芽から節間伸長期までは生育速度が遅いため，除草の

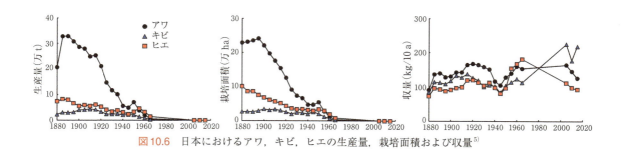
図10.6　日本におけるアワ，キビ，ヒエの生産量，栽培面積および収量[5]

有無が生育と収量に及ぼす影響は大きい．また，土壌乾燥条件下において土壌深層で細い側根が発達する長大な根系をもつため，耐乾性が大きい[8]．東北地方以北では春播きの品種，九州地方には夏播きの品種が栽培される．耐乾性は強いが破生通気組織が発達しにくいため耐湿性は弱い．開花は出穂後1週間で始まり，1週間以内に最盛期になる．高温多湿条件ではアワ黒穂病が発生しやすく，アワノメイガ，アワヨトウ，アワカラバエに食害される．そのほかにもゴマ葉枯病やアワしらが病を発生することがある．

b. キ ビ（図10.7）

イネ科キビ属の一年草であり，祖先種はイヌキビ（*Panicum ruderale*）である可能性があるが，不明または絶滅したとされる説もあり，いまだ結論が出ていない．学名は*Panicum miliaceum*である．起源地は中央アジアからインドとされており，紀元前5000年頃の中国やヨーロッパの遺跡から炭化種子が発見されていて，世界最古の作物とされている．日本へはアワやヒエより遅れて伝来した．黍はモチキビのことであり，ウルチキビは「稷」である．和名は「黄色の実」から命名されたという．

日本では，1880年のキビの生産量は約2万tであったが，2014年には131tと栽培面積の減少により0.6%に著しく低下した（図10.6）．1880年の栽培面積は約2万6,000 haであったが，2014年には60 haと0.2%になっている．キビの収量は134年間で83 kg/10 a（1880〜1885年の平均収量）から149 kg/10 a（2010〜2014年の平均収量）と1.8倍に増加したが，年次変動が大きい．

草丈は1〜2 mで穂長は30〜50 cmである．穎果は白，黄，黒などの光沢のある内外穎に包まれており，千粒重は4〜6 g程度である．小穂は2小花からなるが，第1小花は不稔のことが多い．穂は平穂型，片穂型および密穂型の3種があり，日本には片穂型が多い．モチ品種とウルチ品種がある．

高温乾燥に適し，生育期間は80〜120日と短い作物である．播種後1ヶ月頃には幼穂が分化する．発芽最低温度は6〜7℃であり，最適温度は30℃である．土壌のpHは5〜7が適している．施肥は10a当たり窒素6 kg，リン8 kg，カリウム6 kg程度が標準施肥量とされる．開花は出穂開始から1週間程度で始まり，開花期間は10日程度と短い．出穂から成熟まで1ヶ月程度である．生育期間が短いため，作物が乾燥を経験する期間も短くなり，耐乾性（避乾性）も強い．耐湿性は強くないが，冠根の皮層に破生通気組織が発達するため，アワよりは強い[9]．病虫害は少ないが，高温多湿条件ではキビ黒穂病が多発することもある．アワノメイガ，アワヨトウ，ニカメイガなどによる被害や，アワカラバエやカメムシ類による吸汁害もあり，また鳥害を受けやすい．

メイチュウ類によるアワの虫害

メイチュウ類の発生時期と重なると壊滅することもある．

図10.7　キビ

陝西省の農家圃場で栽培されているキビ

c. ヒ　エ（図10.8）

図10.8　ヒエ

イネ科ヒエ属の一年草であり，祖先種はイヌビエまたはノビエ（*Echinochloa crus-galli*）で，学名は*Echinochloa utilis*である．栽培起源地は中国や日本などの東アジアとされており，日本では縄文時代の炭化種子が発見されていることから，アワやキビと同様に最古の作物であるとされている．稗の語源は，食料としてほかの穀物より劣るとされたことから，「価値が低い」という意味の「卑」が使われた一方で，和名は「日（ヒ）」「得（エ）」と考えられており，日ごとに盛んに茂るというC_4作物の特徴を表したものとなっている．ヒエはコヒメビエ（*E. colona*）を起源とするインドビエ（*E. frumentacea*）とは種子をつくらないことから，別々に栽培化されたものとされる．

日本での生産量は，1880年の7万5,000 tから2014年の147 tへと著しく低下した（図10.6）．この激減は栽培面積の減少によるもので，1880年の栽培面積は約10万haであったが，2014年には159 haと激減している．収量は134年間で92 kg/10 a（1880～1885年の平均収量）から167 kg/10 a（2010～2014年の平均収量）と1.8倍に増加した．

ヒエ属の日本産野生種はすべて一年生であり，水田のみに生育するもの（タイヌビエ，ヒメタイヌビエ），水田を含む低湿地に生育するもの（イヌビエ），および畑地を含む乾燥地に生育するもの（ヒメイヌビエ）の3つに分けられる．熱帯・亜熱帯地方には多年生の野生種があり，一年生の種には葉舌がなく，多年生の種には絹糸状の毛が輪生している．なお，アジアやアフリカの季節的洪水地域では，水位の上昇に伴って節間伸長する浮性のヒエ（*E. stagnina*）がある．インド，パキスタン，ネパールで栽培されるインドビエは無芒であり，それもコヒメビエ由来であると考えられている．ヒエ属植物には葉耳も葉舌もなく，代わりに短毛が観察される種もある．

草丈は1～2 mで穂長は10～30 cmであり，穂型は密穂，開散穂，中間の3つに分けられる．小穂には2小花がつくが，第1小花は不稔である．生育日数は120～150日程度である．冠根の皮層に破生通気組織がよく発達することから耐湿性が強い．多肥で倒伏しやすいことから，標準施肥量としては10 a当たり窒素5 kg，リン8 kg，カリウム6 kgである．開花から成熟までの日数は約1ヶ月と短い．葉枯病，黒穂病，褐斑病，いもち病，紋枯病などの病害が知られており，アワノメイガ，アワカラバエ，アワヨトウなどに食害される．

アミロースを欠く完全なモチ品種はなかったが，低アミロース品種にガンマ線を照射してアミロースフリーの'長十郎もち'が育成された[6]．

d. モロコシ（ソルガム）

イネ科モロコシ属の一年草であり，祖先種は野生種（*Sorghum bicolor* var. *verticilliflorum*）で学名は*Sorghum bicolor*である．栽培起源地はエチオピアを中心とするアフリカであり，紀元前3000年頃には栽培化され，紀元前2000年頃にはインドや中央アジアに伝わり，日本へは中国から5〜8世紀に伝わったとされている．アジア東北部では寒冷地に適した「高粱」と呼ばれる特殊な品種群が分化し，白酒の原料として利用される．

モロコシを原材料にした白酒

世界のモロコシの生産量は，1961年の4,093万tから2014年には6,894万tと1.7倍に増加した（図10.9）．2014年の国別生産量では，アメリカの1,099万tが最も多く，ついでメキシコ，ナイジェリアと続く．栽培面積は1961年の4,600万haから2014年の4,496万haとほぼ横ばいであった．国別では，838万haのスーダンが最も多く，インド，ナイジェリアと続く．収量は1961年の89 kg/10 aから2014年の153 kg/10 aへと1.7倍に増加した．国別では，アメリカの4,289 kg/10 aが突出して多く，ついでヨルダン，オマーンであった．近年（2005〜2013年）の日本の子実用モロコシの平均生産量は48 t，平均作付面積は16.6 ha，平均収量は291 kg/10 aである．

草丈は1〜6 mで穂長は20〜40 cmであり，穂型は密穂，鴨首，開散穂，中間，片穂（箒）型の6つに分けられる．枝梗の先端の小穂には3小花，その他は2小花がつき，それぞれ退化小花を含む．千粒重は10〜60 gと品種によって変動が大きく，雑穀の中では大きい．モチ品種とウルチ品種がある．穎果は護穎に包まれるものもあれば，護穎より飛び出しているものもあり，果皮は白，黄，褐色などがある．土壌のpHは5.5〜8.5まで栽培可能でアルカリ耐性が強い．発芽温度は6〜45℃まで可能であり，最適温度は32〜35℃である．生育日数は100〜130日程度である．多くの品種で14時間以上の日長では出穂しない．深根性のため耐乾性が強く，耐湿性も強い．標準施肥量

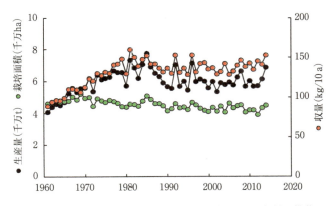

図10.9 世界のモロコシの生産量，栽培面積および収量の推移（FAOSTATより作成）

としては10a当たり窒素6kg，リン3kg，カリウム7kgである．開花から成熟までの日数は40〜50日程度である．

耐乾性が強いため，トウモロコシが栽培できないような降水量の少ない地域ではモロコシが代わって栽培される．黒穂病，炭疽病，斑点病などの病害が知られており，アワノメイガやアワヨトウなどに食害される．日本ではみられないが，魔女雑草（witch weed）と称される難防除の根寄生雑草ストライガの宿主植物でもあり，アジア・アフリカでは減収要因の1つとなっている．

用途によって穀実用，糖用，箒用，飼料用に分けられる．アフリカでは全粒粥や麦芽の代わりにスプラウトを発酵させてビール様醸造酒として利用する．

e. シコクビエ

シコクビエの開花

イネ科オヒシバ属の一年草であり，祖先種は野生種（*Eleusine coracana* subsp. *africana*）とされる．学名は*Eleusine coracana*であり，栽培起源地はエチオピアからウガンダにかけての東アフリカの高原地帯とされており，紀元前3000年頃にはエチオピアで栽培されていた．日本への伝来の詳細は不明であるが，他の雑穀と異なり，呼称（アカビエ，朝鮮ビエ，弘法ビエ，太閤ビエ，与助ビエなど）が多い．日本では，山梨県から徳島県の間の中山間地域で限定的に栽培されている．

草丈は1〜1.5m，稈は扁平で，伸長節間と伸長しない節間が1〜数個交互にある．穂は3〜10本の枝梗が輪生し，掌状（open type），穂の先端のみ内側に湾曲したもの（top curved type）または拳状（closed typeまたはfistlike type）がある．日本の在来品種はすべて掌状型である．小穂は5小花からなり，いずれも稔実である．頴果はきれいな球形であり，千粒重は2〜3gである．収量は140kg/10a程度である．穂長は10〜20cmであり，小穂，護頴，外頴が短く，頴果が露出するアフロアジア型（Afro-asiatic type）と頴果が露出しないアフリカ高原型（African highland type）の2つに分けられる．モチ品種はない．標準施肥量としては10a当たり窒素4kg，リン6kg，カリウム5kgである．発根力が大きく，中胚軸の伸長量が小さく，オーキシンの酸化酵素活性が高いために分げつ能力が大きい（穂数を確保）という特性から，移植適性に優れると考えられており，インドやスリランカでは水田で栽培される場合もある．開花から成熟までの日数は出穂開始から出穂完了までの期間が長いため，成熟した穂から徐々に収穫する．穂いもち病やアワノメイガやアワヨトウの食害を受けるが，病害虫には概して強い．

アフリカでは粥にしたり，粉にして他の穀物の粉と混ぜて焼いたり，スプ

ラウトをビール様酒類の原料とする．ザンビアとマラウイでは現在も重要な主食である．ネパールではシコクビエを材料にした「チャン」というアルコール度数の高い蒸留酒がある．

f. パールミレット（トウジンビエ）

イネ科チカラシバ属の一年草であり，祖先種はセネガルおよびギニアの野生種（*Pennisetum violaceum*）で，学名は*Pennisetum americanum*または*P. typhoideum*である．栽培起源地はエジプトやスーダンを中心とするアフリカであり，紀元前2000～1000年の間には栽培化されたとされる．日本でも飼料作物として導入されている．

草丈は1～5 mであり，穂長は15～90 cmと品種間差が大きい．生育期間も早生（収穫まで60～95日）のものから晩生（収穫まで130～150日）のものまで変異が大きい．頴果は白，灰，黄色で光沢があるものが多く，千粒重は5～8 gである．ガマの穂のように，太い穂軸を中心に多数の枝梗がつき，枝梗には1対の小穂がつく．小穂は2小花からなり，第1小花は不稔である．開花は穂の上部から始まり，雌しべ先熟性・他家受精であり，脱粒性が大きい．耐乾性と耐暑性は極めて強い．標準施肥量としては，10 a当たり窒素7～19 kg，リン22～27 kg，カリウム8 kgとする．灌漑栽培の子実収量は250～300 kg/10 a，茎葉収量は250～600 kg/10 aである．

アフリカではひき割りにして粥（クスクス），インドでは粉にしてパン（チャパティ），スプラウトを発酵させて麦芽の代わりとしてビール様酒類を醸造する．茎葉は飼料や緑肥の他に屋根の材料や燃料として利用される．

10.3 擬　穀　類

タデ科のソバ，ヒユ科のヒモゲイトウ，アカザ科のキノアやカニワなどのイネ科以外の雑穀のような穀類を，擬穀類（図10.10）または擬似雑穀という．ここではソバ属の3種について概説する．

a. ソ　　　バ（図10.11（A））

タデ科ソバ属の一年草であり，祖先種は*Fagopyrum esculentum* subsp. *ancestralis* と考えられている．学名は*Fagopyrum esculentum*であり，栽培起源地は中国の雲南省，四川省とチベットとの境界地域である．日本へは中国から朝鮮半島を経て縄文時代晩期には東日本まで伝来し，続日本紀に最古の記述がある．形態，アロザイム，DNAの塩基配列から，ソバと後述するダッタンソバ，宿根ソバは祖先種を含めていずれもcymosum（シモサム）グループに属し，そのほかの野生種はurophyllum（ウロフィルム）グループに

図10.10 擬穀類の種子

図10.11 開花期のソバ（A），結実期のソバ（B），ソバの不定根の横断面（C），結実期のダッタンソバ（D），宿根ソバ（E）

属する．

　世界のソバの生産量は1961年の248万tから徐々に増加し，1992年の497万tをピークに減少に転じ，2014年には192万tであった（図10.12）．2014年の国別生産量では，ロシアの66万tが最も多く，ついで中国，ウクライナ

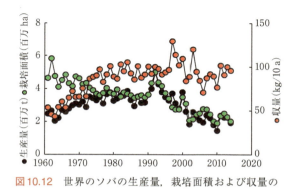

図10.12 世界のソバの生産量，栽培面積および収量の推移（FAOSTATより作成）

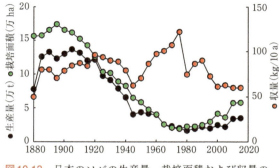

図10.13 日本のソバの生産量，栽培面積および収量の推移[5]

と続く．日本では，1898〜1900年に生産量14万t，栽培面積18万haを最高に低下し続けたが，1960年代から水田転換作物として栽培され，2000年以降は生産量，栽培面積ともに徐々に増加している（図10.13）．2016年の主産地は北海道であり，国内生産量の約42％，国内栽培面積の約35％を占める．

草丈60〜130 cm，ハート形の葉を互生し，茎は中空である．根量は少ないが根毛はよく発達する．成熟した不定根の表皮は木質化して脱落する（図10.11（C））．花色は白，赤およびその中間の桃色である．異型花柱花を示すため，同品種でも個体が違うと，雄しべより花柱が長い長柱花と花柱より雄しべが長い短柱花のいずれかの花が1：1の確率で咲き，花柱の長さが異なるものでしか結実しない．花柱の基部にある蜜腺から栗の花のような匂いで集める昆虫類により受粉するが，結実率は20％程度とたいへん低い（図10.11（B））．多収良質品種の改良としては，野生種 *F. homotropicum* を利用した自殖性の開発や難穂発芽性品種の開発が進められている．

冷涼気候に適し，生育期間が2〜3ヶ月であるため，緯度や標高の高い地域でも栽培できる．高冷地限界はヒマラヤ山脈で標高約4,000 mであるが，霜には弱い．一方で暖地にも適し，熊本県や鹿児島県の中山間地域で広く栽培されている．ソバの肥料吸収量は10 a当たり窒素3.6 kg，リン1.6 kg，カリウム4.9 kgで，カリウムの吸収量が多く，すべて基肥で施用する．播種量は5〜10 kg/10 aとする．播種適期，日長反応，収量性などから，北海道や東北など高緯度地域で栽培される夏型，九州や四国など低緯度地域で栽培される秋型，北海道を除く日本全体で広く栽培される中間型に分けられる．収穫適期は全体の70〜80％が黒化した頃であり，穂発芽しやすいため長雨には注意が必要である．病害虫が少ないことが特徴の1つでもあるが，湿度の高い場合にはうどんこ病が発生する場合もある．

ソバはビタミン類や鉄分を多く含み，アミノ酸構成も良質であるが，麺に

中国黄土高原の農家圃場で栽培されているソバ

陝西省の食堂で出されたソバのヤキソバ

するとそれらの栄養成分はほとんどゆで汁に移行する．血行促進作用のあるルチンが含まれていることもソバの特徴である．

b. ダッタンソバと宿根ソバ

ダッタンソバの学名は*F. tataricum*であり，栽培起源地は祖先種の*F. tataricum* subsp. *potanini*の生息地である四川省と考えられている．花が黄緑色で種子重は18 mgとソバより小さく（図10.11（D）），自殖性である．暑さに弱く寒さに強いため，中国南部からヒマラヤ高地で広く栽培されている．ルチンはソバの100倍多く含むが，水と混ぜるとダッタンソバ子実に含まれるルチノシダーゼの作用でケルセチンなどの苦み成分が生じるため，ルチノシダーゼ活性の低い苦みの少ない'満点きらり'が育成された[13].

宿根ソバ（図10.11（E））の学名は*F. symosum*で，多年草である．別名のシャクチリソバは本草綱目の「赤地利」から牧野富太郎博士が命名した．二倍体と同質四倍体があり，二倍体の種子の方が大きく，肥大した根茎をもつ．ソバと同様に自家不和合性である．繁殖力が強く旺盛に成長するため，熊本県では家畜飼料として導入されたが，現在は難防除雑草となっている．外観はソバに似ているが収量は低い．子実を食用として利用するほか，根茎や茎葉は薬用植物として利用され，下痢，消化不良，咳，リウマチなどに効果があるという．　　　　　　　　　　　　　　　　　　　　　　　　　　　　　　［松浦朝奈］

文　献

1) Austin, D. F. (2006)：*Econ. Bot.,* **60**：143-158.
2) Chandrasekara, A. and Shahidi, F. (2011)：*J. Func. Foods,* **3**：159-170.
3) Goron, T. L. and Raizada, M. N. (2015)：*Front. Plant Sci.,* **6**：1-18.
4) 氾勝之（岡島秀夫・志田容子訳）(1987)：氾勝之書，農文協.
5) 長谷川聡 (2006)：岩手県農業研究センター研究報告，**6**：97-108.
6) Hoshino, T. *et al.* (2009)：*Plant Breed.,* **129**：349-355.
7) 香川明夫 (2017)：七訂食品成分表2017 資料編，女子栄養大学出版部.
8) Matsuura, A. *et al.* (2012)：*Plant Prod. Sci.,* **15**(4)：323-331.
9) Matsuura, A. *et al.* (2016)：*Plant Prod. Sci.,* **19**(3)：348-359.
10) Nishizawa, N. and Fudamoto Y. (1995)：*Biosci. Biotech. Biochem.,* **59**(2)：333-335.
11) Romero, H. M. *et al.* (2017)：*J. Cereal Sci.,* **74**：238-243.
12) Sakamoto. S. (1993)：*Farm. Jpn.,* **27**：10-18.
13) Suzuki, T. *et al.* (2014)：*Breed. Sci.,* **64**：344-350.

⑪ ダ イ ズ

〔キーワード〕　ダイズ，ツルマメ，成長習性，落花，根粒菌，青立ち

　多様な食品素材や食用油，家畜飼料として利用されるダイズ（*Glycine max*，英名 soybean）は，日本，中国，アメリカ，ブラジルをはじめ世界各国で栽培されているマメ科作物の1つである．中国では約5,000年前から栽培されており，ダイズの祖先とされる野生種のツルマメ（*Glycine max* subsp. *soja*）が中国大陸の東北部から長江流域にかけて広くみられるため，中国東北部がダイズ栽培の起源地とされている．日本には弥生時代に伝来したといわれ，古事記の記載によると，1,300年前にはすでに各地で栽培されていたという．ダイズは東アジアでは長い栽培の歴史があるが，ヨーロッパには18世紀，北米には19世紀に伝わり，北米での栽培が本格的に拡大したのは20世紀に入ってからである．さらに，近年日本への輸出が増加しているブラジルをはじめとする南アメリカ大陸での栽培が増えたのは，1960年代以降である．本章では，この重要なマメ科作物であるダイズの生理生態的特性と栽培利用について概説する．

11.1　生　産　量

　世界におけるダイズの生産量は，2015年現在約3.1億 t に達しており，穀類ではトウモロコシ，イネ，コムギに次ぐ第4番目の主要作物である．生産量を国別にみると，アメリカが約1億1,000万 t（全生産量比：約35％），ついでブラジルが約9,600万 t（同：約31％），アルゼンチンが約5,700万 t（同：約18％）で，この3ヶ国で全生産量の約85％を占めており，ここ30年間において特に南アメリカ大陸での生産量の増大が著しい（図11.1）．アジアでは中国が約1,200万 t，インドが約1,000万 t の生産量を上げているが，北・南アメリカの著しい増加に対し，アジアではインドを除けばむしろ減少傾向にある．しかし，アジア地域ではダイズの消費量は多いため，地域全体のダイズ自給率は約20％しかない．したがって，ダイズは南北アメリカで

生産され，アジアで消費される構図になっており，農産物貿易の中では最も貿易額が大きい作物である．

日本における生産量は，1955年には最高の約50万tを記録してから減少に転じ，1976年には約11万tまで落ち込んだ．その後コメの生産調整によって余剰水田でのダイズ作付けが増え，2002年には約27万tにまで増加しているが，その後生産が停滞しており，2015年まで20～25万tで推移している（図11.2）．

11.2 早晩性と成長習性

上述のように，中国を中心とするアジア地域ではダイズの栽培の歴史が古く，特に中国や日本においては遺伝資源が豊富であり，在来品種，育成品種を合わせて数千もあるといわれている．また，南北アメリカでの栽培地域の拡大によって，高緯度地域から低緯度地域までの広い範囲において品種の選抜・育成が行われるようになった．品種の特徴として重要な早晩性（earliness of variety）からみると，極早生，早生，中生，晩生，極晩生などの各品種群に分けられる．これらをさらに詳しくみると，日本では播種から開花までの長短（I～V）と，開花から成熟までの長短（a，b，c）の組合せによって9グループに，アメリカでは播種から成熟までの全生育期間の長短によって00, 0, I～Xの12グループに分けられている（表11.1）．

ダイズ品種は，茎の成長習性（growth habit）の違いによって有限伸育型

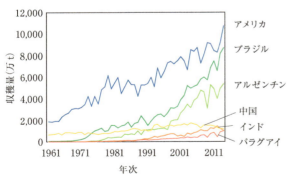

図11.1 主要国のダイズ生産量の推移（FAOSTAT (2014) より作成）

図11.2 日本におけるダイズ栽培の推移（農林水産省・ダイズに関する資料（2016）より作成）

表11.1 ダイズ品種生態型の日米比較

		早生 ←									→ 晩生
日　本		Ia	Ib	IIa	IIb	IIc	IIIb	IIIc	IVc	Vc	
アメリカ	00　0　I			II	III		IV		V　VI　VII　VIII	IX	X

Ude et al. 2003[9] より作成．

図11.3 無限伸育型（左）と有限伸育型（右）の比較

（determinate type），無限伸育型（indeterminate type）および半無限伸育型（semi-determinate type）に分けることができる．有限伸育型と無限伸育型の間には，生育中期までは違いがないが，生育後期になると無限伸育型品種では上位節において頂部に近づくほど節間が短くなり，葉が小型化し，茎の伸長は徐々に止まる．一方，有限伸育型品種は，節間の長さや葉の大きさには節位による明確な差異がなく，ある時期に最後の葉を展開させた後，茎頂に大きな花房をつけて茎の伸長を終了する（図11.3）．なお，無限伸育型品種は，茎が長く分枝が少ないので，密植には適するが，茎が倒伏しやすいため，風雨の多い日本には適さない．

11.3　形態と生理生態的特性

a. 種　　子

ダイズの種子は球形からやや扁楕円形で，胚と種皮からなる無胚乳種子である（図11.4）．胚は幼根（radicle）と子葉（cotyledon）からなる．子葉は黄色を呈するがまれに緑色のものもある．種皮の色は無色，黒，茶，緑など，種子の大きさは直径2〜10 mm，重さは百粒重8〜80 gで，かなり変異に富んでいる（図11.5）．

b. 発　　芽

25℃条件で吸水開始から36〜48時間後には，幼根が伸長して種皮を突き破って発芽（germination）する．発芽後下胚軸（hypocotyl）が伸長し，子葉を地上に押し上げて出芽（emergence）する地上子葉型である（図11.6）．

c. 茎葉の成長

出芽後，光に当たった2枚の子葉は緑化し左右対称に展開する．展開した子葉は面積を拡大して光合成を行い，貯蔵養分の提供とともに初期成長に重要な役割を果たす．約2日後には，子葉の上位節に初生葉（primary leaf）と呼ばれる2枚の単葉が子葉と直角方向に対生して出現する．初生葉の上位

図11.4 種子の構造（上：外観，下：断面）
a：子葉，b：幼芽，c：幼根，d：種皮．

図11.5 ダイズ種子のいろいろ

地下子葉型と地上子葉型
地上子葉型には，ダイズのほか，インゲンマメ，ササゲなど，地下子葉型にはソラマメ，エンドウ，アズキなどがある．また，ラッカセイのように地際部子葉型もある．出芽時に子葉を地上に押し出す必要のない地下子葉型作物が，土壌抵抗が少なく有利であると考えられている．

図11.6 発芽から出芽までの成長経過
a：子葉，b：初生葉，c：下胚軸，d：主根．

図11.7 ダイズにおける分枝の発生
矢印は分枝を示す．

図11.8 開花期頃のダイズの根系
a：主根，b：二次根および三次根，c：不定根，d：根粒．

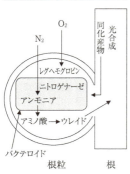

図11.9 根粒着生のようす（上）およびその働き（下）（大山 2003[5]）より作成）

節以降の各節には，ダイズ本来の3小葉からなる複葉（trifoliolate leaf）が展開する．本葉は2, 3日間隔で出葉し，品種と栽培条件によるが，最終的には主茎（main stem）に11〜18枚着生する．

主茎は，葉数の増加とともに節間を伸長させて成長し，出芽直後は細くて柔らかいが，生育が進むにつれて二次肥大が進み，生育後期には直径10 mmほどの太さになる．収穫時の主茎の長さは，品種と栽培条件に影響されるが40〜100 cmになる．この値は無限伸育型品種や密植で大きくなる．茎がより高く伸長すると，成長空間が拡大されて受光率が高くなり，栄養成長には有利であるが，逆に倒伏しやすくなり，減収を招く危険性がある．日本の品種には，主茎長が50〜60 cmほどの短茎のものが多い．

主茎が本葉を4〜5枚出葉した頃，下位本葉の葉腋から分枝（branch）が発生し，主茎と同様に葉を増やして伸長する（図11.7）．その後，理論的には主茎が葉を1枚増やすごとに分枝も増えていくことになるが，イネやムギ類のような同伸葉同伸分げつ理論はみられない．実際の標準栽培の場合，分枝は多くても4〜6本程度しか出現しない．分枝数は品種特性の1つでもあり，主茎型（少枝型）品種と分枝型（多枝型）品種がある．また，同一品種

でも密植では主茎型，疎植では分枝型の特徴を示す．近年では栽培管理の機械化により，機械刈取りが行いやすい少分枝あるいは無分枝型品種が好まれている．

d. 根の成長

発芽後，幼根は土中へ深く伸長して主根（taproot）となり，二次根（secondary root）である側根（分枝根）を発生する．側根は主根と一定の角度をなして伸長し，さらに三次根（tertiary root）である二次側根を発生する．後述する培土により茎基部および胚軸部からは不定根（adventitious root）も発生し，主根，一次側根，二次側根，高次側根と合わせて根系（root system）を形成する（図11.8）．根系の発達は土壌水分に強く影響され，比較的乾燥条件では根は深くまで張るが，過湿状態では土壌表面に集中する．そのため，出芽初期には土壌がやや乾燥した方がより深い根系を形成し，後の乾燥環境に遭遇した場合の養水分吸収に有利である．

e. 根粒の形成

根の周辺に根粒菌（*Bradyrhizobium japonicum*）が存在すると，根粒菌は根毛から侵入して根の皮層細胞に感染し，約2週間後には直径数 mm の球状の根粒（root nodule）が形成される．ここで根粒菌が空気中の窒素分子（N_2）を還元して，植物が利用可能なアンモニウムやウレイド態窒素に変換し，宿主植物に供給する．これを窒素固定（nitrogen fixation）という（図11.9）．一方，根粒菌がニトロゲナーゼ活性（窒素固定活性）を発現するために，宿主植物は根粒菌に栄養分を提供する．このような相利共生関係は共生窒素固定といい，マメ科作物に広くみられる．根粒菌の種類は多様であり，それぞれの菌は植物種との間で共生関係を成立させることのできる宿主特異性を示す（表11.2）．

ダイズにおける共生窒素固定量は，地力窒素および施肥窒素の多少によって影響される．一般的には，10a 当たり 6～28 kg と推定されており，ダイズが全生育期間で利用する全窒素の 50～80％ が根粒に依存するといわれている．一方，根粒の着生が多すぎると，植物から多くの養分を奪うため，植物側の成長が極端に悪くなる．根粒着生の制御機能を失わせた突然変異体（根粒超着生ダイズ）が報告されており，このような変異体を解析することで，ダイズ植物と根粒の間に働く過剰に根粒をつくらせないメカニズム（オートレギュレーション機構）の詳細が明らかになりつつある．

f. 開花・結莢

ダイズは短日植物であり，開花は短日条件によって促進される．しかし，

根の通気組織

イネやハスのような湿性植物の根において，皮層にできる空洞状の通気組織が地上部からの酸素を取り込む働きがあることが知られている．ダイズでも過湿土壌で育てると湿性植物と同様に通気組織ができる（写真参照）．そのため，ダイズは他のマメ科作物に比べて耐湿性が強いといわれている．

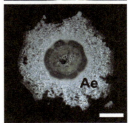

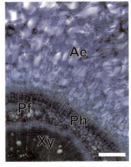

上は6日間湛水条件下の胚軸外観，中はその横断面，下は二次通気組織の拡大写真である．Ae：二次通気組織，Pf：師部繊維，Ph：二次分裂組織，Xy：木部．棒の長さは上から 2 mm，1 mm，0.2 mm．（写真提供 島村 聡）

表11.2 根粒菌の種類と宿主植物の関係

根粒菌属名	根粒菌種名	寄主植物属名（代表植物名）
Rhizobium	*R. leguminosarum* bv.*trifolii* *R. leguminosarum* bv.*viciae* *R. leguminosarum* bv.*phaseoli* *R. loti*	*Trifolium*（クローバ） *Pisum*（エンドウ） *Vicia*（ソラマメ） *Phaseolus*（インゲンマメ） *Lotus*（ミヤコグサ）
Bradyrhizobium	*B. japonicum* *Bradyrhizobium* sp.	*Glycine*（ダイズ） *Arachis*（ラッカセイ） *Vigna*（ササゲ）
Sinorhizobium	*S. meliloti*	*Medicago*（アルファルファ）
Mesorhizobium	*M. loti*	*Lotus*（ミヤコグサ）
Azorhizobium	*A. caulinodans*	*Sesbania*（セスバニア）

河内 1997[3]，澤田 2003[7] を参考に作成．

限界日長
短日植物において，ある日長を超えると花芽が分化できなくなる．その日長の長さを限界日長という．ダイズでは早生品種ほど限界日長が長く，24時間で花芽を分化する品種もある．一方，晩生品種は限界日長が短いので，春に播種しても，日長が短くなる秋にしか開花しない．

日長に対する感応性（感光性，photosensitivity）は，早生品種では鈍く，晩生品種では敏感である．花芽分化のための限界日長（critical day length）は，早生品種では20～24時間であるが，晩生品種では短くなり，西日本で栽培される中晩生品種では14～16時間である．さらに低緯度地域の品種には13時間程度のものもある．一方，早生品種では，日長よりも高温によって開花が促進され，この反応を感温性（thermosensitivity）という．総じて開花は早生品種では感温性に，晩生品種では感光性に強く依存する．

開花に適する日長，あるいは温度条件が整えば，花の原基（花芽，floral bud）が分化し始め（開花日の約20日前），続いて花器を構成する諸器官が発育し，雌ずい・雄ずい（同17日），子房腔・葯（同10日），花粉母細胞（同6日），花粉粒・胚嚢（同3日）が形成され，開花にいたる．花は主茎，分枝の各葉腋に着生する．1つの葉腋には複数の花房があり，数個から数十個の花が着生する．花は基部ががくに包まれ，1枚の旗弁，2枚の翼弁および2枚の竜骨弁からなる．雌ずいと雄ずいはいずれも竜骨弁に包まれ露出しない（図11.10）．午前中に開花し，花粉は開花直前に葯から放たれるため自家受粉する．まれに虫媒により他花から受粉するが，その確率は0.5％以

図11.10　ダイズの花の着生状況および構造
a：旗弁，b：翼弁，c：竜骨弁．
雌ずい，雄ずいともに竜骨弁に包まれている．

下である.

　ダイズの開花期間は，早生品種の約15日間から晩生品種の約30日間までと比較的長い．ダイズの花は常に過剰に形成され，通常栽培では1個体当たりの総開花数は200～500個にもなるが，大半の花は莢になることなく，生理的な調節，あるいは環境ストレスによって全花数の60～80%が蕾，花あるいは未熟莢のまま落ちてしまう（図11.11）．環境ストレスによる落花・落莢は収量を低下させる報告はあるが，生理的な落花・落莢はソース能力によって調節され，収量への影響は小さいと考えられている．ダイズが常に最終的な結莢数よりも多くの花を咲かせるのは，一時的な土壌水分や病虫害のストレスによって初期の花あるいは若莢が成熟できなかった場合，遅れて咲く花が結莢に転じ，収量の低下を防ぐ補償作用を果たしているためだと考えられている．なお，一般的に結莢率は初期の花で高く，最初の10日間に咲いた花由来の莢が占める収量の割合は早生品種では約87%（由田他 1983 [11]），晩生品種では60～70%（鄭他 2005 [13]）であるが，前述のように初期花が何らかのストレスで結莢できなかった場合，後期花の結莢率は高くなる．

g. 莢実の成長

　開花・受精後7日（早生品種）～14日（晩生品種）目頃から莢が伸長し始め，約10日間で最大（長さ4～6 cm）に達する．この間子実の重さはほとんど増えないが，胚珠内で受精胚が細胞分裂を盛んに行い，開花10日目頃には細胞数が最大になる．その後，子実の肥大が急速に生じ，30～45日目には子実の乾物重が最大に達する．この時点を生理的成熟期（physiological maturity, PM）と呼ぶ．生理的成熟期に達すると，光合成同化産物および水

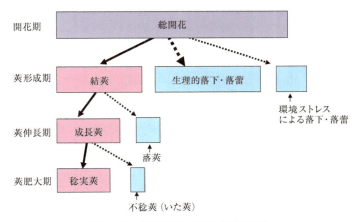

図11.11　生殖器官の成長と脱落の流れ
―――：成長，……：脱落．

分の莢への輸送が止まり，莢および子実は乾燥過程に向かう．同時に葉が黄化して葉柄とともに植物体から脱落し，茎は枯れ上がり，最終的には植物体は完全に枯死した状態で収穫を迎える．

h. 乾物蓄積と結実生理

地上部の乾物蓄積は，開花期までは比較的緩慢であるが，開花期前後から約1ヶ月間は急速に増加する．その後子実が急激に成長するが，同時に落葉や落葉柄による減少量もあり，見かけ上の乾物増加は緩やかになる（図11.12）．また，この間も葉，茎，葉柄に蓄積されていた栄養分が子実に再転流され，急速な子実成長を支える．

ダイズの収量は，「単位面積当たりの莢数」，「一莢内粒数」および「一粒重」の積で決まる．一莢内粒数と一粒重は遺伝的な要因による支配が大きいので，収量は単位面積当たりの莢数に最も制限される．莢数は開花数と結莢率によって決まり，前述のように開花した半数以上の花が脱落することから，莢数を増やすには，花数よりも結莢率を上げることが効率的であると考えられる．

落花をもたらす生理的要因の1つとして，開花後の栄養成長（vegetative growth）と生殖成長（reproductive growth）の間の養分競合が挙げられる．ダイズの栄養成長は開花後も旺盛に続き，栄養成長量の指標とされる葉面積指数（LAI）の開花前と開花後の割合は，早生ダイズでは約2：1，晩生ダイズでは1：2となる．そのため，開花直後に同化された炭水化物は成長旺盛な栄養器官（未展開の葉と茎）に奪われ，花器（幼莢）の成長が遅くな

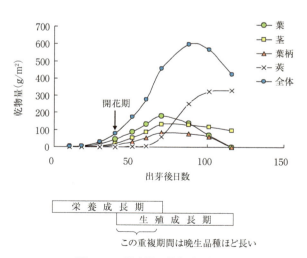

図11.12 器官別の乾物重の推移
播種日は7月9日，場所は福岡，品種は'フクユタカ'．
葉重，葉柄重が減るのは，落葉，落葉柄によるため．

ると考えられている．開花後の栄養成長が旺盛な晩生ダイズほど初期の結莢率が悪く（横山他 1988[10]），開花中期の花の収量への貢献度は晩生品種の方が早生品種より高い（鄭他 2005[13]）などの報告からも，開花後の旺盛な栄養成長は，同化産物の競合によって一時的に莢の成長を制限する可能性がある．しかし，開花期以降の葉面積拡大は増収につながり（小島 1987[2]），開花期から20日間の個体群成長速度（CGR）が子実重と高い相関関係にある（Shiraiwa *et al.* 2004[8]）ことも報告されている．この時期の葉面積拡大による群落光合成能力の増大や，蓄積された同化産物が後に再利用されることを考えると，旺盛な栄養成長の継続は，基本的には収量にプラスになると考えた方が妥当であろう．今後ダイズの安定多収栽培技術を考える場合に，明確にすべき制御機構の1つである．なお，植物ホルモンの中で，サイトカイニンは結莢に促進的であるが，他の植物ホルモンの効果は明らかではなく，結莢率の向上に向けて解明すべき点である．

i. 養水分の吸収利用

ダイズでは乾物1gを生産するのに必要な水の量（要水量，または蒸散係数）は約600gであり，畑作物の中ではトウモロコシやコムギよりは多く，イネとほぼ同程度である．したがって，土壌水分がダイズの収量にとって最大の制限要因である．特に，乾物蓄積が最も多い開花期から約1ヶ月後までのシンク形成期間は土壌水分による影響が大きい．斉藤他（1999）[6]によれば，土壌乾燥ストレスが起きる時期が開花期直前の場合は開花数が減少し，開花後莢形成期の場合は結莢率が低下し，子実肥大期の場合は百粒重が減少する．しかし，減収の程度が最も大きいのは，莢数がすでに決まっている子実肥大期の乾燥ストレスを受けた場合である．したがって，開花後から子実肥大期までの水分供給が多収の鍵となる．

無機養分の吸収・蓄積の推移は，乾物蓄積のそれとほぼ同じ傾向である．10a当たりの全乾物重が900kg，子実重が400kg生産される場合に土壌より吸収される無機養分量は，窒素約36kg，カリウム約12kg，カルシウム約9kg，マグネシウム約3.9kg，リン約3.2kgである．これら無機養分のうち，窒素は根粒にかなり依存できるが，他は土壌残存量に依存するか肥料として施す必要がある．

j. 収 量

ダイズの収量は，一般的に子実にデンプンを主用貯蔵物質とするイネやコムギに比較して低い．光合成産物を子実の貯蔵物質に変換する場合，デンプンよりもタンパク質や脂肪への変換率が低いからである．さらにダイズでは，子実に高含量のタンパク質を合成するために子実肥大期間中には大量の窒素

ダイズの結莢とサイトカイニン

ダイズの結莢にはサイトカイニンが促進的に働く．結莢する花の子房内サイトカイニン含量は結莢しないものより著しく高く，またある特定の花房にサイトカイニンを散布するとその花房における結莢率が上がることが報告されている．サイトカイニン含量が高い部位では，細胞分裂が刺激され，生理的活性が高いことで莢の発達が促進されると考えられている．サイトカイニンは根で合成され道管を通って水や養分とともに地上部に送られるので，茎の切断面から溢泌する液を分析することでサイトカイニンの活性を評価する方法がある．

を同化しなければならず，窒素の供給力も子実生産を制限するといわれている．現在世界で収量レベルが高いアメリカやブラジルでは，10 a 当たり約300 kg を超えているのに対して，日本ではわずか約180 kg である．しかし，全国各地の試験研究機関において10 a 当たり400〜600 kg の多収事例も数多く報告されていることから，日本においても収量を向上させる余地は十分にある．農家経営が厳しい中，コスト低減による不十分な栽培管理，技術普及の不徹底さ，加えて台風・大雨のような自然災害などが収量の不安定要因になっているが，自給率向上のためにもさらなる技術開発が必要であろう．

11.4 栽 培 管 理

a. 整地・施肥・播種

　ダイズに適する土壌は，pH 5.5〜6.5，リン酸，カリウムおよびカルシウムが十分含まれ，排水および通気のよい埴土あるいは壌土である．ダイズは連作障害が出やすく，同じ圃場では3年目からは明らかに減収するため，イネ，ムギ類，トウモロコシなどとの輪作体系を組むことが望ましい．水田転換畑に作付けする場合には，過湿障害回避のため，排水がよく地下水位が40 cm 以下に制御できる圃場が望ましい．施肥量は10 a 当たり窒素3 kg，リン10 kg，カリウム10 kg が標準とされるが，前作の残留窒素がある場合，窒素無施肥でも特に問題がない．施肥法は全面全層施肥として，播種前に施して耕耘するか，播種と同時に施す方式をとる．土壌が酸性になりやすい地域では，石灰50〜100 kg を他の肥料と同時に施す．

　地域や用途によってそれぞれ最適の品種を選定する．地域で選定する場合は，早晩性が重要な要素であり，北海道では極早生から早生（Ia〜IIa），東北では早生から中生（IIa〜IIb），関東，北陸，近畿では中生（IIb〜IIc，IIIc），中国，九州，四国では晩生（IIIc，IVc，Vc）が最適である．各地域で栽培されている主用品種は表11.3の通りである．しかし，実際にはブラ

夏ダイズと秋ダイズ
西南暖地において早生品種を早春に播種すると，高温によって早く開花結実し，夏に成熟する．このような早生品種を夏ダイズという．それに対して，感光性の強い晩生品種は，夏に播種し，日長が短くなる秋にかけて開花結実して深秋に成熟する．これを秋ダイズという．夏ダイズは，高温多湿の条件下で成熟するために子実の品質が劣るので，子実生産目的では現在はほとんど作付けされていないが，エダマメ用栽培はこの作型に準じていることがある．

表11.3　全国各地域で作付けされる上位品種

地　域	品種名（当該地域に占める割合%）
北海道	ユキホマレ（41.5），ユキシズカ（15.3），トヨムスメ（12.0），スズマル（5.6），いわいくろ（5.6）
東北	リュウホウ（29.7），ミヤギシロメ（13.5），おおすず（13.2），タチナガハ（11.2），タンレイ（8.0）
関東	タチナガハ（28.5），里のほほえみ（24.0），ナカセンナリ（14.2），納豆小粒（10.8），フクユタカ（7.1）
北陸	エンレイ（71.6），里のほほえみ（16.5），シュウレイ（5.9），あやこがね（2.4），オオツル（1.0）
東海	フクユタカ（96.7），すずおとめ（0.3），タチナガハ（0.2），黒豆（0.1），美里（0.1）
近畿	フクユタカ（21.4），丹波黒（20.4），ことゆたか（17.3），オオツル（13.2），サチユタカ（6.8）
中国・四国	サチユタカ（46.7），丹波黒（21.9），フクユタカ（12.8），タマホマレ（4.3），トヨシロメ（3.7）
九州	フクユタカ（93.3），むらゆたか（5.0），すずおとめ（0.7），クロダマル（0.3），キヨミドリ（0.1）
全国	フクユタカ（25.1），ユキホマレ（9.9），エンレイ（8.2），リュウホウ（7.3），タチナガハ（5.0）里のほほえみ（4.7），ユキシズカ（3.7），ミヤギシロメ（3.3），おおすず（3.2），トヨムスメ（2.9）

農林水産省・ダイズに関する資料（2015）より作成．

ンド性の高い品種が広域に栽培されることもあり，例えば元来九州の品種である'フクユタカ'は関東の千葉県まで作付けされている．また，用途別では，豆腐用には高タンパク質含量の大粒品種，納豆やもやし用には小粒品種，煮豆用には黒色大粒の'丹波黒'がよく用いられ，他にエダマメ専用の品種も多数育成されている．

播種適期は，地域や品種によって異なり，北海道・東北では5月中旬〜下旬，関東・北陸・近畿では6月上旬〜中旬，中国・四国・九州では6月下旬〜7月中旬である．かつて西南暖地では早生品種を春先に播種し夏に収穫する作型もあったが，現在は行われていない．播種深度は3〜5 cmがよく，播種密度は畝間70 cm，株間20 cmで，点播の場合1株2〜3粒播き，最終的な苗立ち密度を1 m² 当たり15本程度確保できればよい．

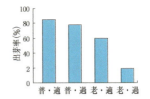

図11.13 ダイズの出芽に及ぼす種子活力および土壌水分の影響
普：普通種子，老：老化処理種子，適：適湿土壌，過：過湿土壌．
鄭・綿部 2000[12] より作成．

調湿種子
播種後の急激な吸水による様々な障害を避けるため，含水率をあらかじめ高めに調整した種子．

西日本や九州では，播種期が梅雨と重なり，播種作業がしばしば妨げられる．さらに，播種後に長雨が続く場合，出芽・苗立ちが著しく悪くなることがこれらの地域のダイズ生産の大きな障害となっている．すなわち，土壌水分が過剰な場合，発芽種子の成長・代謝のための酸素が不足することに加えて，種子の急激な吸水に伴って生じる子葉組織の崩壊，および養分漏出による腐敗菌の繁殖など，様々な原因で出芽・苗立ちの不良を招く．このような出芽不良は，老化種子と過湿条件が重なった場合に特に現れやすい（図11.13）．したがって，これらの地域では，ムギ作後の不耕起播種，高畝播種，活力の高い種子や調湿種子の使用などの対策がとられている．しかし，根本的な解決策は梅雨期を避けて播種できる品種の開発である．そのために梅雨前に播種できる早生品種の開発（Matsuo *et al.* 2015[4]）や，梅雨明け後の晩播に適する品種の選抜（Fatichin *et al.* 2013[1]）などの研究がなされている．なお，出芽直後には，子葉がハトやカラスに食害されることがあるので，播種前には種子に忌避剤を粉衣するか，小面積であれば圃場全面に網をかける対策も必要である．

遺伝子組換えダイズ
目的の外来遺伝子（除草剤抵抗性遺伝子や害虫抵抗性遺伝子）を遺伝子工学的手法で植物の染色体に組み込んで形質転換したダイズをいう．代表的なのは，アメリカで実用的に栽培されている除草剤抵抗性遺伝子を組み込んだ「ラウンドアップレディー」であり，現在アメリカ産ダイズの約95％を占めている．

b. 除草・中耕・培土

ダイズの草冠が圃場一面を覆うようになるまでは，除草が必要である．播種前の耕耘および播種と同時に除草剤を散布することで大部分の雑草を抑制できるが，中耕作業を2回程度行うことは効果的である．中耕は除草のほか，土壌物理性の改善効果もある．また，前述したように，不定根発生の促進や倒伏防止のために中耕と同時に培土（土寄せ）することが必要である．開花期前後になるとダイズが圃場一面に茂るようになり，雑草の繁茂は抑制できる．なお，除草剤に抵抗性をもつ遺伝子組換えダイズの開発によって，アメリカや南米では不耕起・狭畦栽培が多く行われるようになった．

狭畦栽培
畝間を従来（70 cm）より縮めて35〜40 cmとし，出芽後収穫まで中耕，培土しない栽培法．除草剤抵抗性遺伝子組換えダイズの開発によって，立毛状態でも除草剤を散布できるので，アメリカや南米では一般的な栽培法となった．日本では，除草目的の中耕や倒伏防止のための培土作業に機械を走らせるためには，畝間は70 cm程度をとることが多いが，晩播で生育期間が短い場合や低コスト化を目的とした場合には，中耕，培土を省く狭畦密植栽培が行われている．

図11.14 正常個体（左）と莢先熟（青立ち）個体（右）

莢先熟の発生要因

莢先熟現象（青立ち）を引き起こす原因はいまだによく解明されていないが，生理的にはソース（同化産物を供給する器官）とシンク（同化産物を受容する器官）のアンバランス，つまり，シンクが何らかの理由で小さくなった場合に，生産された同化産物の行き場がなくなり，ソース器官に蓄積されたままで，植物体の老化を阻んでいるために起こると推測されている．また，高温や病虫害の発生が青立ちを引き起こしやすいといわれている．

(A) 莢先熟が発生していない圃場．

(B) 莢先熟個体が点々とみられる圃場．

(C) 莢先熟個体が列ごとにみられる圃場．

c. 病害虫防除

ダイズの害虫は地域によって異なるが，北海道と北東北地域ではマメシンクイガ，南東北，北関東，北陸地域ではマメシンクイガ，ダイズサヤタマバエ，カメムシ類，フタスジヒメハムシ，その他の地域では，ハスモンヨトウ，ダイズサヤタマバエ，ダイズサヤムシガ，コガネムシ，カメムシ類などが問題となっている．特にカメムシ類は未熟莢を吸汁するため，草冠をみるだけでは発見しにくいので注意を要する．発見したら早めに適切な薬剤を散布する．

主な病害としては，わい化病，紫斑病，べと病，茎疫病，葉焼病などが挙げられ，発病がみられたら適切な薬剤散布を行う．わい化病はウイルス病なので，抵抗性品種の選択や健全な種子の準備によって被害を防ぐ必要がある．また，畑作地域ではダイズシストセンチュウの被害が甚大であるが，水田との輪作体系ではほとんど問題にならない．

d. 収 穫

葉が落ち，茎が枯れて，すべての莢が褐色になるとダイズは収穫期を迎える．小面積の場合は，地上部を手で刈り，束ねて圃場に立てて天日乾燥した後に脱穀する．大面積栽培の場合は，機械による収穫が一般的である．ビーンハーベスター，あるいは改良したコンバインによって刈取りと脱穀が一斉に行われるが，この場合，莢が乾燥していて，茎水分含量が40％以下であることが望ましい．莢に水分が多く含まれると脱穀が不十分で収穫ロスが発生し，また茎水分が多いと刈取りおよび脱穀時に水が滲み出て子実を汚し，等級を下げてしまう．脱穀後は，カントリーエレベーター，あるいは通風のよい室内で含水率が15％程度になるまで乾燥してから，袋詰めして出荷する．なお近年，莢は成熟するが落葉せず茎も枯れない，いわゆる莢先熟現象（成熟不整合，または一般に「青立ち」ともいう）が全国的に多発し，収穫作業を困難にしている．ダイズ栽培において解決しなければならない問題の1つである（図11.14）．

11.5 利　　　用

ダイズは，世界的にみればその9割以上が食用油と家畜の飼料として利用されている．しかし，アジアでは古くから食品素材として盛んに利用されている．主な加工利用法は，豆腐，醤油，納豆，味噌，煮豆，炒り豆，きなこ，もやしなどである．日本では年間消費量約350万tのうち約100万tがこのような食品素材としての利用である（図11.15）．近年は特に納豆および豆乳の消費は増加傾向にある．なお，エダマメも日本独特の食べ方として消

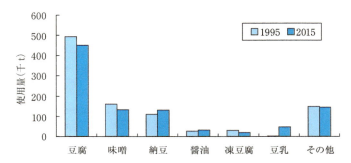

図11.15 国内ダイズの食品加工利用の内訳（農林水産省・ダイズに関する資料（2015）より作成）

表11.4 ダイズと他のマメ類およびコメの栄養成分の比較（100 g中含有量）

	水分(g)	タンパク質(g)	脂質(g)	炭水化物(g)	カルシウム(mg)	鉄分(mg)	ビタミン類(mg)
ダイズ	12	33.8	19.7	29.5	180	6.8	32.9
ラッカセイ	6	25.4	47.5	18.8	50	1.6	37.9
インゲンマメ	17	19.9	2.2	57.8	130	6.0	6.0
アズキ	16	20.3	2.2	58.7	75	5.4	18.3
白米	15	6.1	0.9	77.6	5	0.8	—

七訂日本食品標準成分表より作成.

費量が大きいが，未熟の莢を収穫するために，統計上は野菜類に入れられている．

ダイズ子実には，良質なタンパク質が約34％含まれているほか，脂質が約20％，ビタミン類，ミネラルも豊富であり，古くからアジアの人々の健康を支えてきた貴重な食材である（表11.4）．近年，ダイズ食品はそのヘルシーさから人気を博しているが，最近，より脚光を浴びているのが，子実に含まれるイソフラボンである．イソフラボンは女性の更年期障害を緩和する役割があるといわれ，欧米でも注目されている．日本では高イソフラボン品種'ゆきぴりか'が北海道立総合研究機構によって育成されている．他に工業分野では，ダイズからつくられるインク（ソイインク）や接着剤はすでに広く利用されている．また，ダイズ油の燃料化などの試みもある．これらの需要も今後のダイズ増産の要因になると思われる． ［鄭　紹輝］

イソフラボン

フラボノイドの一種で広く植物界に分布し，マメ科植物の中でもダイズには特に多く含まれる．ダイズ食品を盛んに摂る地域では，大腸がん，乳がん，卵巣がん，子宮内膜がんなどの発病率が低く，これはイソフラボンが女性ホルモンの一種であるエストロゲンの働きをするからであるとの報告がなされ，イソフラボンがブームになった．イソフラボンには，骨粗鬆症および心疾患の予防や抗酸化作用の働きもあることがわかっている．ただし，通常の生活で豆腐，納豆などのダイズ製品を摂っていれば不足することはないので，サプリメントの服用によってまで摂りすぎないように注意する必要もある．

文　献

1) Fatichin, *et al.* (2013)：*Plant Prod. Sci.*, **16**：123-130.
2) 小島睦男（1987）：わが国におけるマメ類の育種，pp.265-285, 明文書房.
3) 河内　宏（1997）：分子レベルからみた植物の耐病性（山田哲治監修），pp.28-37, 秀潤社.
4) Matsuo, N. *et al.* (2015)：*Agron. J.*, **107**：415-424.

5) 大山卓爾 (2003)：食用マメ類の科学 (海妻矩彦他編)，p.369，養賢堂.
6) 斎藤邦行他 (1999)：日作紀，**68**：537-544.
7) 澤田宏之 (2003)：土と微生物，**57**：39-64.
8) Shiraiwa, T. *et al.* (2004)：*Plant Prod. Sci.*, **7**：138-142.
9) Ude, G. N. *et al.* (2003)：*Crop Sci.*, **43**：1858-1867.
10) 横山　優他 (1988)：日作九支報，(55)：106-109.
11) 由田宏一他 (1983)：日作紀，**52**：567-573.
12) 鄭　紹輝・綿部隆太 (2000)：日作紀，**69**：520-524.
13) 鄭　紹輝他 (2005)：日作九支報，(71)：27-29.

■コラム■　「豆」知識

　エダマメ：日本ではビールのつまみとして欠かせないが，欧米では，ダイズを素材にした食品を摂取する習慣がなく，東洋人が食べている枝豆を edible soybean（食べられるダイズ）と呼んだりする．最近，日本文化の欧米社会への浸透に加えて，和食が世界無形文化財に登録されたことにより，'Edamame' という単語がアメリカで定着しつつある．スーパーマーケットに行くと，'Edamame' だけでなく，'Tofu' や，'Natto' をみかけることも珍しくなくなった．

　納豆：納豆はもともと中国で「豆豉」と呼ばれたものが，唐の時代に僧侶たちによって日本に持ち帰られた．肉を食べない彼らにとって貴重なタンパク源とされ，「納所（お寺の台所）の豆」と名づけられ，その後民間に流れて「納豆」と呼ばれるようになった．当時中国から持ち帰られた納豆は，糸を引かない塩納豆（コウジカビによって発酵）であった．後に日本で枯草菌が使われるようになり，現在の主流である糸引き納豆が食べられるようになった．糸引き納豆の起源に関する記述は見当たらないが，日本で発明されていることは間違いないようである．なお，東南アジア各国でも納豆に似た食品（テンペなど）を食べる習慣があるが，いずれもコウジカビによって発酵された糸を引かないものである．

12 その他のマメ科作物

〔キーワード〕　ラッカセイ，油料作物，地下結実性，アフラトキシン，アズキ，ヤブツルアズキ，在来種，多様性，発芽不良，ササゲ，青実，莢エンドウ，実エンドウ，緑肥作物，線虫対抗作物，被覆作物，窒素固定，低投入型作物生産，景観保全，根系，耐湿性

12.1　ラッカセイ

　不飽和脂肪酸のオレイン酸やビタミンEを多く含み栄養価の高いラッカセイは，油をとる作物（油料作物，oil crop）として世界的に重要である．日本では千葉県，茨城県を中心に年間1万6,000 t（莢実）程度しか生産されていないが，アメリカ，中国，インド，アフリカ諸国などでは約4,200万 t が生産され，日本にも輸出されている（表12.1）．煎り莢，ゆで豆をはじめバターピーナッツやペーストなど様々な形で食用にされ，また，中華料理をはじめ多くの国々で料理用油や加工油としても利用されている．さらに，土壌浸食防止のための被覆作物（cover crop）として利用される場合もある．ここでは，地下結実性（geocarpy）という特徴をもつラッカセイについて，その植物学的な特性や栽培上の留意点について述べる．

ラッカセイ

掘取り時期の圃場．

a．起源と分類

　ラッカセイ（*Arachis hypogaea*）は，南米大陸のアンデス山脈東麓地帯が原産地であり，南米各地に広く分布して種が分化した．日本には江戸時代に

表12.1　ラッカセイの主たる生産国の作付面積と生産量

国　名	作付面積（1,000 ha）	莢つき生産量（万 t）
中　国	4,522	1,571
インド	5,200	656
ナイジェリア	2,770	341
アメリカ	536	236
スーダン	2,104	177
日　本	6.6	1.6
合　計（上記以外の地域も含む）	25,670	4,232

FAO 2014年データより作成．日本については2016年の数値．

表12.2 ラッカセイ属の7つの節

1. *Arachis*
2. *Trierectoides*
3. *Tetraerectoides*
4. *Caulorhizae*
5. *Rhizomatosae*
6. *Extranervosae*
7. *Ambinervosae*

伝搬し，明治時代の初めに神奈川県で初めて栽培された．表12.2に示すように，ラッカセイ属（*Arachis*）は7つの節（section）に分類され，栽培種である*A. hypogaea*は*Arachis*節に含まれる四倍体の種である．さらに*A. hypogaea*は，2つの亜種である*hypogaea*と*fastigiata*に分類される．

ラッカセイの花は直径1～2cmの黄色い蝶形花であるが（図12.1），この花が主茎には咲かないものをバージニアタイプ（主茎の節には栄養枝しか発生しない），主茎には咲くが咲く節と咲かない節があるグループをスパニッシュタイプ（主茎の節には栄養枝と生殖枝（結果枝）が発生する），主茎のすべての節に花が咲くグループをバレンシアタイプという．一般には主茎に花が咲かないタイプは種子が大きい大粒種，主茎に咲くタイプは小粒種であるが，タイプ間での交雑育種も行われ，主茎に花を咲かせるタイプでも種子が大粒の品種が育成されている．ラッカセイは主茎や分枝の伸長のしかたでも分けられ，草型が全体に立つ「立性」，地面を這う「ふく性」，その中間である「半立性」の3種類がある．

b. 発芽から収穫まで

種子の百粒重は大粒種で80～100g，小粒種で40～50gである．1つの莢には2～5粒が入る（図12.2）．種皮の色は一般には淡黄褐色から淡橙褐色であるが，赤色の濃い品種，白色との斑のものや黒色のものもある．収穫直後の種子は休眠状態にあり，その期間は大粒種で長い（90～200日）．2枚の子葉に包まれた胚には幼芽と幼根が分化しており，子葉節には分枝の分化も認められる（図12.3）．発芽適温は20～30℃の範囲であり，大粒種で高く小粒種でやや低い．出芽時に子葉は地表面に展開し，ダイズのような地上子葉型やアズキのような地下子葉型とは異なる（図12.4）．幼根（主根）は伸長に伴って一次側根（分枝根）を形成する．主根の表皮は伸長に伴って剥離するので根毛が形成されない．したがって，根粒菌は他のマメ科植物のように根

図12.1 ラッカセイの花
旗弁，翼弁，竜骨弁を花弁にもつ蝶形花である．午前中に開花し，1日でしぼむ．

図12.2 大粒種（左），小粒種（中），野生種（右）
図中のバーは10mmの長さを示す．

毛から侵入するのではなく，側根の出現部位の裂け目から側根の皮層細胞の間隙に侵入し細胞内に貫入する（図12.5）．

子葉の展開に続いて4枚の小葉をもつ複葉が展開し，子葉節および主茎の各節からは分枝を発生する．葉は光に対して葉身面の向きを調節する調位運動や夜間になると小葉を閉じる就眠運動をする．分枝には栄養枝と生殖枝があり，上述のように発生のしかたはタイプによって決まっている．生殖枝の節に花がつき，開花は早朝に始まって1日でしぼむ．上述した旗弁の内側に翼弁があり，癒合した10本の雄ずい（多くの場合2本は葯が退化）と雌ずいは竜骨弁に包まれていて自家受粉するが，訪花昆虫によってごくまれに自然交雑が起きる（図12.6）．受精後5〜6日すると子房の基部にある子房柄（ペグ，peg）が伸長して，先端にしぼんだ花弁をつけたまま地面に向けて伸長する（図12.7）．開花2週目頃に地中5 cm程度まで達した子房は肥大を始める．品種にもよるが，総開花数の10%程度しか結莢しない．結莢圏の環境条件としては，暗黒とカルシウムが必須である．地中で成熟するので収穫適期の判断が難しいが，開花始めから早生品種で70〜75日，中生で80〜85日，晩生で90〜95日頃で，莢のあみ目（維管束）がはっきりしてきた頃が完熟種子の収穫適期である．

図12.3　完熟種子から2枚の子葉を取り除いたところ
矢印は子葉節分枝．

図12.4　発芽から実生の伸長のようす

c. 栽培技術

土壌には，排水性がよい壌土から砂土が適する．耐乾性があるが，結莢圏（莢が形成される地表面から5〜10 cmの層）の水分はある程度保つ必要がある．施肥量は土壌診断をした上で決めるのが原則であるが，日本では野菜と輪作することが多いので，前作に施用した肥料の残効を考慮する必要がある．根粒菌による固定窒素を利用するので，一般には窒素成分を抑えた化成肥料（N：P：K = 3：10：10）を10 a当たり100 kg程度施用する．あらかじめ完熟堆肥を施すのもよい．上述のようにカルシウムの施用（消石灰や苦

図12.5　ラッカセイの根粒
根粒菌は側根皮層細胞に侵入して，根粒構造をつくる．

図12.6　つぼみから切り出した10本の雄ずい（基部が癒合）と1本の雌しべ

図12.7　莢の成長のようす
子房の基部が伸長してペグと呼ばれる器官を土中に伸長させる．写真の莢は引き抜いたところ．

図12.8 キタネコブセンチュウの被害を受けた根

こぶ状の組織内にセンチュウが増殖する．

ラッカセイの野積み

野積み（ボッチ積みともいう）は，千葉県で秋を感じさせてくれる風景である．写真のようにわらをかぶせることが多いが，最近はビニールで覆うこともある．この時期になると，徐々に気温が下がり始め，冷たい北風が吹くようになる．

掘取機
大規模化や収穫，調整作業の効率化には，機械掘りが必須であり，作業性のよい掘取機の開発が必要である．日本でも莢のみを収穫し，機械乾燥する手法が考案されている．この場合，収穫残渣の茎葉部の緑肥などとしての再利用も野菜との輪作では考える必要がある．

土石灰）が莢収量を増加させる．なお，連作するとネコブセンチュウの被害（図12.8）が発生しやすくなる．

耕起，整地後に播種するが，地温や土壌水分を適度に保ち雑草の発生を抑制するためにマルチする場合も多い．播種時期は品種や前作の種類によって異なるが，関東地方では5月中旬頃が適期であり，温暖な地域ではやや早く播くとよい．株間25～30 cm程度，畝間70～80 cm程度として，播種穴に1～2粒ずつ播種する．開花開始から10～15日経つと子房柄がマルチを貫通し始めるので，その前にマルチを除去し，さらに子房柄が貫入しやすいように培土する．マルチしない場合は，少し早めに中耕，培土して除草する．7月下旬から8月中旬の莢肥大期における乾燥は，莢の肥大を抑制するので必要に応じて灌水する．

収穫適期は試し掘りをして判断する．掘取りが遅れると品質が低下するので注意する．掘り上げた植物体は，莢を上にして畑で5～7日間乾燥させ（地干し），茎葉の水分を50％以下にする．千葉の秋の風物詩ともいえる野積みは，地干しした植物体をさらに円筒上に積み上げて2ヶ月程度風乾する方式である．これを脱莢して袋詰めする．子実の水分含量は9％程度とする．収穫を効率的に行うために掘取機も開発されている．

d. 利　　用

煎り莢やむき実の加工品だけでなく，ピーナッツバターやペーストとしても利用される．沖縄ではラッカセイのことをジーマミ（地豆）と呼び，豆腐としても利用する．掘りたての莢を水洗いしてから塩ゆでしたゆでラッカセイは，レトルト食品や冷凍食品として販売されている．ラッカセイ油は中華料理をはじめ様々な料理で利用され，マーガリンの原料油にもなる．小粒種の中で種皮の赤い品種はコメと一緒に炊いて赤飯として利用されることもある．ビタミンE含量や不飽和脂肪酸のオレイン酸含量が高い．種子タンパク質の一部がアレルギー物質となる場合もあるので，ラッカセイを含む食品には食品衛生法で含有を表示することが義務付けられている．

ラッカセイの莢は土の中で成長するので，収穫後の温度や湿度が高いと土壌に生息するカビの一種である*Aspergillus flavus*が莢で増殖し，このカビが産生するアフラトキシン（aflatoxin）の残留が問題となる．アフラトキシンは発ガン性物質であり，このカビが主として熱帯，亜熱帯地方に生息するために，日本では輸入ラッカセイの残留検査が行われている．

収穫物である莢だけでなく，植物体も利用されている．*Caulorhizae*節に属する*A. pintoi*は，窒素固定能や難溶性リンの溶解能が高いことから，イネ科牧草との混播栽培や酸性土壌の改良に利用されている．また，ふく性を示す野生種（図12.9）は，土壌流亡防止のために被覆作物としての利用も

試みられている．

e. 育種目標と品種

収量を増大させるためには，開花初期の花数を多くして完熟する莢数を増やし，無効花（通常の生育期間では完熟しない莢）を減らす必要がある．早生化はその1つの方策である．また，株元に莢が集中して形成される性質（本成性(もとなり)）をもつ亜種 *fastigiata* の特性を利用することにより作業性もよくなり，機械化に適する品種を育成できる．ゆで豆として人気の'オオマサリ'では，良莢の歩留まりが低く，茎葉部の生育量が多すぎ収穫指数が低いことが指摘され，これらの改善も育種目標となっている．

病害については，そうか病，褐斑病，白絹病などがしばしば発生し，これらに対する耐病性獲得が育種目標の1つとなっている．*Arachis* 属の多様な野生種の中には抵抗性を示すものがあり，野生種の遺伝形質を栽培種に導入することがアメリカやインドの研究機関を中心に試みられている．日本の主要産地である千葉県では，ヒメコガネやドウガネブイブイの幼虫による根の食害も大きな問題であり，耐虫性の獲得が望まれる．

品質に関しては，中国山東省青島にある花生（中国語でラッカセイの意味）研究所が，国内外から多くの遺伝資源を収集し，香り成分の改良に取り組んでいる．良食味の要素として肉質の物性（硬さ）と甘み（ショ糖含量）が挙げられるが，収穫時期が遅れると硬さが低下し，ショ糖含量も低くなり食味が低下する．

日本では千葉県農林総合研究センターが中心となり，平成22年までは農林水産省の指定試験地として，遺伝資源の収集と評価および品種改良を行った．その後も継続して現在までに，'アズマハンダチ（農林1号）'，'オオマサリ（農林15号）'などの品種を育成している．

f. 環境保全型生産への取り組み

日本では野菜栽培との輪作体系に組み込まれることが多いラッカセイは，窒素固定能やリン吸収機能が高いにもかかわらず，残存肥料分によってそれらの機能を十分に発揮していない場合が多い．中国からは「緑色食品」（有機栽培生産物の意味）とラベルされたラッカセイが輸入されており，店先でしばしば目にするようになってきた．日本でも，今後は窒素固定能の高い根粒菌の選抜や養分吸収機能を高める菌根菌の接種技術の開発なども必要となろう．また，これらの機能を利用して，前後作を含めた環境への負荷の少ない作付体系を確立し，石油エネルギーへの依存度を抑えた栽培技術を展開することが急務である． [大門弘幸]

むき実の袋詰め

収穫乾燥後，加工業者に搬入されたラッカセイは，サイズごとに機械で分別されて袋詰めされる．これらを種々加工して多様な製品ができあがる．

図12.9 ふく性のラッカセイ（*A. pintoi*）ベトナム南中部クイニョンで撮影．被覆作物として栽植されている．

中国のラッカセイ

中国山東省花生研究所に集荷されたラッカセイの莢実．山東省各地で収穫されたラッカセイは，花生研究所の原種農場に集められ，品評会にかけられる．

■コラム■　アメリカのラッカセイ名産地

　アメリカ南部のジョージア州やフロリダ州は，ラッカセイ生産の多い地域である．大人も子どももラッカセイをよく食べる．秋になると莢ごとゆでた新豆が道沿いで売られる．ちょうどハロウィーンの頃であるが，大きなカボチャを売る露店で"Boiled Peanut"の看板をよく見かける（図12.10）．アメリカといえば広大な畑を想像するが，これらの地域は風が強く，ラッカセイ畑では防風林が視界を遮り，畑に立つと必ずしも面積の広さは感じない．トウモロコシ，タバコ，ワタなどとの輪作が行われている．

図12.10　"Boiled Peanut"
莢のまま大きな鍋で塩ゆでされる．日本ではレトルト食品としても販売されている．

文　　献

1) 前田和美（1990）：マメと人間―その一万年の歴史―, pp.118-161, 古今書院．
2) 中西建夫他（1990）：わが国におけるマメ類の育種（小島睦男編），pp.467-514, 明文書房．
3) 曽良久男他（2003）：食用マメ類の科学（海妻矩彦他編），pp.263-275, 養賢堂．
4) 高橋芳雄（1992）：落花生―ある研究者の記録―, 全国農村教育協会．

12.2　ア　ズ　キ

図12.11　大納言アズキ

　アズキ（*Vigna angularis*：図12.11）は，日本において，祝い事の際に食べる赤飯やお正月のお汁粉など，食文化に深く溶け込んでいる．特に，日本が世界に誇る和菓子に使われる餡の原料として重要な作物である．日本におけるアズキの生産量は，2015年産で6万3,700 t, 作付面積は2万7,300 haである（表12.3）．そのうち，北海道が生産量の93％，作付面積の80％を占め，国内産アズキの商品生産のほとんどを担っている．アズキの作付面積は年々減少傾向にあり，その減少率は京都府，兵庫県，北海道では小さく，それ以外の県で大きい（表12.4）．特に，かつては大産地であった東北地方の減少が大きく，これらの地域でのアズキの遺伝資源の喪失，食文化への影響が懸念される．本節では，アズキの植物学的な特性や栽培上の留意点について述べる．

12.2 ア ズ キ

表12.3 アズキの作付面積および収穫量（2015年）

都道府県	作付面積 （ha）	収量 （kg/10 a）	収穫量 （t）
北海道	21,900	272	59,500
兵庫	667	80	534
京都	521	80	417
岩手	397	88	349
岡山	352	70	246
福島	254	78	198
全国	27,300	233	63,700

2015年農林水産統計より作成.

表12.4 各道府県におけるアズキの作付面積の変化

年度	全国	北海道	青森	岩手	福島	長野	兵庫	京都	岡山
1958	142,100	55,100	3,570	6,100	7,430	3,840	1,080	690	2,460
2015	27,300	21,900	203	397	254	208	667	521	352
減少率（%）	81	60	94	93	97	95	38	24	86

農林水産統計より作成.

a. 起源と分類

アズキの原産地はこれまで中国であると考えられてきたが，日本において
アズキの野生種であるヤブツルアズキや栽培アズキとヤブツルアズキとの中
間的な生育特性を示す雑草アズキが多く分布していることから，最近の研究
では日本がアズキの起源である可能性が高まってきている．しかし，未だに
定説となったものではなく，今後のさらなる研究が待たれる．

日本のアズキを大きく分類すると，感温性の高い夏アズキと感光性の高い
秋アズキ，そしてこれらの中間型の3タイプに分けられる．夏アズキは，5
月初めに播種した場合初夏に収穫される．現在本州ではほとんど栽培されて
おらず，北海道で栽培されるアズキのほとんどがこの夏アズキである．秋ア
ズキは，初夏に播種して秋に収穫されるもので，本州の多くの地域で栽培さ
れている．

またアズキは，日本の各地域に多様な在来種が多く存在するという特徴が
ある．在来種は，莢や種皮の色，種子の大きさなど様々な形態的特徴をも
ち，病害虫抵抗性などの有用遺伝子をもつものも少なくない．これらの遺伝
資源は，ごく小さな集落内や個人で維持されている場合が多く，中には100
年以上も自家採種を継続して，他には譲り渡さないという在来種もある．し
かし現状では，出荷用品種への統一や栽培者の高齢化などによって，これら
の在来種が急速に失われつつある．アズキの育種を進める上では，このよう
な貴重な在来種の収集，保存，評価を精力的に進める必要がある．

一般に，粒の小さい品種を普通アズキ，粒の大きい品種を大納言アズキと

ヤブツルアズキ

ヤブツルアズキは，日本
に普通にみられるつる性
の一年生草本である．種
子は黒斑の小粒で，莢は
容易に裂開し，種子を飛
ばす．アズキと容易に交
雑し，種子タンパク質や
葉緑体DNAなどの共通性
も高いことから，アズキ
の野生種であるとされて
いる．

呼び流通上区分している．北海道では，これまで普通アズキが多かったが，最近では'ほくと大納言'などの大納言アズキも育成されている．一方，大納言アズキで有名なもので，京都府から兵庫県にまたがる丹波地方で栽培されている「丹波大納言小豆」は，流通上の名称として使用され，京都府で栽培されている'京都大納言'や兵庫で栽培されている'兵庫大納言'，さらに京都府や兵庫県の大納言系の在来系統を含んだ多様な品種群のことをいう．以下に主として'京都大納言'を例に，アズキの生育特性と栽培技術について概説する．

b. 発芽から収穫まで

種皮色は，あずき色といわれるように一般に「濃い赤」から「やや淡い赤」である．他方，白アズキといわれる種皮色が白いものや，在来種の中には黒や緑，まだら模様などのものもあるなど，その多様性は高い．百粒重は，普通アズキで10～17 g，大納言アズキで17 g以上，'京都大納言'では23～26 gである．また，種子の形によっても，俵形や烏帽子形に分けられる．種りゅうと呼ばれるところしか吸水ができないため，発芽時に干ばつの被害を受けやすい（図12.12）．アズキは，発芽時にダイズのように子葉を地上部に持ち上げるのではなく，土の中においたまま地上部にはハート型の初生葉を展開する地下子葉型である（図12.13，12.14および11.3節参照）．さらに，3枚の小葉をもつ本葉が展開し，子葉節や主茎の各節から分枝が発生する．根では，他のマメ科植物と同様に根粒を形成し，空気中の窒素を固定して利用している（図12.15）．黄色の花（蝶形花）は，各節から伸びた花柄の先につき，自家受粉し，順次，莢を形成する（図12.16）．開花後，栄養成長と生殖成長が30日近く並行して進む．早く開花した莢から成熟が進むので，収穫適期は莢ごとに異なる（図12.17）．一般に，熟莢から順次収穫する．1つの莢には，5～10粒の種子が入る．収穫適期を逃し，乾燥が続くと，莢が弾けて種子が飛散することがある．

俵形と烏帽子形
アズキでは，種子の形が円筒で米俵のような形の俵形と，公家がかぶっていた帽子（烏帽子）に似た先が少しとがった形の烏帽子形がある．俵形では，種子を縦に3粒程度積み重ねられるといわれるほど，円筒状になっている．また，公家の位の高い人を大納言と呼んだように，大納言アズキでは烏帽子形をしたものが多い．

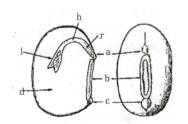

図12.12　アズキの種子（星川1980[2]）
a：発芽口，b：へそ，c：種りゅう，d：子葉，h：胚軸，l：初生葉，r：幼根．

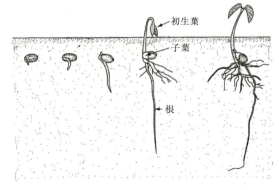

図12.13　アズキの出芽のようす（国分 2004[3]）

図12.14　アズキの初生葉の展開
子葉は地上部に持ち上げない.

図12.15　アズキの根部のようす
根には多数の根粒が着生する.

図12.16　開花と莢の着生状況
開花と莢伸長が平行して進行する.

図12.17　成熟期
莢は一斉に成熟しないため，熟莢から順次手収穫される.

c. 栽培技術

'京都大納言'の播種適期は，梅雨明け後の7月中下旬である．播種時期が早いと栄養成長が旺盛となって蔓化しやすく，逆に8月以降になると生育量の不足から収量が減少する傾向があるため，適期播種が重要である．この時期は，梅雨明け後の盛夏となることから，適度な降雨がないと土壌水分の不足による発芽不良が発生しやすい．収量不足の最も大きな要因が，発芽不良による苗立ち不足である．

播種密度は，畝間90〜120 cm，株間20〜30 cm程度とし，1株2粒づつ播種する．近年は中間管理作業を容易にするため，畝間は広くなる傾向がある．播種後，雑草防除のために除草剤の土壌処理剤を散布する．しかし，アズキは初期生育が緩慢なため，雑草との競合に弱く，播種後20〜30日頃に除草を兼ねた中耕を行うとよい．中耕と同時に側根の発達を促すため，第1本葉節まで培土（土寄せ）をする（図12.18）．

蔓化（つる性）
ダイズでは，品種によって有限伸育性品種と無限伸育性品種がある（11.2節参照）．しかし，'京都大納言'では，このような品種特性は認められず，通常の栽培条件では，ほとんどの場合が有限伸育性のような草型である．しかし，早植えや密植栽培をすると，条件によってはつる性植物のように無限伸育性を示すことがある．これはアズキの野生種であるヤブツルアズキの性質を残しているのかもしれない．

図12.18　中耕培土
耕耘機などを用いて中耕した後，鍬で丁寧に株元に土を寄せる.

図12.19　マメノメイガ
アズキの花を食害する.

狭条密植栽培
狭畦密植栽培とも呼ばれ，ダイズ栽培で開発された（11.4.b項参照）．ダイズでは，有効な土壌処理除草剤と生育期の除草剤を組合せることで雑草対策が可能であるが，アズキでは薬害が出やすいことからも登録除草剤が少なく，雑草が多発する場合がある.

　花芽分化期～開花終期（8月上旬～9月下旬頃）は，土壌水分の過湿や乾燥を避ける．土壌水分が過剰な場合は，根ぐされや茎疫病が発生し，乾燥しすぎた場合は，落花や落莢が多発する．そのため排水溝の設置によって過湿を防止するとともに，乾燥時には畝間灌水を実施し，土壌水分をできるだけ一定に保つことが重要となる．開花期から子実肥大期には，子実を食害する害虫の防除を徹底し，収穫までに2～4回程度の薬剤防除を行う．主な害虫は，アズキノメイガ，アズキサヤムシガ，ハスモンヨトウなどの幼虫である（図12.19）．

　収穫方法は，人力による手どり収穫と機械収穫がある．手どり収穫では，熟した莢から順次2～4回程度に分けて収穫し，農家の軒先などに広げて，天日によって乾燥し，脱穀・選別が行われている．選別は，主として目視による手選別で，農家の老婦人が夜なべ仕事で行っていることが多い．このような昔ながらの手作業が高級な大納言アズキの生産を支えている．一方，機械収穫の場合は，熟した莢の割合が80％以上となったときに，ビーンハーベスタや草刈り機などによって株ごと収穫し，ビニールハウスで予備乾燥をした後，ビーンスレッシャで脱粒する．

　さらに規模が大きい場合は，汎用コンバインによって収穫する（図12.20）．その際には，コンバインに土が混入しないように中耕・培土を行わない狭条密植栽培が行われている．狭条密植栽培では，コンバイン幅に合わせて1.5～2.4 m程度の畝に条間30～40 cmで4～5条，株間20 cm程度として播種する．播種には，畝立同時播種機などを用いて耕起，畝立，播種，除草剤散布を一工程で行うことで省力化を図ることができ，密植されていることから収量も多い（図12.21，12.22）．しかし，中耕は行わないことから，湿害などでアズキの初期生育が遅れた場合や欠株が生じた場合には雑草が繁茂し，収穫作業に障害となったり，減収したりする．特に最近では，ヒロハフ

図12.20 アズキのコンバイン収穫
熟莢が90％以上で収穫する．

図12.21 アップカットロータリによる畝立同時播種
アップカット（逆転）ロータリによって耕耘−畝立−播種−覆土−鎮圧を一工程で行う．作業速度は遅いものの，発芽苗立，除草剤の効果は高い．

図12.22 狭条密植栽培
約1.8 mの畝に条間30 cm，4条で播種されている．

ウリンホオズキなどの外来雑草の蔓延が問題となっている．収穫後は，除湿乾燥機などを用いて乾燥する．子実水分を15％に仕上げ，病害虫による被害粒や屑粒を除き，出荷規格に応じて出荷する．選別には，比重選別機，色彩選別機などを用いる．

文　献

1) 浅井元朗（2015）：植調雑草大鑑，p.214，全国農村教育協会．
2) 星川清親（1980）：食用作物，pp.460-470，養賢堂．
3) 国分牧衛（2004）：新版作物栽培の基礎（堀江　武編），pp.178-180，農文協．
4) 十勝農業試験場アズキグループ編（2006）：アズキの絵本，農文協．
5) 友岡憲彦（2003）：食用マメ類の科学（海妻矩彦他編），pp.14-22，養賢堂．
6) 山口裕文（1994）：植物の自然史（岡田　博他編），pp.129-145，北海道大学図書刊行会．

12.3 サ サ ゲ

ササゲ（*Vigna unguiculata*）は，日本でも広く栽培されていたようであるが，現在では栽培面積が少なくなり，2007年産では100 haにも満たない（表12.5）．主な産地は沖縄県であり，栽培面積の約75％を占める．沖縄県宮古島地方では種皮が黒いササゲを「黒小豆」と呼び，祝い事や十五夜の料理として地域の食文化に根付いた食材として利用されている．種皮の黒いササゲは，秋田県の「てんこあずき」や岩手県の「黒小豆」がある．ササゲの

表12.5　ササゲの作付面積および収穫量（2007年）

都道府県	作付面積(ha)	収量(kg/10 a)	収穫量(t)
沖縄県	68.5	126.3	86.5
岡山県	11.8	65.0	7.7
全国	91.1	—	221.8

2007年農林水産統計より作成．

ヒロハフウリンホオズキ[1]

熱帯アメリカ原産で江戸末期に日本に侵入したナス科の一年生雑草である．アズキの播種後から発生がみられ，だらだらと発生が継続する．ホオズキ状のガクに包まれた果実をたくさんつけ，その中にさらに多数の種子が含まれる．変種のホソバフウリンホオズキとともに年々多発傾向にあり，アズキがほぼ壊滅状態になる場合もある．

ヒロハフウリンホオズキ

ホオズキによる被害

■コラム■　沖縄県宮古島地方での伝統的なお菓子「ふきゃぎ」
　宮古島地方において，「黒小豆」が最も一般的に使われる料理（お菓子）である（図12.23）．9月の十五夜のときの供えとして使われる．「黒小豆」を一晩，水に浸した後，煮て軽く塩をふっておく．モチ粉を溶かして練り，細長い形にしてゆで，これに煮た「黒小豆」をまぶして完成である．十五夜以外でも，家を新築したときのように，様々なお祝い行事のときに出されることも多く，モチにたくさんの黒小豆がついたようすがたくさんの人がくっついてくれる（＝投票してくれる）ということで，選挙のときに出されることも多い．

図12.23　宮古島の「ふきゃぎ」

野菜としてのササゲ
ササゲには，子実を利用する品種だけでなく，未成熟な莢を煮物やお浸し，油炒め等に用いる品種群Sesquipedalis（和名：ジュウロクササゲ）がある．これらは別名，三尺ササゲともいわれ，莢が長く，60 cm以上となる品種もある．

作付面積第2位の岡山県では大粒で種皮の赤い「備中だるまササゲ」がある．各地の種皮の黒いササゲがアズキと呼ばれていることについては，よくわかっておらず，今後の調査・研究が必要である．
　ササゲの原産地はアフリカ西部とされており，現在でもアフリカでの栽培が多い．その後，東へ分布を広げ，日本へは中国経由，もしくはインドネシアからの海上経由で9世紀までには伝播していたと考えられている．以下では，沖縄県宮古島地方の「黒小豆」を例に生育特性と栽培技術について概説する．
　宮古島における「黒小豆」の主な作型には，3月に播種し，5～6月に収穫する作型と，5～6月に播種し，8～9月に収穫する作型の2種類がある．「黒小豆」の主たる用途が十五夜の際に供える「ふきゃぎ」と呼ばれるお菓子であったことから，8～9月収穫が昔ながらの作型であったと考えられるが，現在では収穫時の台風被害軽減と島の基幹作物であるサトウキビとの作業競合を避けるため，5～6月収穫の作型が多い．
　播種方法は，バラ播きし，トラクタで軽く耕耘する粗放的な方法から，畝間180 cm，株間50 cmに点播する方法まで様々である（図12.24）．生育が進むとつるが2～3 m以上伸びるため，栽植密度はかなり低い傾向にある．植付け前も植付け後も施肥は行わず，莢を食害する害虫（アワノメイガ等）に対して数回の防除を行う場合もある．畝間が広いことから，初期の除草は耕耘機等によって行われるが，茎葉が繁茂した後は，手どり除草が行われて

図12.24 沖縄県宮古島市での「黒小豆」栽培のようす 畝間がかなり広い．

図12.25 「黒小豆」の花 薄紫色の花が咲き，莢伸長も同時に進行する．

いる．長く伸びた花柄に薄紫色の花が咲き（図12.25），開花と莢伸長が同時に進行する．根部には主根を中心に大型の根粒が着生する．収穫作業は，熟莢ごとの手どり収穫である．収穫後，天日で干し，乾燥させた後に脱粒し，再び天日で乾燥させ，出荷に至る．

「黒小豆」は，宮古島地方の特色ある農産物であるが，収穫および調製作業の労働負担が大きい上に収量の年次変動も激しく生産量が安定していない．そのため，栽培面積の拡大や特産物として年間を通じた供給ができていない．

日本におけるササゲの栽培は，年々減少傾向にある．また，これに伴って各地域における在来種の消失も危惧される．地域の特産物を守る点からも，また遺伝資源の保存という点からも，日本のササゲ在来種の収集と保存が必要である．　　　　　　　　　　　　　　　　　　　　　　　　　［大橋善之］

文　　献

1) 友岡憲彦（2003）：食用マメ類の科学（海妻矩彦他編），pp.22-27，養賢堂．

12.4　エ ン ド ウ

エンドウは，乾燥種子を穀物として利用したり，若莢や未成熟種子（青実）を野菜として利用する．乾燥種子の生産はカナダやロシア，アメリカ，中国などで多く，若莢を利用する莢エンドウ（図12.26）はアメリカやフランスなどで，未成熟種子を利用する実エンドウ（いわゆるグリーンピース，図12.27）は中国やインド，アメリカなどで多く栽培されている．日本では，乾燥種子は主に北海道で，莢エンドウと実エンドウは鹿児島県や和歌山県，愛知県，福島県などで多く生産されている．

図12.26 若い莢を食用とする莢エンドウ

図12.27 未成熟種子を食用とする実エンドウ

a. 起源と分類

エンドウの原産地は中央アジアから中東のあたりとされており，これらの地域から東西へ伝播していった．東方に伝わったものは，中国大陸に定着して東洋フィールド群となり[1]，日本へも渡来した．これらは，主に乾燥種子（フィールド・ピー）として利用され，種子は褐色で小粒であり，品質は不良であった．西方に伝わったものは，初め地中海沿岸に広まり，その後中部および北部ヨーロッパに伝わった．ここで品質のよい糖質型実エンドウ品種と軟質大型の莢エンドウ品種が生まれ，ガーデン・ピーとして発達した．アメリカへは新大陸の発見当初に伝えられ，その後イギリスからの新品種の導入により栽培が盛んとなった．

日本への渡来時期は明らかではないが，約1,000年前の書『倭名類聚抄』に「のらまめ」という名で初めて現れた[1]．江戸時代には，ガーデン・ピーがヨーロッパからもたらされたが，越冬栽培が困難であり，国内に広く伝播するにはいたらなかった．明治になって，多数の品種が欧米から導入され，それらのうち，わが国の気候に適応した 'うすい' や '札幌青手無'，'鈴成砂糖' などいくつかの品種が各地に定着するようになった．

ヘドリックは，主に乾燥種子を利用するフィールド・ピー型のエンドウを *Pisum sativum* subsp. *arvense*（アルベンス系）に，園芸用に用いられるガーデン・ピー型のエンドウを *Pisum sativum* subsp. *hortense*（ホルテンス系）に分類した[2]．アルベンス系は，原産地で自生していたものと推察され，葉や托葉が小型で茎が細くつる性であり，花色は赤で茎葉にアントシアン色素を生じやすい．ホルテンス系は，ヨーロッパで分化したもので，葉や托葉が厚く大型で茎は太く，花色は白である．しかし，自然交雑や交雑育種，あるいは突然変異によって両者の間には多数の中間型の品種ができ，現在ではこれらを系統的に分類することは困難となっている．

b. 発芽から収穫まで

種子の百粒重は，15〜40 g である．種皮の色は，白緑，クリーム色，褐色などと多様であり，大きさ，しわの有無（図12.28）とともに品種を識別する重要な形質となる．エンドウは地下子葉型（11.3節参照）であり，種子が発芽する際は，まず幼根が伸長し，子葉は地中に残り，第1葉が地上に現れる（図12.29）．発芽の適温は18〜20℃，生育の適温は15〜20℃である．地上部の生育は，まず主枝（主茎）が伸長し（図12.30），ついで地際部の節から分枝が発生し，さらに主枝の第1花着花節位直下の節からも分枝が発生する．エンドウの葉は複葉であり，基部に1対の托葉をもち，2〜3対の小葉と先端の巻きひげからなる（図12.31）．

エンドウの花は，葉腋から生じる5 cm前後の花柄の先に咲き，マメ科独

図12.28 エンドウのしわ種（左）と丸種（右）

図12.29 種子の発芽のようす

図12.30 伸長した主枝

図12.31 エンドウの複葉
2～3対の小葉があり，先端は巻きひげとなる．

図12.32 エンドウの開花

特の5枚の花弁からなる蝶形花を2花程度つける．一般的な秋播き栽培では，主枝の10～20節に第1花が着生し，そこから上位の節には連続的に着花する．花弁の色は白色または赤紫色で，まれにピンク色を呈する．蝶形花では一番外側の大きな花弁を旗弁といい，次の1対を翼弁，内側の小さい1対を竜骨弁と呼ぶ（11.3節参照）．開花時には旗弁と翼弁は開くが，竜骨弁は閉じたまま雌ずい，雄ずいを包んでいるため，自然交雑の可能性はほとんどない（図12.32，12.33）．雌ずいの先端部は，鎌の刃の形に湾曲し，内側に毛を密生する．雄ずいは10本あり，うち9本は相互に付着している（図12.34）．受精すると子房が伸長，肥大して莢となる（図12.35）．莢はやや偏平または円筒形に近く，1莢に2～10個の種子を含む．

エンドウは深根性で，直根は1mほど伸びるが，横にはあまり広がらず，倒円錐形の根系を形成する．根では根毛から根粒菌が侵入して根粒を形成し，共生窒素固定を行う．

c. 栽培技術

日本では一般的に秋に播種して春から初夏に収穫するが，北海道や中部高冷地など越冬栽培できない地帯では春播き栽培が行われる．また，温暖地で

図12.33 エンドウの花弁
上：旗弁，下左右：翼弁，下中央：竜骨弁．

図12.34 エンドウの雄ずいと雌ずい
雄ずい（左）は雌ずいと子房（右）を包むようにつく．

図12.35 実エンドウの結莢のようす

図12.36 ビニールハウスでの栽培

図12.37 つるの誘引のようす
ネットに誘引し，ひもで両側から押さえる．

ハウス栽培
温暖地では，9月頃播種して11月頃にビニールを張り，冬から春にかけて収穫する．一般的に，側枝（分枝）を除去して，主枝1本仕立てにする．収穫期間が長期に及ぶため，収量は，露地栽培の2倍以上となる．

太陽熱土壌消毒
太陽熱による土壌消毒法は，薬剤を用いずに夏期の太陽熱を利用して土壌の消毒を行う方法である．まず，有機物や肥料を施用し，栽培用の畝を立てる．次に，降雨や散水を利用して畝の深いところ

は夏播きの作型もあり，秋から早春にかけて収穫する．一部地域では，初秋に播種して冬から春にかけて収穫するハウス栽培も行われている（図12.36）．

エンドウは連作障害（3.1節，6.3節参照）を起こしやすい作物であるので，5年以上休閑した圃場で栽培するのがよいが，ハウス栽培などでやむをえず連作する場合は太陽熱や薬剤により土壌消毒を行う．酸性土壌では石灰を10a当たり120～150kg程度施用し，根張りをよくするために深耕を行う．根は湿害を受けやすいので，畑の状況に応じて高畝とし，排水に十分配慮する．施肥量は，10a当たり窒素10～20kg，リン15～25kg，カリ10～20kgを標準とする．

秋播き栽培では，早播きするほど分枝数が多くなり，収穫期間が長くなるが，耐寒性は低下し，寒害・凍害を受けやすくなる．そのため播種期は，栽培地の気象条件と品種の耐寒性を考慮して決定すべきである．寒地・高冷地の春播きでは，発芽後の寒害のおそれのない範囲でなるべく早い時期の播種

が望ましい．1穴に3～5粒播種し，約2cmの覆土を行う．畝幅は1.5～1.8mとする．株間は30～45cmを標準とし，分枝数の少ない品種や作型での栽培では20～25cmとする．

表面が白色や黒色のポリエチレンフィルムでマルチをすると，地温や土壌水分の調節，除草の省力化が可能となる．つるの誘引は，パイプ支柱にプラスチックネットを張り，ビニールひもで両側から押さえて行う（図12.37）．

収穫時期は，気象条件によって異なるが，莢エンドウで開花後20～25日，実エンドウで開花後30～40日である．

d. 利用と品種

日本では，乾燥種子は餡や煎り豆，蜜豆の材料に利用され，莢エンドウは炒め物や煮物，揚げ物に，実エンドウは料理の彩りや豆ご飯，卵とじに利用される．また，若い茎葉を野菜として利用する豆苗もある．

乾燥種子用品種には，「青エンドウ」と呼ばれる'大緑'や「赤エンドウ」と呼ばれる'北海赤花'などがある．

莢エンドウは，莢の大きさにより絹莢品種と大莢品種に分けられる．また，青実を肥大させて莢ごと利用するスナップ品種もある．絹莢品種には，節間の長さや開花時期などが異なる多数の品種があるが，'美笹'や'ニムラ白花きぬさや'などが多く栽培されている．大莢の代表的品種は'オランダ'で，莢の長さ12cm以上，莢幅は3cm程度となる．スナップ品種には，'ニムラサラダスナップ'などがある．

実エンドウ品種は，青実の糖含量が高い糖質型（シュガーピース），デンプン含量が高いデンプン質型および両者の中間型に分けられる．糖質型品種の'南海緑'などは，莢と青実の緑色が濃く，食べると甘い．中間型の'うすい'は，草勢，耐寒性が強く，多収の品種であり，秋播き用として多く栽培されている．デンプン質型には'在来早生'などの品種があるが，現在，実用上の栽培はみられない．

e. 育種目標

ハウス栽培では，生育期間が長く草丈が高くなり，収穫や整枝，誘引の作業性が悪くなるため，節間長の短い品種が求められる．特に，中間型実エンドウには優良な短節間品種がないため，育成が急がれている．また，'うすい'や'オランダ'は，高品質多収の品種であるが，晩生であるため，ハウス栽培や夏播き栽培では開花促進処理を必要とする．産地では，催芽種子の低温処理や電照による長日処理が行われているが，これには施設やコスト，労力を要するため，早生の高品質多収品種が求められている．現在，短節間や早生を目標とした育種は，主として和歌山県農業試験場暖地園芸センター

まで湿らせる．その後，ポリエチレンフィルムで畝全体を覆う．湛水できる圃場では，フィルム被覆後，畝の上面まで湿る程度に水を溜め，自然落水させるとよい．最高気温が30℃以上の日が続く盛夏の時期では，40日間以上の処理で土壌消毒効果がある．ハウス栽培では，外張りフィルムを密閉すると，20日間以上の処理で土壌消毒効果がある．また，この処理により雑草の種子が死滅するため，除草を省力化できる．

病虫害
病気では，ウイルス病や立枯病，灰色かび病，うどんこ病，褐紋病，褐斑病などの被害がある．害虫では，ハモグリバエやウラナミシジミ，ヨトウ類，アブラムシ，ハダニなどの被害がある．

催芽種子の低温処理
吸水して幼根が1～2mmみえるようになったエンドウ種子を2℃の冷蔵庫に入れ，20日間低温処理する．バーナリゼーションにより開花を促進する技術である．

長日処理
エンドウの幼植物に対して16時間以上の日長となるように電照を行い，開花を促進する．処理時期は3葉期から8葉期までの間，照度は20lx以上で効果がある．

において実施されている. [藤岡唯志]

文　　献

1) 興津伸二（1974）：農業技術体系 野菜編 10，pp.3-61，農文協.
2) 菅原祐幸（1977）：野菜園芸大辞典，pp.969-983，養賢堂.

12.5　緑肥作物，線虫対抗作物，被覆作物

　マメ科作物は3つの亜科（マメ亜科，ネムノキ亜科，ジャケツイバラ亜科）に分類されるが，マメ亜科の97%（前述したダイズ，ラッカセイ，アズキ，ササゲ，エンドウなどの多くの農作物），ネムノキ亜科の70%，ジャケツイバラ亜科の23%が根粒菌との共生によって大気中の窒素を固定（symbiotic nitrogen fixation）することができる．また，リン酸欠乏土壌では，アーバスキュラー菌根菌（arbuscular mycorrhyzae）がよく感染し，菌根菌ネットワークを形成して植物体に養分を供給する共生関係をもつことが知られている．各章で述べられてきたように，食用や飼料用としてのマメ科作物は農業生産にとって極めて重要であるが，同時に生産の基盤となる耕地生態系の持続性にとっても，マメ科作物のもつ多様な特性が利用されている．ここでは，固定窒素の付加，リンの回収，土壌の物理性改善，線虫密度の抑制，雑草防除，土壌保全などに利用されているマメ科作物のうち，環境保全の視点から日本においても利用されている3種類のマメ科作物について紹介することとする．

a.　クロタラリア

　マメ亜科に属する一年生植物である．*Crotalaria* 属の起源地といわれるインドでは，古くから繊維作物や飼料作物として多くの種（species）が栽培されてきた．470を超えるといわれる種のうち80以上がインドで見つかっており，中でも *C. juncea* は，Sunnhempとも呼ばれ，長く栽培されてきている．*C. juncea* は質のよい繊維がとれることから，ブラジルでは紙巻きタバコ用の製紙原料としての栽培も試みられてきた．アメリカでは家畜への毒性の心配から栽培面積は減少したが，かつてはノースカロライナ，ジョージア，フロリダなどの南部の各州で *C. intermedia*，*C. juncea*，*C. lanceolata*，*C. mucronata*，*C. spectabilis* の5種が緑肥作物（1.3節，3.3節参照）や被覆作物（7.2節参照）として栽培されていた．

　アジア諸国では，1980年代に国際イネ研究所（IRRI）において水田における優良な緑肥作物のスクリーニングに関する試験が行われ，*C. juncea*（図12.38）は初期生育が早く，乾物生産量も多いことが報告されている．

家畜への毒性

Crotalaria 属には植物体にアルカロイドを含有するものがあり，摂食した家畜に中毒を引き起こした事例が報告されている．ただし，その毒性については種間差が大きく，家畜の種類によってもその程度に差異がある．

C. intermedia，*C. lanceolata*，*C. striata* では，幼若期の植物体を与えても毒性はないといわれるが，栽培後のエスケープ（逸出）を考えると注意する必要がある．なお，アルカロイドの種類については，monocrotaline や mucronatinine が報告されている．

12.5 緑肥作物，線虫対抗作物，被覆作物　　　165

図12.38　生育盛期の *Crotalaria juncea*

図12.39　*Crotalaria sessiliflora*
京田辺市近郊に自生していたもの．黄色くみえるのはがく（表面に多くの毛をもつ）．

日本では，本属には珍しく青色の花（他の種は黄色）をつける*C. sessiliflora*（図12.39）がタヌキマメと称され東北以南に自生している．

本属植物の特性として挙げられるのは，その高い窒素固定能に基づく優れた乾物生産性であり，生育盛期のすき込みにより畑に多くの有機物を補給することができる．また，水田転換畑（3.6節参照）では地力増強作物として利用できるだけでなく，直根が深くまで伸長する根系が畑地化の促進に役立つ．根粒は，サンゴ状の無限型根粒で，*Bradyrhizobium*が感染する．

クロタラリアが日本に導入された理由として，いくつかの種がサツマイモやダイコンで問題となる植物寄生性有害土壌線虫（plant parasitic nematode）の密度を減少させる効果が確認されたことが挙げられる（対抗植物，antagonistic plant：第3章側注参照）．対抗性の程度は種により異なり，例えば*C. juncea*はネコブセンチュウには強い対抗性を示すが，ネグサレセンチュウの密度を減らす効果はない．一方，草丈の低い*C. spectabilis*は両線虫に効果がある．前者は茎の木化が進むとすき込みにくいが，後者は中空の茎をもつのですき込みやすい．また，開花期がそろうので休耕地の景観作物（landscape plant）としても優れる（図12.40）．

b.　セスバニア

*Sesbania*属植物（図12.41）はマメ亜科に属し，熱帯地域に20種以上が分布する．インドでは古くから*Sesbania cannabina*, *S. grandiflora*, *S. sesban*などが，コーヒー幼植物の庇陰植物やバナナやココヤシの防風植物として用いられてきた．本属植物が一躍注目されたのは，セネガルにおいて雨期に湛水する湖岸や沼地に自生する*S. rostrata*が，根粒と同様に窒素固定を行う茎粒（stem nodule）という組織（図12.42）を形成することが報告されてからである．本種に感染して茎粒を形成する根粒菌は，炭素源として乳酸を利用する点で特徴がある*Azorhizobium caulinodans*である．この菌は根粒も形成するが，上述のクロタラリアと異なり，根粒は球状の有限型である．た

無限型根粒と有限型根粒
根粒の先端に分裂組織をもち，根粒の先端と基部で根粒の発達段階が異なる根粒を無限型（indeterminate type）という．一方，分裂組織をもたず，そのために根粒の形がほぼ球形になるものを有限型（determinate type）という．マメ科植物の根を引き抜いて根粒の形を観察してみると，その差がよくわかる．

図12.40　黄色の花を一斉に開花させる *Crotalaria spectabilis*

図12.41 生育盛期のSesbania rostrata

図12.42 Sesbania rostrataの茎に形成された茎粒

表12.6 Sesbania属植物の窒素固定量（生育期間50〜60日間の推定）（文献[1]を一部改変）

供試種	生育条件等	窒素固定量（kg/ha）	文献
S. rostrata	雨期（セネガル）	267	Rinaudo et al.
S. rostrata	雨期（フィリピン） 乾期	59〜78 71〜92	Torres et al.
S. rostrata S. sesban	ガラス室＊（セネガル）	83〜109 7〜18	Ndoye & Dreyfus
S. sesban S. macrantha	雨期（タンザニア）	42〜192 57〜111	Karachi & Matata
S. aculeata (cannabina)	湛水（フィリピン） 非湛水	128〜151 132〜171	IRRI

＊：20〜24℃，12時間日長.

だし，耐湿性の高いS. rostrataでは，根粒が無限型と有限型の可塑性を示すということも報告されている．

日本では，S. rostrataとS. cannabinaが市販されており，その旺盛な生育を利用して，沖縄のサトウキビ栽培においては被覆作物や緑肥作物として，また北陸地方の低湿重粘土の転換畑では土壌改良作物として利用されている．世界的にみると，セネガル，タンザニア，ケニア，エチオピアといったアフリカ諸国や，フィリピン，タイといった東南アジア諸国で，飼料用や間作用マメ科灌木（3.1節参照）として積極的に利用されている．本植物は酸性土壌条件下でもよく生育してリン酸の吸収量が多く，耐塩性が高く，亜鉛や鉛といった重金属にも高い耐性を有するといった特性をもっている．一方，乾季の生育は貧弱であり，開花が早まり，窒素固定活性も低くなる．なお，本属植物の窒素固定量は，生育条件によって異なるが，50〜60日間の栽培によって60〜270 kg/haと報告されている（表12.6）．

水田転換畑において地力増強作物として利用されるS. cannabinaとS. rostrataの特徴の1つに，耐湿性を挙げることができる．両種はいずれも湛水条件下におくと，すみやかに根に二次通気組織（secondary aerenchyma）

を形成し，また茎の基部から不定根（胚軸根）を発生する（図12.43）．いずれの形態変化も湛水によって生じる酸素不足を補うために起きる現象である．二次通気組織は，水稲の根に生じる破生通気組織（8.3節参照）と同じように根の呼吸のための酸素の通り道となるが，破生通気組織と異なり，根の内鞘の分裂と肥大によって二次的に形成される組織である（図12.44）．このような組織はダイズ（11.3節参照）でも観察される．

c. ヘアリーベッチ

ヘアリーベッチ（*Vicia villosa*：図12.45）は，マメ亜科に属するつる性の一年生植物である．日本では被陰やアレロパシー作用による休耕地の雑草抑制機能に期待がもたれるとともに，フジに似た青色の花の美しさから景観植物としても導入されている．アメリカやカナダでは，冬季の土壌水分の保持や表層土壌からの肥料成分の溶脱の防止，さらに雨や風による土壌浸食防止のための被覆作物として導入され，不耕起栽培にも応用されている（3.3節参照）．根粒菌*Rhizobium leguminosarum*が根毛から感染して，無限型の根粒を地際部に多く形成する（図12.46）．

アレロパシー作用

一般的には，植物が放出する物質（根からの滲出，葉からの揮発など）が周辺の他の植物の生育に何らかの影響を及ぼすことをいい，成長を阻害するだけでなく，促進することも意味する．生態学者であった沼田眞博士がアレロパシーを「他感作用」と訳しているが，まさにその言葉の通りである．第3章でも述べられているように，連作障害の原因の1つにもなっているが，一方で各作物のもつ他感物質を同定し，その作用を明確にすることにより，雑草防除などに応用することも可能である．

図12.43 *Sesbania cannabina*における湛水直後に形成された胚軸根

図12.44 *Sesbania cannabina*の根に形成された二次通気組織

図12.45 生育盛期のヘアリーベッチ（*Vicia villosa*）

図12.46 ヘアリーベッチの無限型根粒

> **■コラム■　アフリカで活躍するクロタラリア**
>
> 　1940年代初頭，タンザニアのRuvumaという地域の教員養成大学の学長であったO. Morgerは，南ローデシアの農業技術者からクロタラリアの種子を分譲され，緑肥や家畜（牛）の飼料としてこの地域に試作した．これはスワヒリ語で"Marejea"と呼ばれ，後に英国のKEW王立植物園に持ち込まれ，*Crotalaria ochroleuca*であると同定された．その後，クロタラリアは，ザンビアやセネガルをはじめアフリカ諸国で栽培されるようになり，トウモロコシやミレット類との間作を中心に地力増強や雑草防除に役立っている．

　本書では，環境調和型の作物生産技術の確立が重要であることを要所で述べてきたが，特に雑草が生育制限要因となる日本農業では，化学的除草剤を多投入しない耕種的除草技術が重要となる．田畑輪換の利点の1つに雑草発生の減少を挙げたが（第3章，第7章参照），一般的な畑作では生育中のヘアリーベッチで露出面を被覆するリビングマルチや，その枯れ上がりの植物残渣で被覆するデッドマルチも雑草防除に役立つ（7.2節参照）．従来からマルチ資材として使われていた稲わら，麦わら，籾殻が作業体系の変化とともに入手困難になり，代わりに再生紙，不織布，植物性プラスチックがマルチ資材として利用され始めているが，コスト面で高くつく．ヘアリーベッチによるマルチは，トウモロコシやイモ類の栽培に応用され始めている．

　また，雑草抑制効果とともに，窒素固定による土壌肥沃度の向上に着目して，水田作でも基肥の代わりに本植物を緑肥としてすき込んで利用することも試みられている．さらに，果樹園の下草管理や休耕地の景観保全，雑草管理にも利用され始めている．なお，アレロパシー物質については，シアナミド（cyanamid）が分離されている．

d.　低投入型生産の導入への期待

　上述したいくつかのマメ科作物をはじめ，これからの低投入型農業生産に応用できる多様な資源作物の様々な特性については，さらに評価を進める必要がある．すなわち，クロタラリア，セスバニア，ヘアリーベッチなどを新規に導入する場合には，導入を試みる地域におけるそれぞれの土壌条件，気象条件，栽培条件における各作物の生育特性を明らかにしておく必要があることはいうまでもない．また，これらの作物を導入することによって得られる実際のメリットを数値として明確に評価し，生産者に示さなければならない．マメ科作物に限ったことではないが，有用な植物資源の多様な特性を判断する作物科学者の目が必要である．　　　　　　　　　　［大門弘幸］

文　　献

1) 大門弘幸 (1999)：日作紀, **68**：337-347.
2) 大門弘幸 (2007)：地球環境と作物 (巽　二郎編), pp.93-110, 博友社.
3) 大門弘幸・奥村健治編 (2017)：飼料・緑肥作物の栽培と利用 (作物栽培大系8), 朝倉書店.
4) 大門弘幸 (2017)：牧草と園芸, **63**：1-6.
5) 藤井義晴 (2000)：アレロパシー, 農文協.

13 イ モ 類

［キーワード］　サツマイモ，ジャガイモ，塊根，種イモ，苗，塊茎，ストロン，ミニチューバー

13.1　サツマイモ

　日常，私たち日本人が目にするサツマイモは，焼き芋や天ぷらに調理された根菜類であるが，デンプンや焼酎などの工業原料作物，菓子類や色素などの食品加工原料作物としても重要で，南九州や関東の畑作地帯の基幹作物として，年間85万 t 前後の生産がある（図13.1，13.2）．世界的にみても，食用作物あるいは飼料として重要な作物で，中国，東南アジア，アフリカ諸国を中心に，約1億 t が生産されている（表13.1）．なお，日本はサツマイモの生産量では，世界第13～14位の国である．サツマイモは，干ばつや台風害などの気象災害に比較的強く，やせ地でも比較的生産性が高い一方で，穀類に比べると貯蔵，輸送が困難であり，広域流通が難しいという特徴ももっているため，世界的にも，日本においても，従来は農家の自給作物あるいは救荒作物としての位置づけが強かった．しかし近年は，ビタミンやミネラルが豊富で健康的な食材としてのイメージを活かして，市場販売作物や加工食品

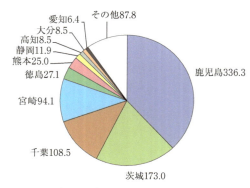

図13.1　2014年の都道府県別サツマイモ生産量（1,000 t）

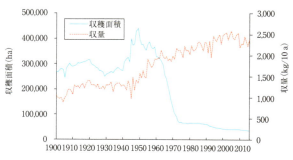

図13.2　日本におけるサツマイモ収穫面積と収量の推移

表13.1　世界のサツマイモの生産状況（2014年）

国　名	生産量 （万 t）	収穫面積 （千 ha）	収量 （kg/10 a）
中国	7,131	3,373	2,114
ナイジェリア	378	1,481	255
タンザニア	350	736	476
エチオピア	270	59	4,548
モザンビーク	240	72	3,357
インドネシア	238	157	1,520
アンゴラ	193	169	1,143
ウガンダ	186	454	410
ベトナム	140	131	1,073
アメリカ	134	55	2,453
マダガスカル	114	145	790
インド	109	106	1,028
ルワンダ	94	141	667
日本	89	38	2,333
世界計	10,660	8,352	1,276

FAOSTAT（2017）のデータより作成.

原料作物としての開発が世界各地で進められている．サツマイモの主な収穫目的器官は，いうまでもなく「イモ」であるが，これは根が肥大した塊根（tuberous root または storage root）である．ここでは，塊根作物であるサツマイモについて，その作物学的な特性や栽培上の留意点を述べる．

a.　起源と分類

サツマイモ（*Ipomoea batatas*）がアメリカ大陸起源の作物であることは疑いないが，メキシコからグアテマラにかけての中米起源説とペルーを中心とする南米起源説とが提唱されており，いまだ結論をみていない．

サツマイモは，ヒルガオ科（Convolvulaceae）のイポメア属（サツマイモ属）に属する六倍体の植物である．同属には，アサガオ（*I. nil*）や東南アジアで広く葉菜として利用されているカンクン（*I. aquatica*；空心菜，エンサイとも呼ばれる）などの有用植物が含まれる．六倍体の栽培種サツマイモの成立過程については，その起源地と同様に議論があるが，現在は，イポメア属バタタス節に属し，サツマイモと交互に交配可能な近縁野生種 *I. trifida* がかかわったとする説が有力である．*I. trifida* には二，三，四，六倍体が存在し，DNA多型の解析からイポメア属でサツマイモに最も近縁な種とされる．*I. trifida* には減数分裂の際に染色体数が半減しない非還元性配偶子をつくる系統がある．この非還元性配偶子をつくる特性が多様な倍数性を生み，六倍体栽培種の成立に深くかかわったと考えられている．

新大陸に起源したサツマイモは，主に3つの経路で世界各地に広まった（図13.3）．うち2つは，コロンブスの新大陸到達後に，主にヨーロッパ人の活動によって伝搬した経路で，新大陸から大西洋を渡りヨーロッパ，アフリ

サツマイモ起源の論争
南米説の強い根拠は，ペルーの1万年前の遺跡からサツマイモ残渣が出土していることであり，中米にはこれほど古いものは記録されていない．一方で中米説の根拠は，日本の研究者が，この地域で直接の祖先野生種とみられる六倍体の *I. trifida* の系統を見つけたとされることである．しかし，米国の研究者からは，この系統は栽培種が雑草化したものであるとの批判が提示され，日米間で議論が繰り返された．近年，DNA分析の結果から南米と中米で独立に栽培化されたとの説が提示されている[2]．

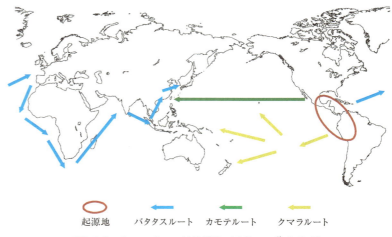

図13.3 サツマイモの伝播経路（小林1984[1])を改変)

カ大陸を経てインド，東南アジア，中国へと伝搬した経路をバタタスルート，メキシコから直接太平洋を渡ってフィリピンに伝わった経路をカモテルートと呼ぶ．残る1つの経路は，コロンブス以前に主にポリネシア人の活動により，ニュージーランドを含むポリネシア一円に広まった経路で，クマラルートと呼ぶ．

　日本へは，1600年代の初頭に，野国総官という人が中国から琉球にサツマイモを持ち帰ったのが最初の記録で，100年後には鹿児島や長崎に伝来し，さらにその30年後には，青木昆陽によって江戸に導入された．「サツマイモ」という一般名は薩摩から来たイモという意味であるが，九州・沖縄地方では「カライモ」という呼称も一般的であり，これは唐（中国）から来たイモという意味である．また，「カンショ」という呼称も行政機関を中心に広く用いられているが，これは中国語の「甘薯（甘藷）」に由来し，英語のsweet potatoと同様，甘いイモという意味である．

b. 生育特性と乾物生産

　日本では，通常，苗床に置床した種イモを萌芽させた苗を切り取り（採苗），本圃に植付ける栄養繁殖が行われる．種イモの萌芽には極性が認められ，諸梗（イモの成り首）側の萌芽が早く，数も多い．種イモの萌芽適温には品種間差もあるが，30℃付近のものが多い．数葉以上の葉を着生する程度に伸長した萌芽を切り取って苗とする．苗の発根適温も30℃前後のものが多い．育苗中に苗の節部には根原基が形成される．植付け後にも新たに根の分化が起きる．塊根は根が肥大した器官であり，すべての根が潜在的には塊根化しうるが，多くの場合，植付け前に苗の節に形成されていた根原基から

サツマイモの英語表記
英語表記"sweet potato"は，サツマイモを示すのか，甘いジャガイモを示すのか紛らわしいので，最近では，学術的な作物名表記には間にスペースを入れずに"sweetpotato"と表記されることも多い．

伸長した根が塊根に分化する（図13.4）．根の塊根化は，良好な条件下では植付け4〜5週間後に起こる．根が塊根化するためには，根の形成層の細胞分裂活性が盛んであることと，根の中心柱の木化（リグニン化）程度が低いことが重要で，分裂活性が低く木化程度が大きいと通常の吸収根（細根）となり，分裂活性が高くても木化程度が大きいとゴボウ状の梗根となる（図13.5）．根が塊根化するためには，十分な酸素供給と地上部からの光合成産物の供給が必要である．

多くのサツマイモ品種の地上部は，つる性で分枝しつつ地表にほふくし，長いものではつる長は6〜7 mあるいはそれ以上に達する．窒素肥料過多や土壌水分過多などが要因となって，地上部が繁りすぎて塊根が肥大しないことがあり，これを「つるぼけ」と呼ぶ．葉は互生し，葉身の形状は，紅葉型から心臓型までと多様である．地表を覆うため，生育中期以降は雑草発生を

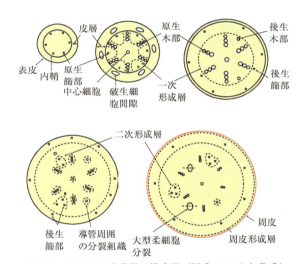

図13.4 塊根の発達過程の模式図（国分 1973より作成）

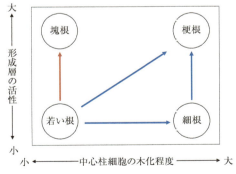

図13.5 サツマイモの根の発達の模式図（戸苅 1950）

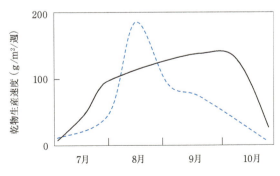

図13.6 サツマイモ（実線）とイネ（破線）の単位期間当たり乾物生産能力の時期的変化（津野・藤瀬 1965）

抑制する能力が高いが，一方で水稲などに比べると葉層は薄く，葉どうしの相互遮蔽も著しいため，受光態勢はよくない．このため，群落の乾物生産速度は同じC_3植物（4.3節参照）である水稲に比べると低いが，比較的高い乾物生産速度を長く維持し，効率的に収穫器官である塊根に生産物を転流・蓄積（4.4節参照）するので，単位面積当たりの乾物生産能力は，日本の作物の中でも最も高いものの1つである（図13.6）．

日本では沖縄県を除き，通常サツマイモは開花しない．また，植物学的な成熟や休眠現象は認められず，降霜により地上部が枯死するまで成長を続ける．日本における最近の平均収量は2.5 t/10 a前後であり，多収事例としては南九州で7 t/10 a，関東地方でも5 t/10 a程度の収量が記録されている．

c. 栽培技術

(1) 育苗と作付け準備

通常の苗移植栽培では，日平均気温が15℃以上になれば，植付けが可能となる．一般的には，7月初旬が植付けの晩限となる．この範囲が本圃の植付け期間である．品種や条件によるが，育苗には50日程度を要するので，育苗開始時期は本圃の植付け時期から逆算して決める．通常の育苗時期の温度条件は，サツマイモの萌芽適温より低いので，育苗には保温ないし加温措置が必要である（図13.7）．南九州など温暖な地域では，無加温のビニールハウスで育苗が可能であるが，それ以外の地域では，電熱や有機物の発酵熱などによる加温が行われる．床土には1 m²当たり完熟堆肥10 kg，窒素20 g，リン10 g，カリウム15 gをめどに施肥する．種イモは，品種特性をよく示す無病のもので，200 g内外のやや小ぶりのものを選ぶ．種イモの必要量は，品種や苗床の種類などで大きく異なるが，1 m²当たり15〜25本を伏せ込む．本圃における標準的な植付け密度を3,000本/10 aとし，2〜3回の採苗を前提とすると，10 aの本圃に対し，15 m²以上の苗床が必要である．

育苗管理で最も重要なのは温度管理であり，育苗初期は上記の種イモ萌芽

苗半作
サツマイモの育苗は，ビニールや電熱などの保温・加湿資材がなかった時代にはたいへん難しく，高度な技術と手間を要する作業であった．このため，育苗がうまくできれば栽培は半分成功したも同然という意味で，かつては苗半作といわれた．

図13.7　電熱温床への種いもの伏せ込み作業

図13.8　採苗作業

適温である30℃付近，萌芽後は20〜25℃に管理することが望ましい．苗が6〜8節，30 cm程度に伸長すると採苗できる（図13.8）．通常は，地表から2節程度を残して，1本ずつ採苗する．採苗後は，灌水と窒素追肥（10 g/m²程度）を行えば，3回程度の採苗が可能である．苗は，温度や湿度が安定した条件であれば，採苗後数日間は貯蔵が可能である．

　土壌の肥沃度は問わないが，水はけのよい土壌が適する．水はけ確保と掘取り収穫を容易にするため，通常は高畝栽培される．また，ポリエチレンフィルムマルチで高畝を覆えば，植付け時期の地温上昇による初期生育の促進効果が期待できるので，青果用栽培を中心に普及している．施肥量は土壌診断をした上で決めるのが原則であるが，一般には窒素成分を抑えた化成肥料（N：P：K＝3：10：10）を10 a当たり100 kg程度施用する．あらかじめ完熟堆肥を施すことも推奨される．石灰施用による酸度矯正は，立枯病を誘発する恐れがあるので行わない．サツマイモは畑作物の中では，比較的連作に強い作物とされているが，抵抗性品種以外の連作は，ネコブセンチュウやネグサレセンチュウ，立枯病などの病害虫密度の増加を招き，被害が発生しやすくなる（6.3節参照）．逆に，ネコブセンチュウ抵抗性品種の作付けにより，線虫密度を低下させることも可能である．

(2) 植付けと生育中の管理

　植付けは苗を挿して行う（挿苗）．植付け方法には，直立植え，斜め植え，釣り針植え，船底植え，改良水平植え，水平植えなど様々な方法があり，それぞれ長所・短所がある（図13.9）．最も一般的な直立植えと水平植えを比較すると，直立植えは土壌の深い層まで挿すことになるので，乾燥などに対する安定性が高く，挿す労力も少ないが，土中に入る節が少ないので，塊根数は少なく塊根のサイズのそろいも悪い．逆に水平植えは，塊根数を確保し

> **マルチに用いるフィルム**
> 一般には，雑草抑制効果も高い黒フィルムが使われる．

> **施肥にあたっての注意事項**
> 特に青果用栽培では野菜と輪作することも多いので，前作に施用した肥料の残効を十分に考慮しないと，上述の窒素過剰によるつるぼけを引き起こすことがある．

> **種イモ直播栽培**
> サツマイモの10 a当たりの労働時間は同じイモ類のジャガイモに比べて数倍もあり，省力技術が求められている．サツマイモ栽培作業の約4分の1を占める育苗・採苗・挿苗作業は機械化が難しいため，ジャガイモのように種イモを直接本圃に植付ける種イモ直播栽培技術が研究されている．サツマイモでは植付けた種イモ自身が肥大して商品価値のないイモができてしまうことが多いので，種イモが肥大しない品種の開発がポイントとなる．

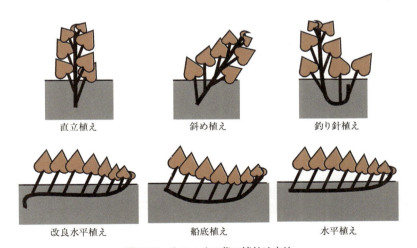

図13.9　サツマイモ苗の植付け方法

やすく，そろいもよく，条件がよければ多収となるが，挿苗位置が浅いので，初期の乾燥などに対する安定性は低く，特にマルチ栽培の場合には挿苗に手間がかかる．サツマイモは栽植密度に敏感に反応する作物ではないが，一般的には，75 cm～1 m程度の畦間で，25～40 cm程度の株間に植える．

生育中の管理としては，生育初期の畦間除草，生育中期以降のナカジロシタバなどの害虫防除を行う．砂地など窒素が切れやすい圃場以外では，通常追肥は行わない．また，以前はつるぼけの防止等を狙って，「つる返し」と呼ばれる作業が行われていたが，現在の品種では効果は明確でなく行われなくなった．

(3) 収穫と貯蔵

サツマイモは，降霜により枯死するまで塊根肥大を続けるので，収穫が遅いほど多収となる．しかし，青果用の場合は形状や味などの品質が重要で，この点で4ヶ月前後で収穫されることが一般的である．早期出荷を狙う場合には，3ヶ月程度で収穫する場合もある．地上部を刈った後（図13.10），小型のディガータイプの収穫機を使用することが多い．

サツマイモ塊根は貯蔵が比較的難しい．ジャガイモ塊茎と異なり，生理的な休眠はしないため，貯蔵温度が高いと萌芽する．また，熱帯原産のため，10℃以下では低温障害を被り腐敗しやすい．貯蔵適温は13～15℃である．乾燥を避けるため，貯蔵中の湿度は95～100％がよい．収穫後，貯蔵前に30～32℃，湿度95％以上の条件で5～7日間，キュアリング（curing）と呼ばれる処理を行うと，塊根表層にコルク層が形成され，収穫・搬送時の傷が治癒するので，貯蔵性が向上する．処理には専用の貯蔵施設が必要となるが，最近は産地での導入が進み，マルチやトンネルによる早期収穫技術とともに，サツマイモの周年供給の達成に貢献している．このような施設がない場合，縦穴，横穴を掘って，穴貯蔵を行う（図13.11）．

図13.10　つる刈り機によるつる刈り作業

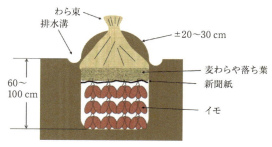

図13.11　丸穴型貯蔵の例

d. 利　用

食用としては，第二次大戦中や戦後の食料難時代には代用主食として利用されたが，現在は，天ぷらや焼き芋など副食あるいは野菜としての利用が主体である（図13.12）．加工食品としては，きんとんや羊羹，スイートポテトなど和洋の菓子類の原料としての利用が多い．伝統的なサツマイモの加工食品としては，蒸切干し（干しイモ，乾燥イモ）がある．これは，原料塊根を蒸し，剥皮後，スライスして乾燥させたものである．

工業原料として大きな比重を占める利用は，デンプン原料である．昭和40年頃には，日本のサツマイモの5割近くはデンプン原料として利用されていた．その後，コーンスターチなどの価格の安い輸入デンプンに押されて，現在では南九州など限られた産地でサツマイモデンプンが製造され，デンプン原料の占める比率は2割を下回っている．一方で，最近のいも焼酎の消費量の増加に伴って，焼酎原料としてのサツマイモの消費も伸び，現在ではサツマイモの消費量全体の3割程度を占めるまでになっている．この他，工業原料としては，濃い紫の肉色をもつ品種を色素抽出原料として利用している．

世界的にみると，サツマイモは飼料としても重要な作物である．日本でも

新たな加工利用
最近は機能性成分のアントシアニンを含む紫色の品種を用いたアイスクリームやジュースなど，新たな加工利用も広まっている．

白いサツマイモ
一般的にデンプン原料用の品種の皮は白いが，これは赤皮の品種では皮の色素がデンプンの白度を落とすので，白皮が好まれるためである．

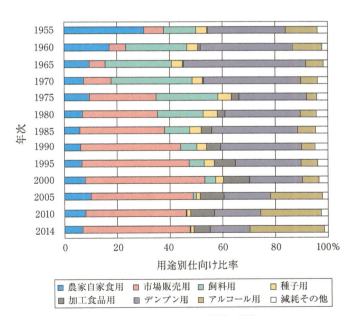

図13.12　サツマイモの需要の推移

表13.2　サツマイモ生塊根の主な栄養成分（可食部100 g当たり）

エネルギー (kcal)		134
一般成分	水分 (g)	65.6
	タンパク質 (g)	1.2
	脂質 (g)	0.2
	炭水化物 (g)	31.9
ミネラル	ナトリウム (mg)	11
	カリウム (mg)	480
	カルシウム (mg)	36
	マグネシウム (mg)	24
	リン (mg)	47
	鉄 (mg)	0.6
	亜鉛 (mg)	0.2
	銅 (mg)	0.17
	マンガン (mg)	0.41
ビタミン	A (μg)*	28
	E (mg)	1.5
	B_1 (mg)	0.11
	B_2 (mg)	0.04
	葉酸 (μg)	49
	C (mg)	29
食物繊維 (g)		2.2

七訂日本食品標準成分表より作成．
*：β-カロテン当量．

かつては，国内生産の3割前後は養豚を中心とする飼料として利用されていたが，コストと給与の労力面の問題から安価な輸入飼料に置き換わり，現在では飼料利用はわずかである．しかし最近，主に黒豚など高付加価値の畜産物の飼料として復活する動きもみられる．飼料としては，塊根の利用のほか，地上部を青刈り飼料ないしサイレージとして利用できる．

塊根部（表13.2）だけでなく，サツマイモの地上部はビタミンやミネラル等の栄養に富んでおり，世界的には緑色野菜として利用されている．また，地上部の形態や色彩が変わったものや開花性の強いものは，ガーデニングの素材や観賞用としても利用されている．

e. 育種目標と品種

サツマイモは，先述のように通常は開花しないため，交配を行う際にはキダチアサガオの台木に接ぎ木して開花誘導する（図13.13）．また，自家不和合性，交配不和合性があり，交配計画を立てるためには事前に不和合性の検定が必要である．国内での交配育種は主に農林水産省所管の国立研究開発法人農業・食品産業技術総合研究機構（農研機構）の九州沖縄農業研究センター（宮崎県都城市）と次世代作物開発研究センター（茨城県つくば市）で行われている．近年，青果用を中心として，ウイルス病回避のため組織培養によるウイルスフリー苗の利用が普及している．主産県の公立機関や民間の種苗会社は主に，ウイルスフリー苗の供給と培養過程での突然変異を利用した育種を行っている．

育種目標は用途別（図13.14）に異なるが，各用途に共通するのは病害虫抵抗性の付与である．サツマイモネコブセンチュウ，ミナミネグサレセンチュウ，黒斑病，つる割病，立枯病に対する抵抗性検定・選抜については，実際の交配育種プログラムの中に取り入れられている（図13.15）．今後は，

葉菜としてのサツマイモ
日本では現在サツマイモの地上部はほとんど利用されないが，沖縄では「カンダバー」と呼び野菜として利用されている．また，韓国では葉柄は一般的な食材であり，東南アジアでは地上部先端の柔らかい部分を炒め物などに利用している．

サツマイモの重要害虫
世界的には，サツマイモの害虫として，アリモドキゾウムシ，イモゾウムシが重要で，日本では奄美以南の南西諸島や小笠原諸島に分布している．現在，放射線を用いた不妊化雄の放飼による根絶事業が行われているが，海外も含め，この両害虫発生地域からのサツマイモの輸入，移入は禁止されている．

図13.13 サツマイモの花
キダチアサガオ台木に接ぎ木して開花誘導したもの．

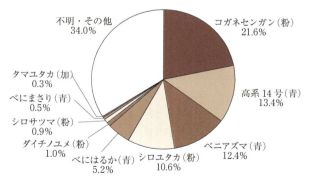

図13.14 サツマイモ主要品種の作付けシェア（2013年）
青は青果用，粉はデンプン・焼酎原料用，加は加工用品種を示す．

これらの複合抵抗性品種の育成が課題である．この他，帯状粗皮病などのウイルス病（図13.16），ナカジロシタバなどの地上部摂食害虫，ドウガネブイブイなどの地下部摂食害虫などが問題であるが，これらについては，明確な抵抗性素材が見出されていない．

青果用品種の場合，育種目標として重視されるのは，外観や食味などの品質のほか，早期肥大性や貯蔵性も重要な育種目標である．最近まで青果用主要品種は'ベニアズマ'（図13.17）と'高系14号'の2品種のみであったが，近年，肉質が粘質で糖度の高い'べにはるか'が育成され，普及が進んでいる（図13.14）．'高系14号'には，'鳴門金時'，'土佐紅'，'紅高系'などの派生品種が多い．また，カロテンを含む橙色の肉色の'アヤコマチ'や紫の'パープルスイートロード'などの機能性を活かした青果用品種も育成されている．従来のサツマイモは，電子レンジで迅速調理をすると甘味が低くなるが，電子レンジ調理でも甘い'クイックスイート'という品種も育成されている．

デンプン原料用品種の場合，最も重要な育種目標はデンプン収量である．デンプン収量は，塊根収量と塊根デンプン含量の積であるが，塊根収量とデ

図13.15　塊根の線虫被害状況（品種：'ベニコマチ'）

図13.16　帯状粗皮病を発症した塊根（品種：'高系14号'）

図13.17　青果用の主要品種'ベニアズマ'

図13.18　デンプン・焼酎原料用主要品種'コガネセンガン'

ンプン含量の間には逆相関がみられる．このため，まず高デンプン含量に関与する遺伝子の集積を図り，複数の遺伝的に遠縁の高デンプン母本を育成し，これらを交配することでヘテロシス（雑種強勢）の効果により収量と高デンプン特性とを両立させた品種を育成する，という育種戦略がとられている．現在の主要品種は，'コガネセンガン'（図13.18），'シロユタカ'，'シロサツマ'，'ダイチノユメ'などである．いも焼酎の原料も，基本的にはデンプン収量が高いことが必要で，デンプン原料用として育成された'コガネセンガン'が多用される．

　加工用品種の場合，用途によって求められる特性は異なるが，一般的には加工歩留が高くなるので，くびれやへこみの少ない形状が望ましい．いも餡やきんとん用については，青果用と類似の特性が求められる．一方，蒸切干し用には粉質の青果用品種は向かないため，より粘質な肉質を有する'タマユタカ'など専用の品種が用いられてきた．しかし，最近では青果用品種である'べにはるか'も多く用いられている．また，紫色のアントシアニン色素を多量に含有し，色素抽出原料となる品種としては'アヤムラサキ'，'ムラサキマサリ'，'アケムラサキ'などが，β-カロテンを含む橙色の加工用品種としては'ジェイレッド'（ジュース用），'ハマコマチ'（蒸切干し用），'タマアカネ'（焼酎原料用）などが育成されている．

　この他，地上部を利用する品種として，'ツルセンガン'（青刈り飼料用），'エレガントサマー'（葉柄を食用利用），'すいおう'（葉および葉柄を食用・加工用に利用）がある．

f.　環境保全に向けた取り組み

　日本のサツマイモには致命的な病害虫は少なく，比較的農薬使用量が少ない作物である．しかし，品質を重視する青果用生産を中心に，線虫と立枯病防除を目的として土壌消毒剤が使用されている．線虫，立枯病それぞれに抵抗性品種が育成されているが，どちらかの抵抗性を欠いていれば，土壌消毒を行わざるをえない．この両者に対する複合抵抗性品種を育成し，減農薬栽培技術を確立することが当面の重要課題である．

　前述のようにサツマイモは，窒素肥沃度の低いやせ地でも旺盛な生育をすることが知られていた．最近，サツマイモに共生するエンドファイトが，大気窒素の固定を行い，これがサツマイモの窒素栄養に寄与していることが明らかにされた．菌根菌によるリン酸吸収なども含め，これら共生関係の解明を通じて，化学肥料への依存度を下げた環境保全型生産技術の開発も今後の課題であろう．

　地球全体の環境問題に視点を移すと，2016年11月に発効されたパリ協定以降，温暖化防止のために温室効果ガスの削減がより重要な課題となってお

エンドファイト
植物の体内で共生的な生活を営む微生物（真菌や細菌）をエンドファイト（endophyte）という．宿主植物への窒素栄養の供給や病害虫抵抗性の付与など有益な作用をもたらすものがある一方，牧草のエンドファイト由来の毒素による家畜の中毒が問題となることもある．

■コラム■　コンチキ号の旅

　ノルウェーの人類学者ヘイエルダールは，1947年，コンチキ号という筏に乗ってペルーからポリネシアまでの約8,000kmを101日かけて航海した．この航海は，ポリネシア文化は南米に起源をもつという彼の自説を証明するために行われたものである．アメリカ大陸起源のサツマイモが，コロンブス以前にポリネシアに伝わっていたことも，彼の説の根拠の1つになっていた．したがって，コンチキ号にはサツマイモも積まれて海を渡った．しかし，最近の遺伝学的研究は，ポリネシア人は，南米のネイティブよりもアジア人と関係が深いことを示している．また，南米とポリネシアの間に活発な交易があったとすると，トウモロコシやジャガイモなどの他のアメリカ大陸起源の作物がポリネシアに伝わらなかったことも不思議である．コンチキ号の航海の成功にもかかわらず，彼の説は定説とはなっていない．また，サツマイモのポリネシアへの伝搬も謎に包まれたままである．

り，化石燃料からバイオマスエネルギーへの転換が世界各国で検討されている．サツマイモは，先述のように，わが国で土地面積当たりのバイオマス生産量が最も高い作物の1つであり，バイオエタノール原料としての期待がもたれている．このためには，超多収品種や低投入・低コスト栽培技術の開発に加えて，生産物をエタノール以外にも利用する多段階利用技術の開発などが課題となっている．

[田中　勝]

文　　献

1) 小林　仁（1984）：サツマイモの来た道，古今書院.
2) Roulier, C. *et al.*（2013）：*PLOS ONE*, **8**: e62707.
3) 坂井健吉（1999）：さつまいも，法政大学出版局.
4) 塩谷　格（2006）：サツマイモの遍歴，法政大学出版局.
5) 武田英之（1989）：まるごと楽しむサツマイモ百科，農山漁村文化協会.

13.2　ジャガイモ

　ジャガイモは南米アンデス高原に起源し，地下部の塊茎を収穫して利用する．16世紀の新大陸発見以降に世界各地に伝播し，寒冷な気候に適し，低温などの気象災害に強いので，ヨーロッパ北部やロシアで主作物になった．収量は穀類やマメ類に比べて高く，近年では人口増加の激しい中国，インドをはじめとするアジア地域での栽培が増加している（表13.3）．世界全体での生産量はトウモロコシ，イネ，コムギについで4番目にある．日本には江戸時代の直前に長崎に伝播し，救荒作物として日本各地に広まった．青果（家庭での食用），ポテトチップスやコロッケなどの加工食品，カマボコや製紙などのデンプン原料として利用される．国内自給率は約70％で，北海道が栽培面積と生産量の大半を占める．ついで長崎，鹿児島などの西南暖地での栽培が多く，春と秋の年2回栽培される．ここでは，ジャガイモについて

表13.3 ジャガイモの主たる生産国の作付面積と生産量（2014年）

国名	作付面積 (1,000 ha)	生産量 （万 t）
中国	5,647	9,557
ロシア	2,101	3,150
インド	2,024	4,640
ウクライナ	1,343	2,369
アメリカ	425	2,006
ポーランド	277	769
ドイツ	245	1161
オランダ	156	710
日本	78	246
世界計	19,098	38,168

FAOSTAT（2017）より作成.

植物学的な特性や栽培上の留意点について述べる.

a. 起源と分類

ジャガイモ（*Solanum tuberosum*）はナス科（Solanaceae）に属する双子葉植物で，塊茎（tuber）を形成する *Solanum* 属には野生種228種，栽培種7種を含む．野生種は，アメリカ大陸西部の北緯42°から南緯47°の地域に分布し，分布高度は低地から4,500 mに及ぶ．現在世界各地で栽培されているのは四倍体の *S. tuberosum* subsp. *tuberosum*（$2n = 48$）であり，その起源種（subsp. *andigena*）はアンデス高原地帯のチチカカ湖周辺で分化し，7,000年前頃から栽培された．南米の栽培種や野生種では12時間前後の短日になってから塊茎を形成するが，subsp. *tuberosum* はヨーロッパでの伝播の過程で長日条件下でも塊茎形成する特性を獲得したものと考えられており，日本や欧米の栽培品種は，地上部の着蕾期頃になると長日条件下でも塊茎を形成する.

チチカカ湖
ペルーとボリビアの国境地帯，南緯15°付近，標高3,000〜4,000 m.

日本へは1600年前後にオランダ人がジャワ（現在のインドネシア）のジャカルタ（ジャガタラ）経由で長崎に持ち込み，その後100年間ほどで，当時蝦夷地と呼ばれていた北海道を含む日本各地で，救荒作物として栽培されるようになった．なお，ジャガイモの呼び名は，ジャガタライモの変化したものと思われるが，江戸時代に小野蘭山が中国の植物誌に記載された馬鈴薯をジャガイモと同一の植物と述べ，バレイショとも呼ばれるようになった．行政機関や北海道ではバレイショの呼称が用いられている.

b. 萌芽から収穫まで

塊茎には頂部より基部に向かってらせん状に目（eye）が10個程度分布し（図13.19），1つの目には数個の芽（bud）をもつ．芽は，塊茎肥大開始後の

図13.19 塊茎における目の分布
目の位置をピンで示す．頂部（透明のピン）には数個が群集し，基部（ストロン着節部）に向かって2/5の開度で散在する．

図13.20 ジャガイモの複葉
上端が頂小葉，左右の大きい葉は側小葉，小さい葉は間葉．

図13.21 第1花房開花期（萌芽約1ヶ月後）の群落

一定期間は生理的な要因（塊茎内部のジベレリン含量の低下や休眠物質の蓄積など）によって成長を停止した状態にある（内生休眠）．収穫から80～130日後（品種によって異なる）には内生休眠が終了するが，低温下（2～4℃）で貯蔵するとその後も芽の成長が抑制される（外生休眠）．しかし，貯蔵が長期間に及ぶと徐々に芽の成長が進む．

　休眠終了後の塊茎を植付けると，通常は数個の目から芽が伸長し，複数の主茎となる．主茎が地表面に出ることを萌芽と呼ぶ．主茎は，地表面から12番目前後の節まで葉を生じた後，先端部が花芽となる．その1～2節下からは太い分枝（仮軸分枝）が伸長し，5～6節から葉を生じた後に花芽と仮軸分枝を生じる．主茎と仮軸分枝の複合が，見かけ上の主茎となる．茎長は開花終了期に最大となり，早生品種では60cm程度，晩生品種では100cm程度に達する．

　萌芽直後に生じる2～3葉は円形の単葉であるが，その後は複数の大型の小葉と小型の小葉からなる複葉が茎の各節に生じる（図13.20）．他の作物に比べ葉面積の増加が早く，萌芽後1ヶ月頃には葉面積指数（単位土地面積当たりの葉面積，LAI）が3程度となり，葉が畝間まで被って，日射をほぼ100％利用できるようになる（図13.21）．LAIは開花終了期頃に最大となり，その後下葉から順次落葉して減少する．

　主茎の地下部の節から根が伸長し，萌芽後1ヶ月で50cm程度の深さに達する．早生品種ではほぼこの深さで伸長が止まるが，晩生品種ではその後も伸長を継続して100cm以上の深さになる．しかし，根の多くは深さ30cmまでの作土層（特に施肥部位）に分布するため，他の作物に比べて土壌乾燥の影響を強く受ける．

　主茎の地下部の各節からは，白色のストロン（ふく枝）が発生する（図13.22，13.23）．通常は地下部を水平に伸長し，節が分化して二次ストロン

ジャガイモの光合成
ジャガイモの光合成はイネやダイズと同じC_3型で，個葉の純光合成速度の最大値はこれら作物と同等である．しかし，光合成速度は20℃前後の比較的低温下で最も大きく，25℃以上の高温になると低下する．

ストロン
ストロンは地上部の分枝と相同器官であり，地上部に露出すると葉を生じて分枝となる．

図13.22　第一花房開花期の地下部
中央のイモは母塊茎(種イモ).

図13.23　塊茎の形成と肥大
左端から右端に，伸長中のストロン，塊茎形成開始期（萌芽約2週間後），塊茎肥大開始期（形成開始1週間後），塊茎肥大期．

や細根を生じる．ストロンの直径は2〜3 mmで，先端部はかぎ状に曲がり成長点を保護している．地上部の着蕾期頃（萌芽後2週間頃）になるとストロン先端より1 mmほど手前部分の細胞容積を増加させて，塊茎を形成する（図13.23）．塊茎形成は短日条件によって促進され，また気温，特に夜温によって影響され，25℃以上の高温では抑制される．

塊茎形成の生理的な機構としては，葉でのジベレリン生産の減少や塊茎形成物質の生産が報告されている．塊茎は約1週間で直径1 cm程度の球形となり（図13.23），その後は急速に肥大してデンプンを蓄積する（図13.22）．茎葉が黄変する頃になると塊茎の肥大が停止し，デンプン含有率が最大に達する．塊茎の表面はコルク状の周皮で覆われるため，むけにくくなる．所々に皮目と呼ばれる穴があり，空気の通路となる．

c. 栽培技術

ジャガイモは冷涼な気候を好み，15〜20℃の気温で最も生育がよく，30℃を超える気温では生育が抑制される．夏期が高温となる地域では春や秋などの比較的気温の低い季節に栽培する．通気性のよい肥沃な砂壌土または壌土が適する．多湿な土壌では塊茎の腐敗が多くなるので，圃場の排水をよくする必要がある．しかし，土壌乾燥には弱い．土壌酸性には強く，5.0程度のpHでも栽培可能である．マメ類に比べると連作による収量の低下は小さいが，過度の連作では土壌病害が増加し，品質の維持が難しい（6.3節参照）．

種イモは，植付けの約3週間前からビニールハウスやガラス室などの雨の当たらない場所に広げ，浴光催芽を行う（図13.24）．種イモは40 g程度あれば生育と収量に影響がないので，大きい塊茎は基部と頂部を結ぶ面で切断する（図13.25）．なお，ジャガイモは一般圃場で栽培すると，アブラムシの媒介するウイルス病に罹病する．罹病当年では収量への影響が小さいが，収穫した塊茎を翌年の種イモとして用いると，生育が抑制され，収量が低下

浴光催芽の効果
浴光催芽は，塊茎の温度を高めることによって芽の分化を早めるとともに，光を与えることによって芽の徒長を防ぐ効果をもつ．

ウイルス病
葉にモザイク症状（X,Yウイルス）や巻く症状（葉巻ウイルス）が生じる．症状が激しくなると収量が低下する．薬剤で防除することはできないので，罹病していない種イモを利用する．また，罹病した植物体の汁液で伝播するので，罹病株の抜き取りや媒介昆虫のアブラムシの防除により拡大を防ぐ．

図13.24 ビニールハウスでの種イモの浴光催芽 高温（30℃以上）を避けるために，ハウスの横を開ける．

図13.25 種イモの切断
70〜80 g以上の種イモは頂部から基部に向かって包丁で切断する．包丁は病気伝染を防止するために，1回ずつ殺菌剤に浸けて消毒する．

図13.26 着蕾期（萌芽2週間後頃，塊茎形成が開始）に行う中耕（左）と培土（右）

する．アブラムシ防除やウイルス罹病株の除去を行って生産された無病の塊茎を種イモとして用いる必要がある．

　植付けについては，まず20 cm程度の深さまで耕起した後，約70 cmの幅で深さ10 cmの畝を切る．栽植密度は10 a当たり4,000〜5,000株を標準とし，株間は30 cm程度とする．施肥量は10 a当たり窒素7〜10 kg，リン10〜15 kg，カリウム10〜15 kgを標準とし，全量基肥で畦溝に条施した後，軽く土をかける．その後，種イモの切断面を下にして畦溝に置き，5 cm程度覆土する．

　植付けから萌芽までの期間は，積算地温で約300℃を要し，通常3〜4週間かかる．萌芽1週間後には，除草を兼ねて畝間を中耕する．萌芽2週間後（着蕾期頃）には，畝間の土を株基部に寄せる培土（図13.26）を行う．培土は，肥大して大きくなる塊茎が土表面に露出して緑化するのを防ぐために必須の作業である．

　ジャガイモの最重要病害は疫病（late bright）である．蔓延した場合には数日ですべての葉が枯死し，収穫が皆無になることもある．また，降雨によって地上部の菌が地表面に流出し，地下部の塊茎表面に達すると，塊茎が腐敗する．さらに，菌の付着した塊茎を貯蔵すると，隣接した塊茎にも感染

培土の効果
培土には塊茎の緑化防止のほか，株間の除草や地温の上昇，排水を良好にして塊茎が水に浸かるのを防ぐ，などの効果もある．なお，欧州では萌芽前に培土を行う早期培土が一般的になっており，日本でも広まりつつある．中耕・培土を行う場合よりも機械の走行回数が減少するので省力的であり，土壌の踏み固めが軽減されるので，収穫時に土塊が生じづらく，塊茎への打撲や傷が少ない．

┌───┐
■コラム■　ジャガイモシロシストセンチュウの侵入

　ながらく，日本においてはジャガイモシストセンチュウ（*Globodera rostochiensis*，以下 Gr）のみが確認されていた．しかし，2015 年に北海道の一部圃場でジャガイモシロシストセンチュウ（*G. pallida*，以下 Gp）が確認された．Gp はヨーロッパや南米など海外で深刻な被害をもたらしており，日本にある既存の Gr 抵抗性品種が抵抗性を示さないため，発生地域が拡大した場合には大きな被害が予測される．Gp の確認を受け，日本では発生範囲の確認，蔓延防止対策や防除方法の確立に向けた取り組みを行っている．また，育種機関では発生確認前から侵入が警戒される重要病害虫として海外の Gp 抵抗性遺伝資源の導入等を進めてきたが，発生確認以降はこれらの遺伝資源を利用して新たな抵抗性品種の開発を急いでいる．
└───┘

ジャガイモシストセンチュウ

ジャガイモの根から感染し，シストと呼ばれる数百万個の卵を包含した袋を形成する．高密度で発生すると大幅な減収を招くが，増殖力が強い上シストの耐久性が極めて高いため，薬剤での防除が困難である．発生圃場で生産された塊茎を食用で利用することは問題ないが，種イモとしての出荷は植物防疫法で禁止されている．

が広がる．第 1 花房開花期以降に 1〜2 週間の間隔で薬剤の茎葉散布を行い，菌の蔓延を防ぐ．暖地の春作では梅雨の時期になると疫病が蔓延するので，栽培時期を早め，梅雨前に収穫することが望ましい．虫害では，ニジュウヤホシテントウ，ヨトウガ，ハスモンヨトウなどによる葉の食害が日本各地で問題となる．また，一部の地域ではジャガイモシストセンチュウが発生している．土壌や種イモの移動によって汚染が拡大し，いったん発生すると卵は 10 年以上も生存する．薬剤による防除は難しく，最近育成された抵抗性品種を栽培したり輪作を行うことにより，センチュウ密度を徐々に低下させる必要がある（3.1 節参照）．

　茎葉が黄変する頃になると収穫の適期になる．塊茎の表面が堅くなるので，収穫や輸送中に打撲を受けにくくなる．しかし，ジャガイモは栄養器官の塊茎を収穫するので，開花終了期以降には収穫が可能であり，青果用では市場価格の点から早期収穫が行われることがある．この場合には，表皮がむけたり，緑化したりしやすいので注意する必要がある．収穫後，温暖地ではただちに選別して出荷されるが，寒冷地ではいったん冷暗所に貯蔵し，春までに順次出荷される．塊茎にはソラニン（solanin）と呼ばれるアルカロイドの一種が含まれ，苦みをもち，大量に摂取すると有毒である．通常の塊茎では微量しか含まれず，食用として問題にはならないが，塊茎が光にさらされて表面が緑化するとソラニンが増加する．また，休眠終了後に芽が成長を開始すると芽の周辺部で増加する．収穫から販売までの過程で注意する必要がある．

ジャガイモの輸入

海外からの病虫害の流入を防ぐため，生イモの輸入を行う場合には 1 個ごとに隔離検疫を行うよう植物防疫法で定められている．そのため輸入のほとんどは加工用の冷凍ジャガイモとなっており，その輸入量は増加傾向にある．

d.　利　　用

　日本でのジャガイモ需要量は 338 万 t（2013 年）で，青果用（家庭での食用）が 20％，ポテトチップスやコロッケなどの加工食品用が 44％，デンプン原料用が 24％を占める（図 13.27）．加工食品用のジャガイモでは輸入も行われ，全体の 29％が主としてアメリカから輸入され，すべてが加工食品として利用されている．北海道で生産されるジャガイモの 44％がデンプン

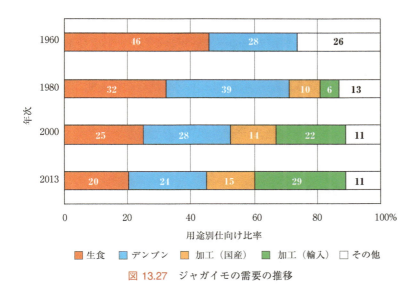

図 13.27 ジャガイモの需要の推移

原料用で，片栗粉として家庭料理で利用されるほか，かまぼこなどの水産練製品や紡績，製紙の製造過程での添加物となる．なお，欧米では養豚用の飼料としてジャガイモが用いられるが，日本での利用は少ない．ジャガイモは栄養的にバランスのとれた食品であり，旧ソ連諸国やヨーロッパでは主食に近い位置を占めている．1人当たりの年間消費量は，ロシアでは113 kg，イギリスでは104 kgであり，日本の21 kgに比べ著しく多い．

e. 品　　種

明治時代に欧米から多数の品種が導入され，中でも日本の風土に適していた '男爵薯' と 'メークイン' が全国に普及した．その後，日本で育成された品種が栽培されるようになった．現在，青果用では暖地二期作用の 'ニシユタカ'，良食味で線虫抵抗性を示す 'キタアカリ' が人気を集めている

表 13.4　日本で栽培されているジャガイモ主要品種の特性

用途	品種名	育成年次*	面積（%）**	疫病	その他
青果	男爵薯	<u>1908</u>	18.2	弱	目が深い
	メークイン	<u>1913以前</u>	9.9	弱	粘質
	ニシユタカ	1978	6.9	弱	二期作向
	キタアカリ	1987	4.1	強	線虫抵抗性
	インカのめざめ	2002	0.2	弱	極良食味
加工	トヨシロ	1976	10.4	強	油加工適
	ホッカイコガネ	1981	2.7	強	油加工適
	スノーデン	<u>1991</u>	2.2	強	長期貯蔵向
	きたひめ	2001	2.0	弱	長期貯蔵向
デンプン	コナフブキ	1981	16.5	強	多収

*：導入品種については導入年次を下線付きで示す．
**：2011年における全国の栽培面積での占有率（春作・秋作の合算値）．

ジャガイモの低温糖化

ジャガイモ塊茎は低温で貯蔵すると塊茎中のデンプンが糖へと分解される。これは低温糖化と呼ばれ，細胞の凍結を凝固点降下により防ぐメカニズムであると考えられている。チップス用のジャガイモでは還元糖の増加を抑え，油で揚げる際の焦げ付きを最小限にする必要がある。そこで，休眠の深い'トヨシロ'をやや高温で貯蔵する一方で，低温で貯蔵しても還元糖が増加しづらい性質（低温難糖化性）をもつ'スノーデン'や'きたひめ'を併用して長期的に原料を提供している。

ほか，二倍体で小粒であるもののナッツフレーバーを有し食味が極めてよい'インカのめざめ'，果肉が赤色の'ノーザンルビー'および紫色の'シャドークイーン'といった，青果用ジャガイモの新たな需要を拡大するような品種も育成されている（表13.4）。加工用ジャガイモでは油で揚げる際に焦げ付きの原因となる還元糖の含有率を低く維持できる品種や，歩留まりが高くなるようなイモの形状などに優れた品種が育成されている。デンプン原料用ではデンプン収量に優れる'コナフブキ'が大半を占める。

f. 種イモの増殖

ジャガイモは栄養繁殖のため，農家圃場で収穫した塊茎を種イモとして利用するとウイルスの感染が受け継がれ，世代を追うごとにウイルス病の汚染が深刻化していく。そこで，無病かつ十分な大きさの種イモを継続的に農家に供給するための体制が整備されている。まずは農研機構種苗管理センターにおいて，茎頂培養により無病化を行ったウイルスフリー苗が品種ごとに作出され，培養瓶内での増殖，隔離温室内での増殖を経てミニチューバーと呼ばれる10 g程度の塊茎が生産される。このミニチューバーから，種苗管理センター内で2～3回，道県で1回，農業団体で1回の栽培が注意深く行われ，農家に一般栽培用として販売される種イモが生産されている。

ミニチューバーの栽培にあたっては，培養土や水耕装置における密植栽培のほか，10 g程度に肥大した塊茎から随時収穫をしていく養液栽培も開発され，効率化が進んでいる。

g. 環境保全型生産への取り組み

ジャガイモの栽培では疫病防除が必須作業になっているが，無病種イモを用いるとともに，前年の塊茎を畑周辺部に残さず，一次発生源を少なくすること，多窒素や過度の密植を避けて，植物体を剛健に育てることによって，薬剤散布回数を少なくすることが基本的技術として推奨されている。また，暖地の春作では梅雨の時期になると疫病が蔓延するので，マルチ栽培や移植栽培を利用して栽培時期を早め，疫病の蔓延する梅雨前に収穫する栽培が一般化している。なお，最近の品種は疫病に対してある程度の抵抗性をもつので，発病を遅らせることができるが，消費者が'男爵薯'を中心とした旧品種を好む傾向が強いため，耐病性品種の普及は進んでいない。　　　［出口哲久］

文　　献

1) 浅間和夫・知識敬道（1986）：ジャガイモのつくり方（第2版），農文協.
2) 岩間和人（2000）：作物学（I）―食用作物編―（秋田重誠他著），pp.221-242，文永堂出版.
3) 日本いも類研究会編（2005）：じゃがいも MiNi 白書 Ver.2.4（製本版），日本いも類研究会.（http://www.jrt.gr.jp/）
4) 財団法人いも類振興会編（2012）：ジャガイモ事典，いも類振興会.

■コラム■　ジャガイモの果実と種

　ジャガイモの花は風媒によって受精し，しょう果と呼ばれる直径1cmほどの果実（図13.28）ができ，長さ2mmほどの扁平楕円型の種子（真正種子，TPS，true potato seed）を50〜200粒含む．真正種子を播種すると通常の植物体となり，塊茎を形成する．育種では，人為的に交配した真正種子を用いて新しい品種をつくる．

図13.28　花房に着生した果実（しょう果）
1果には通常100個程度の真正種子が含まれ，受精後約1ヶ月で成熟する．

索　引

あ 行

アイガモ農法　86
アイソザイム　15
亜鉛　59, 68
青立ち　144
秋アズキ　153
秋ダイズ　142
秋播き性程度　107
アクアポリン　56
アジアイネ　13, 88
足踏脱穀機　26
アズキ　152
アッサム・雲南説　15
圧流　45
アーバスキュラー菌根菌　164
アフラトキシン　88, 150
アポプラスト　45
アポプラスト経路　51
アミロース　20, 98
アミロペクチン　20, 98
アリモドキゾウムシ　176
アルカロイド　186
アルミニウム　60
アレロパシー　71, 84
アワ　123
アワノメイガ　117, 125, 128
アワヨトウ　117, 125, 128
暗渠　108
暗呼吸　42
アンデス高原　181
アントシアニン色素　180
アンモニア態窒素　80

硫黄　58, 68
維管束鞘細胞　42
育苗　174
維持呼吸　64
移植　22
イソフラボン　145
一次作物　5

一次枝梗　90
一次側根　91
一代雑種　119
1年1作　35
一年生雑草　70, 83
一年生草本植物　13
一酸化二窒素　65
一発処理剤　85
遺伝子組換え　119, 143
遺伝資源　114
遺伝子中心仮説　2
遺伝子伝達系　38
遺伝的多様性　14
稲作起源地　14
稲作の渡来と伝播　17
イヌリン　45
イネ　88
　　── の単収推移　27
イネ科　13
イネ科雑草　83
イネ属　13
イポメア属　171
イモ焼酎　177
イモゾウムシ　176
いもち病　21, 71
インゲンマメ　4
インディカ　13, 88

ウイルス病　179, 184
ウイルスフリー苗　178, 188
渦性　111
畦立同時播種機　156
裏作　36
粳（ウルチ）　20, 89
ウレアーゼ　59
ウンカ類　25

エアロビックライス法　99
穎花　91
穎果　91, 117, 125
永久しおれ点　52

栄養枝　148
栄養成長　140
栄養繁殖　6, 172
疫病　185
SRI　97
sh2 遺伝子　118
SPAD メータ　93
su 遺伝子　118
エダマメ　144
ATP 合成酵素　39
NADP　39
F_1 ハイブリッド　119
烏帽子形　154
Mg/K 比　98
園芸作物　4
塩水選　27, 95
塩素　59, 68
エンドウ　159
エンドファイト　180
エンバク　112
エンボリズム　53
塩類集積　69

黄熟期　106
大足　23
オオムギ　110
晩生　21
押麦　102, 111
オゾン　66
オルガネラ　38
温室効果ガス　65
温帯ジャポニカ　20, 88

か 行

外穎　21, 89, 105
開花期　106
開花促進　163
開花誘導　178
塊茎形成　184
塊根　171, 182
塊根形成　182

外生休眠　183
解糖系　42
開放系大気 CO_2 増加（FACE）実験　65, 101
外来雑草　157
化学的雑草防除　84
化学肥料　21
化学ポテンシャル　55
拡散　51
禾穀類　6
過酸化石灰剤　96
仮軸分枝　183
過湿害　116
カスパリー帯　51
片栗粉　187
活着　96
唐臼　26
唐竿　26
カリウム　57, 68
カルシウム　57, 68
カルパー剤　96
カルビン回路　39
皮麦　110
稈　21
感温性　138
環境保全　164
感光性　138
冠根　91
間作　35
ガンジス川流域説　14
カンショ　172
完全米　97
完全葉　90
乾田直播栽培　77
乾物生産　174
乾物生産量　54, 62

機械移植　23
機械的雑草防除　84
帰化雑草　85
起源中心地　3
気孔　50, 54, 104
擬穀類　7, 129
キセニア　118
キダチアサガオ　178
機動細胞　17
基肥　80, 95
キビ　125
CAM　44

CAM 植物　44, 54
キュアリング　176
救荒作物　181
休耕地　167
狭畦栽培　143
強稈性　22
狭条密植栽培　156
共生窒素固定　137
局所施肥　81
キレート　58

茎疫病　71
茎立期　105
草型　20, 104
草肥　23
クサビコムギ　103
グラナ　38
グリコール酸回路　41
グリホサート　120
グルテン　108
黒小豆　157
クロタラリア　164
クローラ型トラクタ　76
クロロフィル　38, 58

景観作物　165
経済的収量　94
ケイ酸　60
形成層　173
ケイ素　60, 68
茎頂分裂組織　90
畦畔の除草管理　86
茎葉処理剤　87
茎粒　165
結果枝　148
結莢率　139
ケルビンの式　53
限界日長　138
原形質連絡　51
絹糸　116
減数分裂　105
玄米　89

粳　19
耕耘　75
恒温深水法　22
高温不稔　64
硬化　95
耕起　75

光合成　38
光合成速度　95
梗根　173
交雑育種　27
耕種的雑草防除　84
耕種的除草　168
恒常性　55
較正年代　16
耕地利用率　35, 93
交配親　22
交配不和合性　178
扱竹　26
呼吸　42, 48, 55, 67
黒穂病　117
糊熟期　106
個体群　46
個体群成長速度（CGR）　46, 141
コバルト　60
コムギ　102
小麦粉　108
米ゲル　100
米粉　99
根圧　53
根系　91, 137
根茎　132
根原基　172
混作　30
根鞘　91, 105
コンバイン　96, 106, 109, 156
混播栽培　150
コーンベルト　115
根粒　137
根粒菌　57, 137, 149, 161

さ　行

催芽　95
最高分げつ期　107
最小部分耕　78
最小律　50
栽植密度　176
最適葉面積指数　47
砕土　75
サイトカイニン　141
栽培稲　14
栽培化　1
栽培種　13
栽培植物　1

栽培植物センター　　4
栽培品種　　8
採苗　　172
細胞横断経路　　51
在来種　　153
サイレージ　　117，178
作付順序　　28
作付体系　　28，151
作土層　　75
作物　　1
作物モデル　　65
ササゲ　　157
雑穀類　　121
雑種強勢　　119
雑草アズキ　　153
サツマイモ　　170
砂漠化　　69
サブソイラ　　77
莢エンドウ　　159
莢先熟　　144
三系交雑　　120
三次根　　137
酸性土壌　　68
三部説　　114
三圃式輪作　　32

シアナミド　　168
GS/GOGAT サイクル　　57
自家不和合性　　178
師管　　51
シグモイド型　　81
資源植物　　1
シコクビエ　　128
C₃ 光合成　　42
C₃ 植物　　42，55
雌穂　　116
雌ずい　　91
シストセンチュウ　　72
自然選択　　8
自脱型コンバイン　　26
実年代　　16
自動耕耘機　　23
GPS　　77
師部　　51
子房柄　　149
下肥　　23
ジャガイモ　　181
ジャガイモシストセンチュウ
　　186

ジャガイモシロシストセンチュウ
　　186
ジャポニカ　　13，88
ジャワニカ　　20
ジャンボ剤　　85
種　　8
主因　　71
収穫期　　109
収穫指数　　63，94，151
就眠運動　　149
収量　　97，107
収量キャパシティ　　94
収量構成要素　　94，107
重力屈性　　104
宿根ソバ　　132
受光態勢　　47，95
受光率　　62
主根　　137
種子根　　91
出液　　53
出芽　　95
出穂期　　90，106
出葉間隔　　91
受動的吸水　　52
受動輸送　　55
受粉様式　　7
種りゅう　　154
春化処理　　106
純光合成速度　　47
純同化率（NAR）　　46
小花　　105，107，111，116，125
障害型耐冷性　　22
障害型冷害　　64
蒸散　　54
蒸散効率　　67
硝酸態窒素　　33，78
小穂　　105，107，111，116，125
子葉節　　148
条播　　108
蒸発散　　68
情報伝達物質　　58
鞘葉　　89
鞘葉節冠根　　96
植物資源　　1
食文化　　152
食味　　98
食用作物　　6
諸梗　　172
初生葉　　135

除草剤　　24
除草剤耐性作物　　87
除草剤抵抗性雑草　　84
ショ糖トランスポーター　　45
C₄ 光合成　　42
C₄ 植物　　42，55，113，116，
　　122
シリカ　　60
飼料　　115
飼料作物　　6，117
飼料用青刈りトウモロコシ　　115
代かき　　23，77，95
白未熟粒　　65，98
新規需要米　　11
シンク　　45
浸種　　95
浸透調節機能　　70
浸透ポテンシャル　　50
心土破砕　　77
シンプラスト　　45
シンプラスト経路　　51

水田転換畑　　36，78，165
水稲　　88
スイートコーン　　118
随伴作物　　7
煤紋病　　117
ストロマ　　38
ストロン　　183
スーパーオキシドディスムターゼ
　　59
スーパースイート種　　118
磨白　　26

生育調査　　93
生育適温　　63
生育の規則性　　92
成熟期　　106
成熟不整合　　144
生殖枝　　148
生殖成長　　140
生態型　　8，20
生態系サービス　　101
成長呼吸　　64
精白　　26
正苗　　95
生物学的収量　　94
生物的環境　　62
生物的雑草防除　　85

精米　25, 97
精密農業　37
生理的成熟期　139
世界の三大作物　113
積算気温　96
セスバニア　165
節間伸長期　105
節根　91, 104
節水栽培　99
セレン　60
秈　19
全層施肥　80
選択的除草効果　24
線虫抵抗性　187
線虫密度　164
千把扱　26
選別　96
全面全層播き　108
前葉　90
全量基肥　81

素因　71
早期肥大性　179
総光合成速度　47
相対湿度　53
早晩性　21, 134
挿苗　175
属　8
側条施肥　80
ソース　45
祖先種　13
速効性肥料　78
ソバ　129
ソラニン　186
ソルガム　127

た　行

耐塩性　69, 166
耐乾性　20, 125, 128
耐寒性　162
堆厩肥　32
対抗植物　165
耐湿性　115, 125
ダイズ　133
耐倒伏性　116
大唐米　19
堆肥　75
太陽熱土壌消毒　162
耐冷性　21

耐冷性検定　22
高畦栽培　175
他感作用　71
托葉　160
立枯苗　175
脱穀　25
ダッタンソバ　132
脱窒　80
脱芒　26
立臼　26
立杵　26
タヌキマメ　165
種イモ　172, 185
多年生雑草　70, 83
多肥・多収性品種　21
多様性センター　4
多量必須元素　49
タルホコムギ　103
俵形　154
短稈　21
弾丸暗渠　108
単交雑　120
単作　28
短日条件　106, 184
短日植物　137
炭水化物　38
タンパク質　98
短粒　20
団粒構造　68

遅延型冷害　65
地下子葉型　148, 154, 160
地下水位制御システム（FOEAS）
　　99
置換作物　7
地球温暖化　116
地上子葉型　135, 148
窒素　57, 68
　　――の利用率　80
窒素固定　57, 67, 137
窒素固定能　165
窒素同化　57
稚苗　95
着蕾期　184
チャネル　55
中耕　143, 185
中耕除草機　24
中胚軸　89
中苗　95

中粒　20
調位運動　149
蝶形花　148, 154, 161
長江中・下流域説　16
調湿種子　143
長日植物　106
調整　96
長粒　20
直播栽培　22, 96, 175
貯蔵温度　176
チラコイド　38
地力維持　30

追肥　80
通気組織　137
搗白　26
土入れ　109
つるぼけ　173
ツルマメ　133
つる割病　178

低アミロ小麦　108
低アミロース品種　110
低投入型農業生産　168
デオキシニバレノール　109
テオシント　114
鉄　58, 68
デッドマルチ　85, 168
手どり収穫　156
デュラムコムギ　103
電気化学ポテンシャル　56
電気ポテンシャル　56
転作作物　110
電子伝達系　38
点滴灌漑栽培　99
デントコーン　117
田畑輪換　36, 168
デンプン　170
デンプン原料　186

糖　38
銅　59, 68
踏圧　109
道管　51
糖質型　163
登熟期　106
トウジンビエ　129
同伸葉同伸分げつ理論　92, 105
搗精　97, 111

凍霜害　65
淘汰　8
倒伏　107, 116
トウモロコシ　4, 113
動力耕耘機　27
特殊肥料　78
土壌還元　67
土壌消毒　180
土壌処理剤　87, 109, 155
土壌浸食　78
土壌浸食防止　167
土壌診断　79
土壌の孔隙率　67
土壌pH　80
土壌有機物　81
土壌溶液　50, 69
トランスポーター　55
ドリル播き　108

な 行

内頴　89, 105
内鞘　167
内生休眠　183
苗床　174
苗箱施肥　81
中生　21
夏アズキ　153
夏ダイズ　142
ナトリウム　60, 68
並性　111
苗代　95
難溶性リン　150

ニヴァラ　13
二次根　137
二次作物　5
二次側根　91
二次通気組織　166
二次的起源中心地　8
二重隆起　105
ニッケル　59, 68
日射利用効率　62
日長反応　7
ニトロゲナーゼ　59
二毛作　35, 115
乳熟期　106
乳苗栽培　97
二粒系コムギ　103

糠　97
ネグサレセンチュウ　165, 175
ネコブセンチュウ　72, 165,
　175
熱帯ジャポニカ　20, 88
ネリカ米　88
年輪年代　16

農業の多面的な機能　100
農耕文化　3
農耕文化圏　3
農作物　4
能動的吸水　53
能動輸送　56
芒　21, 105
野積み　150
ノーフォーク式　33

は 行

胚　89
バイオエタノール　116, 181
バイオマス　181
バイオマス燃料　116
配合肥料　78
倍数性　171
培土　143, 155, 185
胚乳　89
胚盤　89
ハイブリッド効果　119
白色米　21
箱育苗法　23
播種期　109
破生通気組織　125, 167
裸麦　110
発育指数　93
発育速度　93
発育段階　92
発芽　95
発生予察　72
バーナリゼーション　106
春播き　107, 162
パールミレット　129
バレイショ　182
ハロー　76
パンコムギ　103
半栽培　1, 14
繁殖様式　7
半無限伸育型　135

半矮性遺伝子　21
庇陰植物　165
ヒエ　126
光呼吸　42
肥効調節型肥料　61, 78
被覆作物　7, 147
被覆尿素　81
被覆肥料　61
皮目　184
表層施肥　80
微量必須元素　49
広葉雑草　83
ヒロハフウリンホオズキ　156
品質　98
品種　7

ファイトマー　91
フェノール反応　15
不完全米　97
不完全葉　90
複交雑　120
複合肥料　79
ふく枝　183
複葉　136, 160, 183
不耕起栽培　78, 97, 167
普通系コムギ　103
普通肥料　78
物理的雑草防除　85
不定根　137
プラウ耕　76
プラストシアニン　59
プラントオパール　16
フリントコーン　117
プロトン　56
分げつ　90, 107, 116
分枝　160

ヘアリーベッチ　167
PEPC　43
ヘテロシス　180
ペルオキシソーム　41
ベンケイソウ科　44

穂　90
膨圧　54
放射性炭素年代　16
報酬漸減法則　50
ホウ素　59, 68

防風植物　165
穂刈り　25
補酵素　39
保護苗代育苗　23
干しイモ　177
穂軸　90
補助暗渠　77
圃場容水量　52
穂揃期　106
ポップコーン　119
穂摘具　25
ポテトチップス　186
穂発芽　106, 109, 131
穂ばらみ期　64, 90, 105
ホメオスタシス　55
ホールクロップサイレージ（WCS）
　　99
本暗渠　77
ポンプ　55

ま　行

マグネシウム　58, 68
マスフロー　50
マトリックポテンシャル　50
マルチ　150, 163, 175
蔓化　155
マンガン　58, 68

実エンドウ　159
水消費量　54
水苗代育苗　23
水ポテンシャル　50
水利用効率　43, 54
緑の革命　104
ミニチューバー　188
ミニマム・アクセス米（MA 米）
　　100

無機的環境　62
ムギネ酸　58
麦踏み　109
無限型根粒　166
無限伸育型　135
無効茎　90
無効分げつ　90

蒸切干し　177
無農薬栽培　25
無芒種　21

芽　182
目　182
明渠　108
メタン　99

木部　51
糯（モチ）　20, 89
籾すり　25, 96
モリブデン　59, 68
モロコシ　127

や　行

焼畑農業　31
野生一粒系コムギ　103
野生稲　14
野生種　13, 182
ヤブツルアズキ　153
檜穂　22

誘因　71
有機栽培　82, 86
有機質肥料　24
有限型根粒　166
有限伸育型　134
有効茎　90
有効茎歩合　107
有効積算温度　64
有効分げつ　90
有色米　21
雄穂　116
雄ずい　91
有芒種　21
有用元素　49
油料作物　147

幼芽　89, 105
葉間期　91
幼根　89
葉耳　90
幼穂　105
幼穂形成期　105

要水量　43
容積重　108
葉舌　90
葉肉細胞　42
養分　49
葉面積指数（LAI）　95, 140
葉緑体　38
葉齢　92
葉齢指数　92
浴光催芽　184
予措　95

ら　行

ライコムギ　112
ライムギ　112
落花　139, 156
ラッカセイ　30, 36, 147
落莢　139, 156

陸稲（りくとう，おかぼ）　89
リニア型　81
リビングマルチ　85, 168
硫化水素　67
緑化　95
緑色食品　151
緑肥作物　6, 164
リン　57, 68
輪作　30
輪作体系　151
鱗皮　91

ルビスコ　41
ルフィポゴン　13

冷害　21
レーザ光　77
連作　30
連作障害　30, 72, 162

ロータリ耕　76, 108

わ　行

ワキシーコーン　119
早生　21

編著者略歴

大門弘幸
(だい もん ひろ ゆき)

1956年　東京都に生まれる
1985年　大阪府立大学大学院農学研究科 園芸農学専攻
　　　　博士後期課程単位取得
現　在　龍谷大学農学部 教授
　　　　大阪府立大学 名誉教授
　　　　農学博士

見てわかる農学シリーズ 3

作物学概論 第2版　　　　　　　　　　　定価はカバーに表示

2008 年　2 月 20 日　初　版第 1 刷
2017 年　2 月 10 日　　　　第 6 刷
2018 年　3 月 25 日　第 2 版第 1 刷
2024 年　6 月 25 日　　　　第 4 刷

編著者　大　門　弘　幸

発行者　朝　倉　誠　造

発行所　株式会社　朝　倉　書　店

東京都新宿区新小川町 6-29
郵 便 番 号　162-8707
電　話　03(3260)0141
ＦＡＸ　03(3260)0180
https://www.asakura.co.jp

〈検印省略〉

© 2018 〈無断複写・転載を禁ず〉　　印刷・製本　ウイル・コーポレーション

ISBN 978-4-254-40548-4　C 3361　　　　Printed in Japan

JCOPY ＜出版者著作権管理機構 委託出版物＞
本書の無断複写は著作権法上での例外を除き禁じられています．複写される場合は，
そのつど事前に，出版者著作権管理機構（電話 03-5244-5088, FAX 03-5244-5089,
e-mail: info@jcopy.or.jp）の許諾を得てください．

森林総合研究所編

森 林 大 百 科 事 典

47046-8 C3561　　　　　B 5 判 644頁 本体25000円

世界有数の森林国であるわが国は，古くから森の恵みを受けてきた。本書は森林がもつ数多くの重要な機能を解明するとともに，その機能をより高める手法，林業経営の方策，木材の有効利用性など，森林に関するすべてを網羅した事典である。〔内容〕森林の成り立ち／水と土の保全／森林と気象／森林における微生物の働き／野生動物の保全と共存／樹木のバイオテクノロジー／きのことその有効利用／森林の造成／林業経営と木材需給／木材の性質／森林バイオマスの利用／他

東京農工大学農学部　森林・林業実務必携編集委員会編

森林・林業実務必携　（第2版）

47057-4 C3061　　　　　B 6 判 504頁 本体8000円

公務員試験の受験参考書，林業現場技術者の実務書として好評のテキストの改訂版。高度化・広範化した林業実務に必要な技術・知識を，基礎的な内容とともに拡充。〔内容〕森林生態／森林土壌／材木育種／育林／特用林産／森林保護／野生鳥獣管理／森林水文／山地防災と流域保全／測量／森林計測／生産システム／基盤整備／林業機械／林産業と木材流通／森林経営／森林法律／森林政策／森林風致／造園／木材の性質／加工／改質・塗装・接着／資源材料／保存／化学的利用

元東農大 上原敬二著

樹 木 ガ イ ド ブ ッ ク

47048-2 C3061　　　　四六変判 504頁 本体1800円

さまざまな樹木をイラスト付きで詳説。全90科430種の形態・産地・適地・生長・用途などを，各1ページにまとめて記載。特に形態の項では樹形・葉・花・実について詳述。野外での調べものに最適。1962年初版の新装版。

前農工大 福嶋　司編

図説 日 本 の 植 生 （第2版）

17163-1 C3045　　　　　B 5 判 196頁 本体4800円

生態と分布を軸に，日本の植生の全体像を平易に図説化。植物生態学の基礎を身につけるのに必携の書。〔内容〕日本の植生概観／日本の植生分布の特殊性／照葉樹林／マツ林／落葉広葉樹林／水田雑草群落／釧路湿原／島の多様性／季節風／他

前東大 大澤雅彦監訳
世界自然環境大百科 6

亜 熱 帯 ・ 暖 温 帯 多 雨 林

18516-4 C3340　　　　A 4 変判 436頁 本体28000円

日本の気候にも近い世界の温帯多雨林地域のバイオーム，土壌などを紹介し，動植物の生活などをカラー図版で解説。そして世界各地における人間の定住，動植物資源の利用を管理や環境問題をからめながら保護区と生物圏保存地域までを詳述。

元農工大 奥富　清監訳
世界自然環境大百科 7

温 帯 落 葉 樹 林

18517-1 C3340　　　　A 4 変判 456頁 本体28000円

世界に分布する落葉樹林の温暖な環境，気候・植物・動物・河川や湖沼の生命などについてカラー図版を用いて解説。またヨーロッパ大陸の人類集団を中心に紹介しながら動植物との関わりや環境問題，生物圏保存地域などについて詳述。

東大 丹下　健・北大 小池孝良編

造 林 学 （第四版）

47051-2 C3061　　　　　A 5 判 192頁 本体3400円

好評テキスト「造林学（三訂版）」の後継本。〔内容〕樹木の成長特性／生態系機能／物質生産／植生分布／森林構造／森林土壌／物理的環境／生物的要因／環境変動と樹木成長／森林更新／林木育種・保育／造林技術／熱帯荒廃地／環境造林

神戸大 黒田慶子・日大 太田祐子・森林総研 佐橋憲生編

森 林 病 理 学
―森林保全から公園管理まで―

47056-7 C3061　　　　　B 5 判 216頁 本体4500円

樹木および森林に対する病理を解説。〔内容〕樹木の病気と病原／病原微生物／診断／樹木組織の機能と防御機能／主要な樹木病害の発生生態と特徴／予防および防除の考え方と実際／森林の健康管理／グローバル化と老齢化・大木化の課題

前森林総研 鈴木和夫編著

樹 木 医 学

47028-4 C3061　　　　　A 5 判 336頁 本体6800円

環境保全の立場からニーズが増している"樹木医"のための標準的教科書。〔内容〕森林・樹木の生い立ち／世界的樹木の流行病／樹木の形態と機能／樹木の生育環境／樹木医学の基礎（樹木の虫害，樹木の外科手術，他）／病害虫の管理とその保全

東京大学農学部 福田健二編

樹 木 医 学 入 門

47059-8 C3061　　　　　A 5 判 224頁 本体3800円

植物学や林学を学ぶ学生の入門書であり，かつ現役樹木医・教員が座右に置いておくべき書物〔内容〕分類と学名／構造と生理／気象環境／土壌環境／微生物／菌類の生態と分類／病害／虫害／防御反応／腐朽／診断／管理と法令，樹木医制度

上記価格（税別）は 2024 年 5 月現在